高等职业教育(专科)“十三五”规划教材

家兔生产

刘海霞　郭志明　主编

中国农业大学出版社
·北京·

内容简介

本教材是高等职业教育(专科)“十三五”规划教材,作为畜牧兽医专业课程教材,在编写中贯穿“以职业标准为依据,以企业需求为导向,以职业能力为核心”的理念,按家兔的实际生产环节顺序组织设计项目内容,更贴近于生产实际,具有较强的针对性和实用性。

本教材可供高等职业教育(专科)畜牧兽医类专业学生使用,也可供广大家兔生产一线工作者学习参考,又可作为不同规模养兔经营者的生产管理操作指南,还可作为农村乡镇干部培训、农民职业培训教材和养殖生产一线工作人员的自学读物。

图书在版编目(CIP)数据

家兔生产/刘海霞,郭志明主编.—北京:中国农业大学出版社,2016.12
ISBN 978-7-5655-1749-5

Ⅰ.①家… Ⅱ.①刘…②郭… Ⅲ.①兔-饲养管理 Ⅳ.①S829.1

中国版本图书馆 CIP 数据核字(2016)第 295481 号

书　　名 家兔生产
作　　者 刘海霞　郭志明　主编

策划编辑 康昊婷　伍　斌　　　**责任编辑** 张　玉
封面设计 郑　川　　　**责任校对** 王晓凤
出版发行 中国农业大学出版社
社　　址 北京市海淀区圆明园西路 2 号　　　**邮政编码** 100193
电　　话 发行部 010-62818525,8625　　　读者服务部 010-62732336
编辑部 010-62732617,2618　　　出　版　部 010-62733440
网　　址 http://www.cau.edu.cn/caup　　　**E-mail** cbsszs @ cau.edu.cn
经　　销 新华书店
印　　刷 北京时代华都印刷有限公司
版　　次 2016 年 12 月第 1 版　　2016 年 12 月第 1 次印刷
规　　格 787×1 092　　16 开本　　15 印张　　370 千字
定　　价 32.00 元

编审人员
CONTRIBUTORS

主　编　刘海霞（江苏农牧科技职业学院）
郭志明（甘肃畜牧工程职业技术学院）

副主编　朱爱文（江苏农牧科技职业学院）
祝玉卿（黑龙江职业学院）

编　者　（以姓氏笔画排序）
田宗祥（甘肃畜牧工程职业技术学院）
朱爱文（江苏农牧科技职业学院）
刘海霞（江苏农牧科技职业学院）
张　平（成都农业科技职业学院）
祝玉卿（黑龙江职业学院）
郭志明（甘肃畜牧工程职业技术学院）

审　稿　邓茂刚（中国养兔杂志社）

前言 PREFACE

本教材是高职高专畜牧兽医专业和动物生产类专业的核心课程使用教材。教材以《教育部关于"十二五"职业教育教材建设的若干意见》为指导，以《高等职业学校专业教学标准（试行）》为依据，以规模化兔场的现代生产工艺学习为主体，同时兼顾了中小型兔场的传统生产工艺。

教材在编写中贯穿"做中学，学中教"的教学理念，将理论与实践技能融为一体，设立了学习目标、任务介绍、任务分析、任务实施、知识拓展等模块，能更好地体现"做中学，学中教"。每个项目下设若干个学习任务，学习任务来源于家兔生产全过程，任务涵盖了家兔生产中所需的核心技能和相关理论知识；每个学习任务下的"思考与练习"有基本知识、专业技能的训练题目，内容丰富，着力培养学生就业创业能力。

在编写体例结构上，依据职业教育行动导向和任务驱动的原则，设立了学习目标、任务介绍、任务分析、任务实施、知识拓展等模块，能更好地体现"做中学，学中教"。

教材按家兔生产的环节顺序组织设计项目内容，更贴近于生产实际，具有较强的针对性和实用性。全书共分为 7 个项目，依次为兔场筹划、家兔的营养与饲料配制、家兔的良种繁育技术、家兔的饲养管理技术、兔场的环境控制与防疫、家兔产品检验与初加工技术、兔场经营管理技术。项目一由刘海霞负责编写，项目二和附录由田宗祥负责编写，项目三由张平负责编写；项目四由郭志明负责编写，项目五、六由祝玉卿负责编写，项目七由朱爱文负责编写。书稿形成后由刘海霞负责统稿。中国养兔杂志社主任邓茂刚担任本教材的主审。

本教材可供高职高专畜牧兽医类专业学生使用，也可供广大家兔生产一线工作者学习参考，又可作为不同规模家兔生产经营者的生产管理操作指南，还可作为农村乡镇干部培训、农民职业培训教材和养殖生产一线工作人员的自学读物。

本教材在企业岗位工作任务及岗位能力的调研时，受到许多企业的大力支持，并提出了许多宝贵的意见，在此表示由衷的感谢！并邀请企业相关人员参加了编写工作，使教材内容更加贴近企业，增加了教材的适用性。教材内容涉及动物营养、饲料、遗传繁育、环境工程、畜牧场管理等众多课程。由于作者水平有限，时间仓促，书中不妥之处，敬请同行专家和使用者批评指正。

前言

PREFACE

目录 CONTENTS

Project 1

兔场筹划

知识目标：

了解国内外养兔业发展现状，找出存在问题及相应对策。

掌握养兔场场址选择、场区规划设计要求。

掌握养兔舍建造知识。

技能目标：

能够正确选择兔场场址。

会合理规划兔场布局，绘制兔场的平面规划图。

能合理建造兔舍。

兔场筹划是进行养兔生产的前期准备工作。筹划工作做得是否科学、合理、直接影响兔场投产以后的生产效率、经济效益、社会效益和生态效益。因此，在建场初期，一定要认真做好调研、整体规划和科学论证工作，按照投资少、利用率高、经济适用、便于机械化操作的原则，根据不同生产类型兔的特点和不同地区的自然环境、气候条件，因地制宜规划设计兔场，提高经济效益，保护生态环境。

任务一　市场调研

【任务介绍】

该任务通过对养兔企业及市场调研，根据不同兔产品的特点及经济价值，结合当前家兔生产行情及养兔业的发展前景，指导兔场选择生产方向，调整兔群结构、制定营销策略。

【任务分析】

对养兔业市场行情与发展前景的调研是确保养兔业经济效益的必要条件，通过市场调研，了解建设兔场的各种条件，包括：场地、资金、饲料资源、市场需求、技术水平、兔品种资源及劳动力资源等；根据已具备的各种条件，合理选择养兔生产的经营方向、生产规模及饲养方式。

【任务实施】

一、养兔业市场调研

（一）养兔企业、兔产品市场调研

到各类养兔场、兔产品生产及加工企业和交易市场调研、学习，了解兔产业最新生产工艺；有针对性地对全国各地的农贸市场、肉兔市场、兔皮及兔毛市场进行考察，了解兔场的消费状况及发展前景；此外，还应通过相应的渠道，了解国际、国内对各类兔产品的需求情况。

（二）应用电子资源收集养兔业信息

1. 登录有关养兔业的网站

我国有关养兔的网站较多，有国家的、省级的、地区的，政府的、协会的、企业的。

中国兔业协会 http://www.crtn.net/

中国兔业网 http://www.tyw.roboo.com/

养兔业信息网 http://www.tuyexinxi.com/

中国兔业交易网 http://www.cn-tyjyw.com/

中国皮毛信息网 http://rabbit.fur.com.cn/

养兔 123 网 http://www.yangtu123.com/

中国兔子网 http://xy-softs.com/tuzi/Index.html

中国养兔技术网 http://www.to3158.cn/Index.html

江苏兔业网 http://www.jsttw.com/

养兔与营销服务网 http://www.hlj1964.com/

现代兔业网 http://www.xiandaituye.com/

也可登录中国农业信息网、中国畜牧兽医信息网、联合国粮农组织畜牧兽医网等其他行业信息平台，了解行业政策、产品供求及价格信息。

2. INTERNET 搜索引擎

使用“Google”“百度”等常用的引擎，搜集兔业信息。

3. 数据库

中国知网、万方数据库、重庆维普、EBSCO 数据库、百链外文搜索等查阅专业文献。

4. 电子图书

通过中文学术收索、APABI 电子书库、超星电子图书等，下载阅读获取养兔知识与信息。

5. 报纸杂志

阅读《中国养兔杂志》《中国兔业报》《兔业信息报》《现代兔业报》《北方兔业》《陕西兔业》《山西兔业》《扬州兔业》《鹤乡兔业》《绿洲兔业报》《客家兔友报》《福建兔友报》《绿之苑兔业报》等报刊杂志。

6. 专家访谈

当面、电话或电子邮件等方式访谈养兔业经验丰富的专家和管理人员。

二、建设兔场的条件准备

兔场建设是一项系统工程，涉及用地、资金、技术等一系列基本要素。因此，一定要做好整体的统筹与规划。建设兔场应重点考虑以下条件。

1. 场地

兔场大小可根据每只兔子所需面积，并结合长远规划计算出来。一般情况下，一只基础母兔及其仔兔按 1.5～2.0 m^2 建筑面积计算，一只基础母兔规划占地 8～10 m^2。兔场一般建在地势高燥、背风向阳、地形开阔整齐的地方。

2. 资金

建设兔场需要的资金主要有：考察论证、土地租用、规划设计、环境评估、兔场设施设备建设、技术培训、饲料生产、引种、饲养管理、疾病防治、销售、风险贮备金等。规模化兔场还需要建饲料加工厂、各种实验室、配备专业队伍，聘请行业专家。资金投入可分为固定资产和流动资金。固定资产主要包括土地占用、建设、设备、引种。流动资金主要用于饲料、工资、疫苗、药械、水电、维修、运输、差旅、业务。贮备金主要用于自然灾害、市场低迷、疫情控制、突发事件应对。

3. 饲料资源

饲料是养殖兔子的最基本条件。兔子是草食动物，每天都需要大量的饲草、饲料，所以建兔场一定要有丰富的饲料资源做保证。兔场附近最好有饲草饲料资源或农作物副产品，这样可以就地取材，降低运输成本。我国绝大多数省份的兔产业处于起步阶段，无专业经营兔饲料的企业，要求兔场自己能分析饲料原料，制订饲养标准，设计饲料配方，设计饲料厂房，选择饲料机械生产饲料。

4. 市场需求

建设兔场之前要进行市场需求调查，了解国内外行情，熟悉不同兔产品的销路与前景，对市场状况、销售门路等进行可行性分析，决定生产方向。同时，要向畜牧主管部门了解当地的技术服务体系及当地兔场的经营状况，以此决定要选购的品种、数量及发展规划。

5. 饲养管理技术

养兔生产是一门科学，只有根据兔子的生长发育规律和消化生理特点，施以科学的饲养管理技术，才能获得最佳的经济效益。现代养兔需要根据不同的生产目标，制订相应的饲养管理方案。如根据出产肉兔的等级，选择兔种、制订营养标准、选择饲料原料、设计饲料配方、确定饲养方案、出栏体重、饲养周期等。

6. 品种资源

引种是养殖的重要环节，兔场引种前要掌握选择种兔的基本知识，了解国内外的种源情况，选择优秀的有种畜禽场资质的单位去引种，把好种兔的质量关。严格做好考察、鉴定、订单、选种、检疫、免疫、运输、观察等引种环节。

7. 设施设备

养兔场是一个有机的整体，选址、设计、规划、布局，设备选购等环环相扣。养兔设备主要有兔舍、兔笼、饮水设施、食槽、草架、产仔箱、清洁卫生用具、包装、运输工具等。在规模不同的兔场对设施设备有不同的需求，各种设备的配备应根据自身条件、当地的需求状况而定，既要有利于生产、节约成本、降低劳动强度、维护环境，又要综合考虑经济效益、生态效益和社会效益，注重可持续发展。一般大型兔场应有饲料加工机械、通风、控温、清粪、消毒、运输、实验室和污水处理等各种设备。

8. 劳动力资源

养兔要有必要的劳动力资源。兔场需要有管理人员、技术人员、饲养人员、购销人员等。在规模较大的兔场，各类人员必须配备齐全，以利兔场各项经营活动正常开展。小型兔场各类人员可以兼职上岗，但分工必须明确。保持全场职工的工作积极性和主动性，是兔场是管理工作的关键。

9. 疫苗和药械

防疫是兔场的重点工作之一。需要根据近年来各地的疾病流行情况，按生产规模，备足生物制品、消毒剂和药械。

10. 办理相关手续

建设一个规模化兔场，开工建设前，要在当地办理一系列手续。

三、确定兔场规模

兔场的规模主要以繁殖母兔的数量为标准。100 只母兔每年能出栏商品兔 3 200 余只(每只母兔以每年 6 胎、每胎 7 只，出栏率 85%，配怀率 90%计)。以长×宽为 60 cm×60 cm，三层重叠式兔笼为标准修建，每只母兔需 3 个笼位，1 个为母兔笼位，2 个为其所生仔兔笼位，每只母兔所需土地面积为 0.36 m^2，饲料道宽为 0.4～0.8 m，粪沟宽为 0.6～0.8 m，再考虑到补饲箱、产仔箱等所需面积。如一面积为 20 m×5 m=100 m^2 的房屋，若设置成兔笼，则可设置12列三层兔笼，每列24个笼位，共288个笼位；若考虑辅助设施所需面积，则可修建兔笼216个笼位。还要考虑饲料贮藏及加工车间、办公室、职工宿舍以及场区绿化等所需土地。以建设一个繁殖母兔300只、公兔40只、年产商品兔1万只的规模化兔场为例，约需生产区300 m^2，管理区200 m^2，生活区100 m^2，绿化区100 m^2，整个兔场占地约667 m^2。

【知识拓展】

一、发展兔生产的意义

家兔是驯化较晚的小型草食动物，最初作为观赏动物和实验动物，仅有少量饲养，未能形成一项产业。近些年来，随着人民生活水平的提高和人畜争粮矛盾的日益突出，家兔食草节粮、繁殖力高，能为人们提供丰富的产品，越来越受到人们的重视。目前家兔生产已成为畜牧业中的一个重要组成部分，展现出了广阔的发展前景。

1.发展家兔生产是发展节粮型畜牧业，调整农业产业结构的客观需要

我国是一个农业大国，但是人均耕地的日趋减少和人口的不断增加，造成粮食供应与需求的矛盾始终存在，而且在今后相当长的时期内都不可能有很大的改变。家兔是食草类动物，饲料来源广泛，野草、野菜、树叶以及农作物秸秆和各种粮油加工副产品等，都可作为家兔的饲料；在规模饲养时，多种高产优质牧草是它的主要饲料来源。农业产业结构调整的核心问题是大力发展畜牧业，提高畜牧业产值在农业产值中的比例，而畜牧业产业结构调整的核心是大力发展草食动物，家兔养殖业是节粮型畜牧业的重要组成部分，发展家兔生产，完全符合我国国情，符合农业产业结构调整的需要。

2.发展家兔生产可实现农村经济可持续发展

家兔生产为人类提供丰富的畜产品。家兔全身是宝，毛、肉、皮、骨、内脏、粪、尿均被高效利用，既能带动加工工业的发展，为农民带来丰厚收入，同时可以提供大量有机肥，进而有效推动高效种植业发展，实现“高效、生态、安全”的农村可持续发展模式。

3.发展家兔生产有利于解决三农问题，帮助农民脱贫致富

家兔与其他养殖业相比，具有投资少、风险小、周期短、见效快、易管理、效益高、节粮多等优点。饲养规模可大可小。易经营，经营方式比较灵活，既可大规模集约化生产，也可千家万户庭院式养殖。农民不仅可以利用菜叶、果皮、田边地头杂草、作物秸秆、谷实类副产品等作为饲料小规模养兔，还可适度规模种草养兔，均可获得可观的经济效益。

4.发展家兔生产有利于对外贸易

我国加入世界贸易组织后，畜牧业的发展不仅要适应国内市场的变化，还要适应国际市场的变化，以利于国内、国际两方面资源。我国是世界上最大的养兔大国，兔肉产品一直以外销为主，兔肉是国际市场上畅销的肉食品之一。

目前，全世界安哥拉兔毛年产量2万多吨，其生产几乎被中国控制，中国出口量占国际贸易量的90%以上。安哥拉兔饲养的主要国家是中国，目前饲养量6 000万只，平均年只产毛量600～1 000 g，安哥拉兔的生产、育种和研究的中心已定位在中国。

近些年来，品质优良、加工精湛的獭兔裘皮制品，成为国际裘皮市场一个新的亮点，獭兔也成为人们关注的一个新的养殖项目，我国目前年产獭兔皮仅 80 万～90 万张，远远跟不上国际市场的需求，獭兔饲养有很大的发展空间。

二、国内外养兔生产现状

1. 肉兔生产状况

肉兔的发展开始于 16 世纪，世界上兔肉生产量最大的五个国家是：中国、意大利、法国、俄罗斯和西班牙，其兔肉总产量占世界总量的 70%～80%，其中中国兔肉出口量占世界贸易量的 30%左右，世界人均兔肉消费量每年 0.33 kg。

2. 獭兔生产状况

世界上饲养獭兔的主要国家有法国、德国、美国、中国、西班牙和俄罗斯等。法国是养殖獭兔最早和饲养数量最多的国家。美国是世界上饲养獭兔数量较多、质量较好的国家之一。中国兔皮出口量占世界贸易量的 90%左右。

2. 长毛兔生产状况

世界长毛兔兔毛年产量稳定在 2 万吨左右，中国控制生产量达 1 万余吨。安哥拉兔饲养的主要国家是中国，中国兔毛国内加工能力日益增强，兔毛出口量占世界贸易量的 50%左右。

三、我国兔产业发展中存在的主要问题

1. 国家兔产业规划政策不完整

多年以来，兔产业在“大农业”中是一个产出较小的产业，国家至今还没有建立系统的兔产业政策体系，区域性产业政策缺失，缺少长期促进兔产业发展的鼓励政策。

2. 饲料价格和人工成本提高，养殖场户的利润逐渐减少

近年来，由于玉米等饲料及干草等饲料原料价格的大幅上涨，饲料成本不断提高，导致养殖成本大大增加。劳动力成本提高，而兔产品市场销售价格受多因素影响不能随养殖成本同步上扬，利润下滑，风险增加，在一定程度上影响了兔产业的持续发展。

3. 风险规避机制不健全，扩大生产存在盲目性

养兔行业技术服务咨询和指导体制不健全，部分企业缺乏长远规划和规避风险的意识，盲目扩大生产规模导致严重亏损甚至倒闭。

4. 良种的质量及科学利用水平亟待提高

畜禽良种是畜牧业发展的基础。我国家兔良种体系建设滞后，缺乏长远和整体的发展规划，致使良种兔的选育与科学利用的研究与普及工作严重缺乏支撑条件，品种退化、混杂现象迄今仍普遍存在，甚至部分养兔场还将商品兔用作种兔繁殖，导致家兔的繁殖率下降，生产水平很难提高，生产成本增加，严重影响了养殖场(户)的经济效益和兔产业实现现代化的进程。

5. 家兔行业标准体系严重缺失

近年来我国家兔的产业化程度不断提高，产业链逐步延伸，规模养殖成主导发展趋势，急需要相应的行业标准来规范兔产业的生产实践，但家兔行业标准研制工作远远落后于其他畜禽产业。

四、我国兔产业发展前景展望

1. 獭兔皮价格的回升近期内不容乐观

2014 年獭兔皮价格出现下滑趋势，预计会有所回升，但仍不容乐观，其原因有：我国的獭兔养殖企业大多缺乏有组织的有序发展，而是“行情好一起上，行情差一起跳”的盲目生产，加大了皮革原料价格的波动；近年来国内獭兔养殖量剧增、再加上国外兔皮的涌入，兔皮的积压较多，很难在短期内“消化”，同时国内市场其他皮草资源丰富，且各类皮草间竞争激烈，獭兔皮价格大幅上调的可能性不大；国内裘皮加工企业应“环控”要求正处在调整、转型升级之中，暂时减少了生獭兔皮的收购；多种因素引起的消费需求下降，我国经济增速有所放缓，加上暖冬现象，居民对“皮草”这类奢侈品的消费疲软；西方皮草市场受部分动物保护人士干扰，影响了皮草产品的交易，导致我国獭兔皮产品出口减少。

2. 兔肉消费量将维持增长的势头

随着人们生活水平的日益提高，食品安全问题已经是关系国计民生的重大问题，消费者对肉类的需求逐步转向优质、安全肉食产品，兔肉逐渐脱颖而出，走进消费者的视线。兔肉与其他畜禽肉相比，具有高蛋白质、高赖氨酸、高消化率，低脂肪、低胆固醇的“三高、两低”的特点，故被世人誉为“益智肉”“美容肉”“保健肉”，越来越受到人们的重视和喜爱，随着兔肉加工技术及产品开发的进步，兔肉消费市场会越来越大。

3. 兔产业养殖规范化和产业化程度将不断提高

兔产业在传统畜牧业中是“小产业”，但兔产品却是出口创汇率最高的畜产品。近年来，因饲料、劳动力及环境控制等因素导致生产成本增加，经营压力加大；小规模的养殖场很难经受生产效率低和市场价格波动的冲击，在家兔生产场中所占比例将逐渐减少。取而代之的将是适度养殖规模，有利于实施标准化、集约化生产以提高家兔整体生产性能，增强市场竞争力的现代化标准化养殖场。

4. 走资源整合，打造兔业品牌是兔产业发展必由之路

资源整合就是根据企业的发展战略和市场需求对有关的资源进行重新配置，以凸显企业的核心竞争力，并寻求资源配置与客户需求的最佳结合点。目的是要通过组织制度安排和管理运作协调来增强企业的竞争优势，提高客户服务水平的同时达到企业利益的最大化。资源整合的核心就是提高核心竞争力和实现资源优化配置。目前我国的兔产业仍处于产业发展的初级阶段，产业发展区域相对稳定，但整体发展水平落后于其他畜禽产业，各地发展参差不齐；兔行业资源分散、技术力量相对薄弱、品牌战略意识不强，成为制约我国兔产业发展的瓶颈。因此优化产业结构、实现产业链上下游、企业资源的整合，努力打造兔业品牌，整体提升我国兔业企业的核心竞争力，是我国兔业持续发展的必然之路。

思考与练习

一、填空题

1. 一般情况下，一只基础母兔及其仔兔按________建筑面积计算，一只基础母兔规划占地约________。

2. 安哥拉兔饲养的主要国家是中国，目前饲养量________万只，平均年只产毛量________g。

3. 世界上兔肉生产量最大的五个国家是________、________、________、________和________，其兔肉总产量约占世界总量的70%～80%，其中中国兔肉出口量占世界贸易量的30%左右，世界人均兔肉消费量每年0.33 kg。

二、简答题

1. 发展家兔生产的意义？

2. 我国兔产业发展中存在哪些主要问题？

任务二　设计与建设兔场

【任务介绍】

对兔场进行科学的设计与建设是实现兔产业现代化必不可少的一个环节。兔场设计与建设是兔产业的基础，主要包括场址选择、场区规划布局、兔舍设计与建造等内容。

【任务分析】

学习本任务要密切联系前导课程《养殖场环境控制与污物治理技术》，了解家兔的生物学特性，掌握场址选择，场区规划、设计的基本要求；熟悉各类兔舍的优点和缺点，能够按兔场兔舍建设的基本要求及企业实际情况合理规划设计兔场与兔舍。

【任务实施】

一、选择兔场场址

兔场是养兔的场所，在养兔引种之前应建设好。良好的兔场环境对养好兔十分重要。兔场场址选择要考虑地下水情况、主导风向、地上水源等自然因素，还要注意交通、居民区、工厂等社会因素。

(一)地势和地形

兔场应选在地势较高燥、有适当坡度、地下水位低、排水良好和向阳背风的地方。根据家兔喜干燥、厌潮湿污浊这一特性，要求地下水位应在2 m以下。如果建在地势过低、地下水位过高、排水不良的场地，容易造成潮湿环境，不利于家兔体热调节，且病原微生物容易生长繁殖，影响兔群健康。地势过高，容易招致寒风侵袭，造成过冷环境，对兔群健康不利。

兔场的地面要平坦而稍有坡度，以便排水，防止积水和泥泞。地面坡度以3%～10%为宜。地形开阔，整齐紧凑，不宜过于狭长和边角过多，土质要坚实，既适宜建造房舍，又适宜种植饲草作物。

(二)水源及水质

兔场每日需水量较大，一般季节为采食量的1.5～2倍，夏季可为采食量的4倍以上。此外，还有兔舍笼具清洁卫生用水、种植饲料作物用水以及日常生活用水等。同时水质状况好坏，也将直接影响家兔和工作人员的健康。因此，水源及水质应作为兔场场址选择优先考虑的一个重要因素。生产和生活用水应清洁无异味，不含过多的杂质、细菌和寄生虫，不含腐败有毒物质，矿物质含量不应过多或不足，一般可选用城市自来水，或河、塘、渠、堰的流水。在没有上述水源的地方，可打深井取水。塘、渠、河中的死水，因易受细菌、寄生虫和有机物的污染，必须取用时，可设沙缸过滤，澄清，并用1%漂白粉液消毒后使用。

(三)土质

土壤的理化特性与场区的空气、水质及植被有关，影响建筑物的质量、土层的净化作用。土壤最好是沙壤土。透气、透水性强，毛细管作用弱，吸湿、导热性小，质地均匀，抗压、自净能力强。不同的土壤条件，兔舍的设计、施工、使用、日常管理有所不同。

(四)交通

兔子胆小怕惊，噪声可能会引起呼吸和消化系统紊乱，甚至造成怀孕母兔流产，哺乳母兔抛弃仔兔，或者把仔兔吃掉。兔场最好设在交通方便而又较为僻静的地方，可以避免噪声干扰。另外，生产过程中形成的有害气体及排泄物会污染周围环境，因此兔场应避开主要交通公路、铁路干线和人流密集的地方，一般选择距主要交通干线和市场300 m(如设隔墙或天然屏障，距离可缩短至100 m)，距一般道路100 m的地方，以便形成卫生缓冲带。兔场与居民区之间应有500 m以上的间距，并且处在居民区的下风口，尽量避免兔场成为周围居民区的污染源。

(五)电力

兔场的耗电量与机械化程度有关，如仔兔供暖、机械通风、自动供料、自动清粪、照明、空调、饲料加工、供水设备、生活用电等。兔场所在地的电力供应应有保障，应有自备电源，以保证场内供电的稳定性和可靠性。电力安装容量每只种兔为3～4.5 W，商品兔为2.5～3 W。

(六)周围环境

兔场的周围要注意植树种草。绿化的调温调湿效果显著，绿化较好的兔场，夏季可以降温3～5℃。植树种草是兔场建设环境中不可缺少的一部分，若周围的环境绿化得好，可以作为优先选作场址的一个因素。

二、规划兔场布局

兔场场区规划应本着因地制宜和科学饲养的要求，合理布局，统筹安排，还要为今后发展留有余地，利于环保。规划设计兔场要根据家兔的特点和饲养管理要求，经济合理利用土地，同时遵守卫生防疫制度。

(一)分区规划

兔场场址选定之后,应根据兔群的组成和规模,饲养工艺要求,喂料、粪尿处理等生产流程,结合当地的地形、自然环境和交通运输条件等进行总体布局。兔场一般分为管理区、生活区、生产区、粪污与病死畜处理区等(图 1-1)。总体布局是否合理,对兔场基建投资,特别是对以后长期的运营影响很大,合理布局可以节省土地和建场投资,给管理工作带来方便。

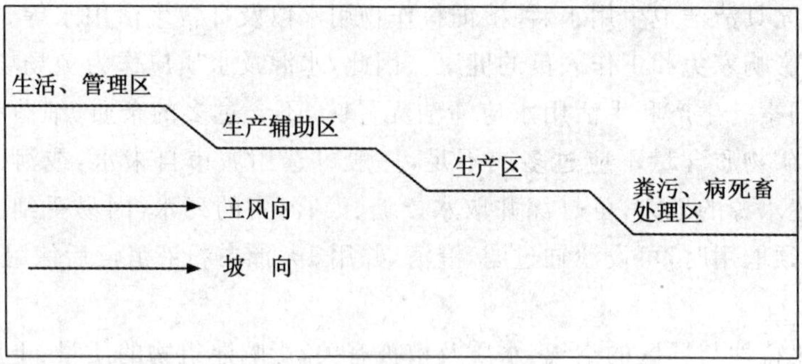

图 1-1 兔场分区布局面

1. 生活区

包括办公室、职工宿舍、食堂等,应设在全场地势较高地段和上风向,一般应单独成院,严禁与兔舍混建,既要考虑照顾工作和生活方便,又要有一定距离与兔舍隔开。在生活区进入生产区的入口处应设消毒间、消毒池、更衣室,对入场人员进行消毒,以防止疫病传入。

2. 管理区

建设管理生产必需的附属建筑,如饲料贮藏及加工车间、维修间、配电室、供水设施等。在管理区场外运输应严格与场内运输分开,负责场外运输的车辆严禁进入生产区,其车辆、车库均应设在生产区之外。饲料加工车间要建立在兔场和兔舍之间的中心地带,既方便饲料运送,又可以缩短生产人员的往返路程。一般来说,管理区与生产区应至少保持 200～300 m 的距离,最好保持 500 m 的距离。

3. 生产区

包括种兔舍、繁殖兔舍、幼兔舍、育成兔舍和育肥兔舍等。生产区是兔场的核心区,设在人流较少和兔场的上风方位,必要时要加强与外界隔离措施。核心兔舍,要放在僻静、环境最佳的上风方位;繁殖兔舍靠近育成兔舍,以便兔群周转;幼兔舍和育成兔舍放在空气新鲜、疫病较少的位置,可为以后生产力的发挥打下良好的基础;育肥兔舍安排在靠近兔场出口处,以减少外界的疫情对场区深处传播的机会,同时便于与外界联系。

4. 粪污、病死畜处理区

包括兽医室、病兔隔离舍、无害化处理室、蓄粪池和污水处理池等。该区是病兔、污物集中之地,是卫生防疫、环境保护工作的重点,为了防止疫病传播,应设在全场下风和地势最低处,并设隔离屏障。生产区与该区之间的距离不少于 50 m,兽医室、病死兔无害化处理室、蓄粪池与生产区的间距不少于 100 m。该区应单独设出入口,出入口处设置进深不小于运输车车轮一周半长、宽度与大门相同的消毒池,旁边设置人员消毒更衣间。场区内道路要布局合理,分设净道和污道,避免交叉混用,道路应坚实,排水良好。

(二)兔场布局

1.按防疫需要和功能布局

联系密切的建筑设施相互靠近，建筑物之间，保证最短的运输、供电、供水线路。饲料库、饲料加工调制间，尽量靠近或集中在一个或几个建筑内，靠近消耗饲料最多的兔舍，便于流水作业，实现生产过程的机械化。粪尿处理场与每栋兔舍都有联系，净道和污道互不交叉(图1-2)。

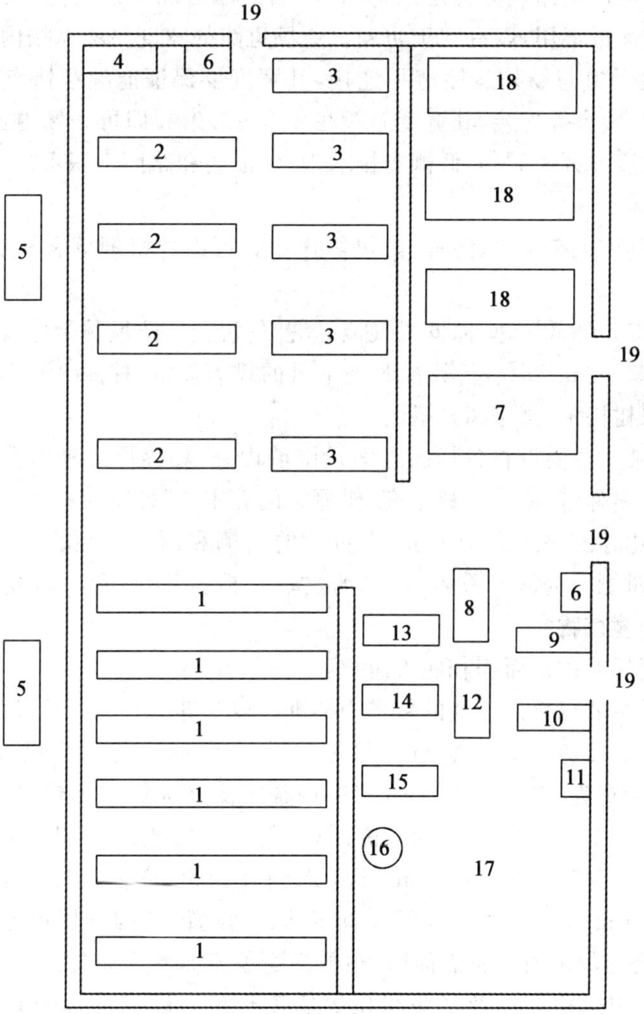

图1-2 兔场的规划布局图

1.种兔舍 2.繁殖舍 3.后备育肥舍 4.隔离舍 5.蓄粪池 6.门卫室 7.办公室 8.食堂 9.车库 10.配电室 11.修理室 12.饲料原料室 13.饲料成品室 14.饲料加工车间 15.锅炉房 16.水塔 17.果菜园 18.宿舍 19.大门

2.兔舍的间距

综合防疫、防火、排污、通风和采光等因素，合理安排。不同项目，要求与兔舍高度的比值各有不同：防疫间距 $5H$(H 为兔舍的高度)、防火间距 $2\sim3H$、排污间距 $3H$、日照间距

1.5～$2H$。综合考虑，取3～$5H$的间距即可满足。

3. 兔舍朝向

据各地的太阳辐射和主风向而定，结合地形、地势、地方性小气候，综合考虑。

4. 场区道路

兔场场区道路是总体布置的一个组成部分，是场区建筑物之间、场内外之间联系的纽带，不仅关系到场内运输、组织生产活动的正常进行，而且对卫生防疫、提高工作效率都具有重要作用。生产区的道路应分为运送饲料、产品的净道和运送病兔、死兔、粪便的污道。净道和污道不能交叉或混用，以有利于防疫。兔场道路的宽度要考虑场内车辆的流量，尤其是主干道。由于主干道与场外运输道相连接，其宽度要保证能顺利错车，宽度应在5～6 m。支干道与饲料室、兔舍等连接，其宽度一般在1.5～3.0 m即可。场内道路应坚实、不透水，路面有一定的坡度(1%～3%)，低侧有排水沟，保证场和路面不积水。

5. 场区绿化

绿化美化环境，也有防火、防疫、防风等作用。可以种植饲草和经济植物。绿化林带的种类如下。

(1)防风林带。降低风速，防低温气流、风沙的侵袭。防风林带应设在上风向，沿围墙内外分布，宽度以5～8 m为宜，行数视冬季主风的风力而定，株距2～3 m，呈“品”字形种植。落叶树和常年绿树搭配，高矮树种搭配。

(2)隔离林带。主要设在各场区之间及围墙内外，场界周边种植乔木混合林带，特别是夏季上风向的隔离林带，应选择树干高、树冠大的乔木，行株距应稍大些。

(3)遮阳绿化林。一般高于兔舍，在兔舍的南侧和西侧，为兔舍墙壁、屋顶、门窗遮阳。宜选择树干高、树冠大的落叶乔木，如杨树、槐树、枫树等，以免影响夏季通风和冬季采光。也可搭架种植藤蔓植物。

(三)确定兔场的占地面积和建筑面积

兔场的规模主要以繁殖母兔的数量为标准。以饲养100只繁殖母兔的规模为例，100只母兔每年能出栏商品兔3 200余只(每只母兔以每年6胎、每胎7只，出栏率85%，配怀率90%计)。以长×宽为60 cm×60 cm，三层重叠式兔笼为标准修建，每只母兔需3个笼位，1个为母兔笼位，2个为其所生仔兔笼位，每只母兔所需土地面积为0.36 m^2，饲料道宽为0.4～0.8 m，粪沟宽为0.6～0.8 m，再考虑到补饲箱、产仔箱等所需面积。如一面积为20 m×5 m＝100 m^2的房屋，若设置成兔笼，则可设置12列三层兔笼，每列24个笼位，共288个笼位；若考虑辅助设施所需面积，则可修建兔笼216个笼位。还要考虑饲料贮藏及加工车间、办公室、职工宿舍以及场区绿化等所需土地。以建设一个繁殖母兔300只、公兔40只、年产商品兔1万只的规模化兔场为例，约需生产区300 m^2，管理区200 m^2，生活区100 m^2，绿化区100 m^2，整个兔场占地约667 m^2。

确定兔场的占地面积和建筑面积应考虑家兔的生产方向、饲养规模、饲养管理方式、集约化程度等因素而确定。既应考虑满足生产，节约用地，也要为今后发展留有余地。

三、兔舍建筑

兔舍的建筑类型形式多样，各有特点，应根据当地气候、环境、经济条件、生产水平、饲养管理方式及生产方向而定。

(一)按兔舍密封程度划分

1.封闭式兔舍

四周有墙,上有屋顶,依靠门、窗、管道通风。封闭式兔舍保温、隔热性能好,便于舍内环境控制和管理,可防兽害。但建筑成本高,需要完好的通风条件,冬季要解决好通风与保温的矛盾。封闭式兔舍是目前我国应用最多的一种(图1-3)。

图 1-3 封闭式兔舍

2.开放式兔舍

三面有墙,上有屋顶,正面敞开或设有丝网。开放式兔舍通风好,有利于采光,管理方便,造价较低。但舍内温度随外界气温变化,不利于防兽害。适于较温暖的地区(图1-4)。

3.半开放式兔舍

三面有墙,上有屋顶,正面设有半截墙。半截墙上可安装铁丝网,冬季可装塑料膜,夏季在后墙设窗户。半开放式兔舍通风、采光较好,有一定的防寒能力,适于冬季不太冷、夏季不大热的地区(图1-5)。

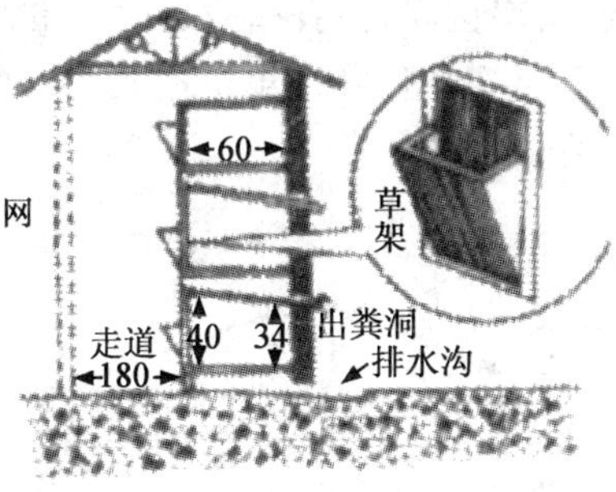

图 1-4 开放式兔舍(单位:cm)

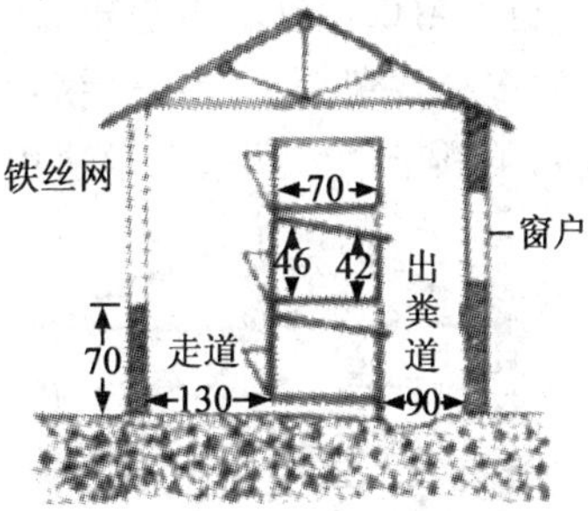

图 1-5 半开放式兔舍(单位:cm)

4.棚式兔舍

四周无墙,用立柱支撑舍顶,仅防雨淋和部分日晒。棚式兔舍空气流动大,光照充足,结构简单,造价低。但不防兽害,舍内温度变化大,适于冬季不冷、夏季不热的地区。

5.组装式兔舍

在封闭舍基础之上,装活动墙壁和门窗,天热时可以局部或全部取下来,使兔舍成为半开放式、开放式或棚舍,冬季再安装为密闭舍。组装式兔舍各部件坚固、轻便、耐用、保温隔热性能好,适于不同地区、季节,灵活方便。多应用于发达国家。

6.自动温控兔舍

兔舍内的温度、湿度、通风、光照等全自动控制。自动温控兔舍不受季节的影响,可充分发挥家兔的潜力,提高饲料的转化率,有效控制疾病传播,便于机械化作业,降低劳动强度。但建筑成本与维持费高、耗电量大,要求饲养管理水平高,必须提供全价营养的饲料,可用于价值较高的种兔饲养。

(二)按空间划分

(1)地上式兔舍。舍内环境便于调节,通风、采光好,土地利用率高,造价稍高,适于土地资源紧张、资金较雄厚的大中型集约化养兔场。

(2)地下式兔舍。冬暖夏凉，噪声小，通风、采光困难，湿度较大，清粪劳动强度大。应选择地势高燥、背风向阳、土质好、地下水位低的地方。适于寒冷地区。

(3)半地下式兔舍。集地上舍和地下舍的优点，造价低。不便于管理和粪便清除，舍内湿度较大。适于较寒冷地区小型兔场。

(三)按舍内兔笼的排列划分

(1)单列式兔舍。兔笼沿兔舍纵轴布置一列(图1-6)。门在兔舍南面，笼门朝南，兔舍北墙可开窗。兔笼与南墙之间为走道，清粪道靠北墙，南北墙距地面 20 cm 处留对应的通风孔。为减少舍内有害气体的产生、保持空气干燥，可把粪沟设在舍外。此种兔舍跨度小，有利于通风、采光。但不利于保温，利用率低。适于气候温暖地区。

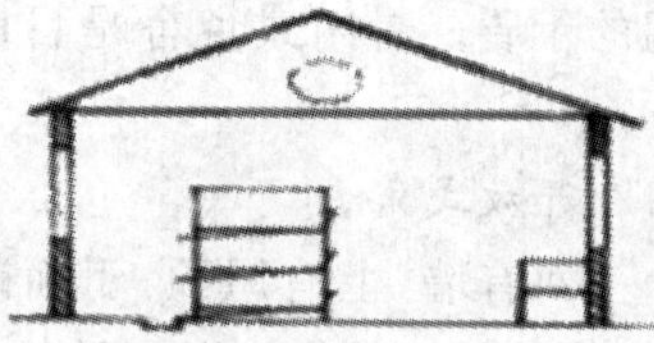

图 1-6 单列式兔舍

(2)双列式兔舍。舍内兔笼沿兔舍纵轴布置两列的兔舍(图 1-7)。笼在舍内布置有两种形式：一种是兔笼背靠背排列，粪尿沟在中间，走道靠南北墙；另一种是粪尿沟靠南北墙，中间为走道。室内温度相对稳定，通风透光良好，兔舍利用率也高，在我国应用较普遍。

(3)多列式兔舍。沿兔舍纵轴布置三列或三列以上兔笼(图 1-8)，单层或双层放置，兔笼层数多，不利于通风和采光。适用于大型集约化生产的兔场。

图 1-7 双列式兔舍(单位:m)

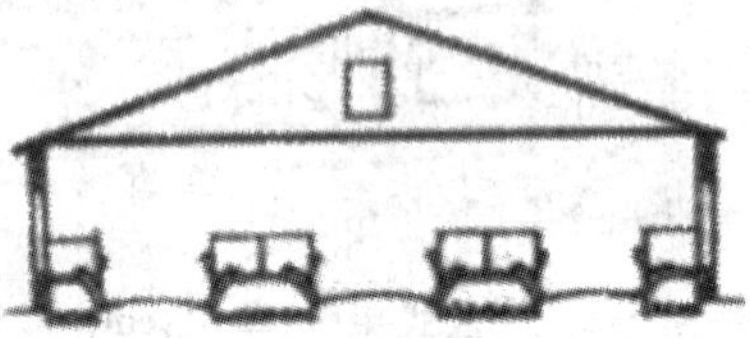

图 1-8 多列式兔舍

思考与练习

一、填空题

1.兔场的地面要平坦而稍有坡度，以便排水，防止积水和泥泞。地面坡度以________为宜。

2.兔场土壤最好是________。

3.一般选择距主要交通干线和市场________ m，距一般道路________ m 的地方建设兔场，以便形成卫生缓冲带。

4.兔场一般分为________、________、________、________等。

5.兔舍的间距一般取________的间距即可满足生产需要(H 为兔舍的高度)。

6.兔舍按密封程度划分为________兔舍、________兔舍、半开放式兔舍、________兔舍和组装式兔舍。按空间划分为________兔舍、________兔舍和________兔舍。

二、简答题

1. 选择兔场场址主要考虑哪些因素?

2. 怎样确定兔场的占地面积和建筑面积?

任务三　准备养兔设备

【任务介绍】

兔笼、食槽和饮水器等养兔设备是现代化养兔的必备设施,科学地设计和制造兔笼,熟悉设备的安装及维护,是实现兔产业现代化必不可少的一个环节。本任务主要介绍兔笼、食槽、饮水器等设备的使用及维护。

【任务分析】

学习本任务要熟悉动物环境卫生的基本知识,了解环境因素对家兔生产的影响,具备养殖场规划、设计等基本知识与技能。

【任务实施】

一、兔笼

兔笼是养兔的主要设施,科学地设计和制造兔笼是非常重要的。兔笼一般要求造价低廉,经久耐用,便于操作管理,并符合家兔的生理要求。设计内容包括兔笼的规格、结构及总体高度等。

(一)兔笼类型

1. 活动式兔笼

(1)单层活动式兔笼。制作简单,可随意搬移,适于少量饲养(图 1-9)。

(2)双联单层活动式兔笼。两笼中间设有 V 形草架,笼门设在上方,粪尿直接落在地上,需经常清扫或铺垫料,定时清除(图 1-10)。

(3)重叠式兔笼。前方开门,草架和食槽装在门上,笼底用竹片制成,笼下方安装承粪板,兔笼大小根据不同品种体型确定。这种兔笼便于清扫、消毒,易于控制疾病,占地面积小,操作方便,节省人力。重叠式兔笼透光性差,上下层的温度和光照不均匀(图 1-11)。

2. 固定式兔笼

常用砖、石头、水泥、金属等材料制成,坚固耐用,不能随意搬动。

(1)室外固定式兔笼。笼舍合一,功能要全面,覆以较大而厚的顶,既能防雨、防潮,又能防暑、防寒。笼底部距地面约 40 cm,笼壁坚固,可建单层,也可建 2～3 层,种母兔笼内还可设产仔室,适于气候温暖、干燥地区。

(2)室内固定式兔笼。通风好,占地面积少,管理方便。一般建成 1～3 层,承粪板、侧壁及后壁多用水泥预制板,笼底、笼门多用冷拔丝,粪尿沟设在室内,需加强通风。

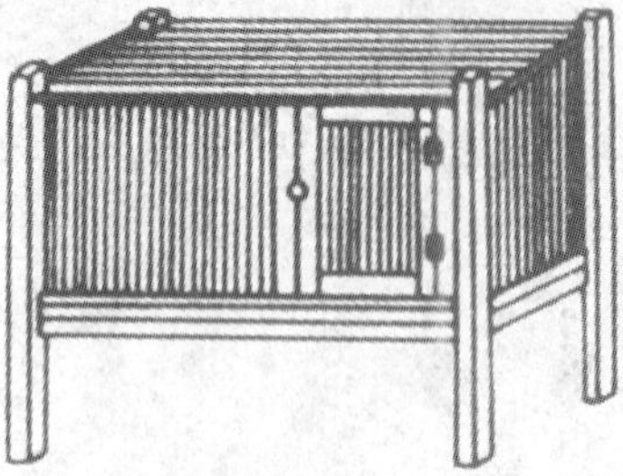

图 1-9　单层活动式兔笼

图 1-10　双联单层活动式兔笼

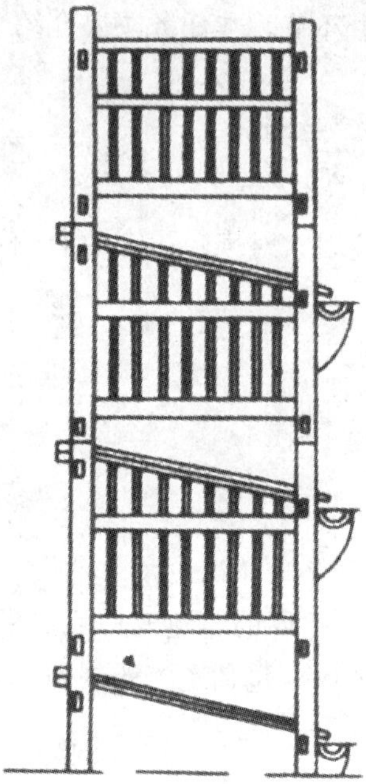

图 1-11　重叠式兔笼

(3)室内金属笼。

①平列悬挂式兔笼。兔笼全部排列在一个平面上,门多开在笼顶,支架支撑或悬挂在舍顶上(图 1-12)。粪尿集中于笼下的粪尿沟内,人工或机械清除。这种兔笼劳动效率高,环境卫生、透光性好,便于机械化操作。但饲养密度小,兔舍的利用率低,一次性投入较高。适于饲养种母兔。

②全阶梯式兔笼。上下层笼体完全错开,无须设承粪板,粪便污水直接落入笼下的粪沟内。因层间兔笼完全错开,层间纵向距离加大,上层笼的管理不方便,清粪也较困难。但饲养密度较平列式高,兔舍利用率高,最适于二层排列和机械化管理(图 1-13)。

③半阶梯式兔笼。上下层兔笼部分重叠,仅重叠处设承粪板。较全阶梯式饲养密度大,兔舍的利用率高,既便于手工操作,又适于机械化操作(图 1-14)。

图 1-12　平列悬挂式兔笼

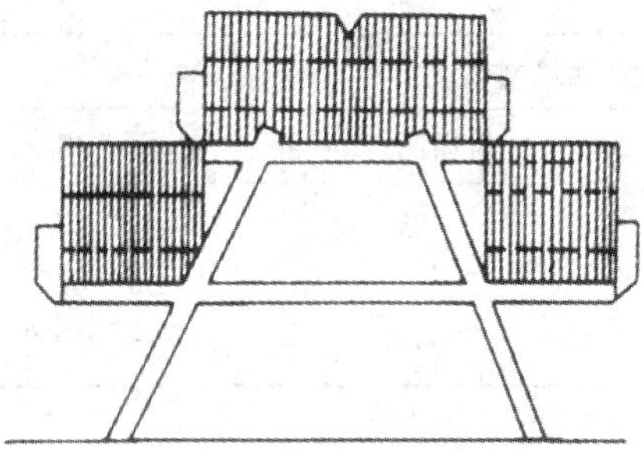

图 1-13　全阶梯式双层兔笼

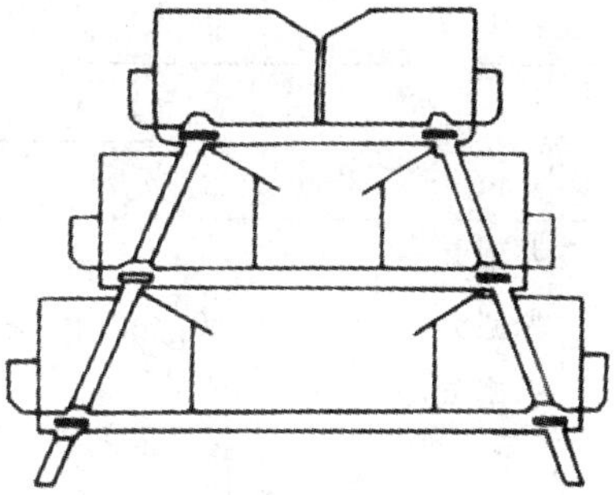

图 1-14　三层半阶梯式兔笼

④重叠式兔笼。上下层笼体完全重叠在一个垂直面上，层间设承粪板，一般可叠放2～4 层。这种兔笼兔舍的利用率高，单位面积饲养密度大，便于机械化操作，是目前大多数养兔场所普遍使用的一种兔笼。但舍内通风性差，上下层兔笼温度和光照不均匀（图 1-15）。

图 1-15　重叠式兔笼

(二)兔笼大小

兔笼大小，应按家兔品种、类型和年龄的不同而定，一般以家兔能在笼内自由活动为原则。种兔笼比商品兔笼大些，室内兔笼比室外兔笼略小些。兔笼的大小可依据家兔的体长大小而定。标准兔笼尺寸：宽＝体长×1.5，深＝体长×1.3，高＝体长×1.0（表 1-1）。

表 1-1　室外兔笼尺寸

cm

品种类型	室外兔笼尺寸			
	宽	深	前檐高	后檐高
大型兔	100～120	65	60～70	40～45
中型兔	80～85	65	60～70	40～45
小型兔	70～75	65	60～70	40～45

续表 1-1

品种类型	室内兔笼尺寸			
	宽	深	前檐高	后檐高
大型兔	79～90	45～50	45～50	35～40
中型兔	60～75	45～50	45～50	35～40
小型兔	45～60	45～50	45～50	35～40

母仔共用兔笼也是生产中常用的一种兔笼，由一大一小两笼相连，中间留有一小门。平时，小门关闭，便于母兔休息，哺乳时，小门打开，母兔跳入仔兔一侧(图 1-16)。一般公兔、母兔和后备种兔，每只所需面积为 0.25～0.4 m^2，育肥家兔为 0.12～0.15 m^2。

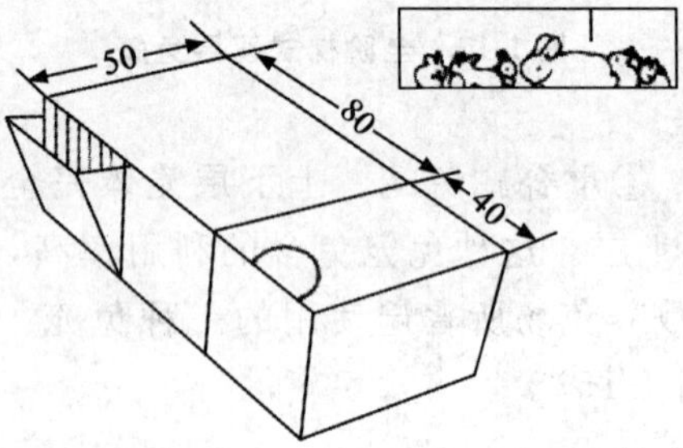

图 1-16 母子共用肉兔笼(单位:cm)

(三)兔笼构件

兔笼构件主要由笼壁、笼底板、承粪板和笼门等构成。

1. 笼壁

可用砖块或水泥板砌成，也可用竹片、钢丝网或铁皮等钉成。采用砖砌或水泥预制件，必须预留承粪板和笼底板搁肩，搁肩宽度以 3～5 cm 为宜；采用竹、木栅条或金属板条，栅条宽以 15～30 mm、间距 10～15 mm 为宜。笼壁必须光滑，谨防造成家兔的外伤。用竹片制作时，光面向内；砖砌的，需用水泥粉刷平整。

2. 笼底板

兔笼最重要的部分，若制作不好，如间距太大，表面有毛刺，极易造成家兔骨折和脚皮炎的发生。笼底板一般采用竹片或镀锌钢丝制成。钉制笼地板用的竹片要光滑，竹片宽 2.2～2.5 cm，厚 0.7～0.8 cm，竹片间距 1～1.2 cm，竹片钉制方向应与笼门垂直，以防家兔形成八字脚。用镀锌钢丝制成的兔笼，其焊接网眼规格为 50 mm×13 mm 或 75 mm×13 mm，钢丝直径为 1.8～2.4 mm。笼底板要便于家兔行走，安装成可拆卸的，便于定期取下刷洗、消毒。

3. 承粪板

宜用水泥预制件，厚度为 2～2.5 cm。在多层兔笼中，上层承粪板即为下层兔笼的笼顶，为避免上层兔笼的粪尿、污水溅污下层兔笼，承粪板应向笼体前面伸出 3～5 cm，后面伸出 5～10 cm。在设计、安装时还需有一定的倾斜度，呈前高后低斜坡状，角度为 15°左右，以便粪尿经板面自动落入粪沟，并利于清扫。

4. 笼门

一般安装在多层兔笼的前面或单层兔笼的上层，可用竹片、打眼铁皮、镀锌钢丝制成。要求启闭方便，内侧光滑，能防御兽害。食槽、草架、饮水装置最好安装在笼门外，尽量做到不开门喂食，以节省工时。

二、食槽

家兔的食槽应具备结构简单、方便采食、坚固耐啃、便于清洗消毒、防扒等特点。食槽按制作材料的不同又分为竹制、陶制、水泥制、铁皮制及塑料制等多种食槽。简易食槽制作简单、成本低，适合盛放各种类型的饲料，但喂料时工作量大，饲料易被污染，极易造成兔子扒料浪费。自动食槽容积较大，安置在兔笼前壁上，适合盛放颗粒饲料，从笼外添加饲料，喂料省时省力，饲料不易污染，浪费少，但食槽制作比较复杂，成本也比较高。中小型兔场及家庭养兔按饲养方式而定，群养兔通常使用竹制长食槽；笼养兔通常采样陶制、转动式、抽屉式或自动食槽。国外规模较大及机械化程度较高的兔场多采用自动喂料器，一般用镀锌铁皮或硬质聚乙烯塑料制成，放置于兔笼壁上。无论哪种食槽，均要结实、牢固，不易破碎或翻倒，同时还应便于清洗和消毒(图 1-17)。

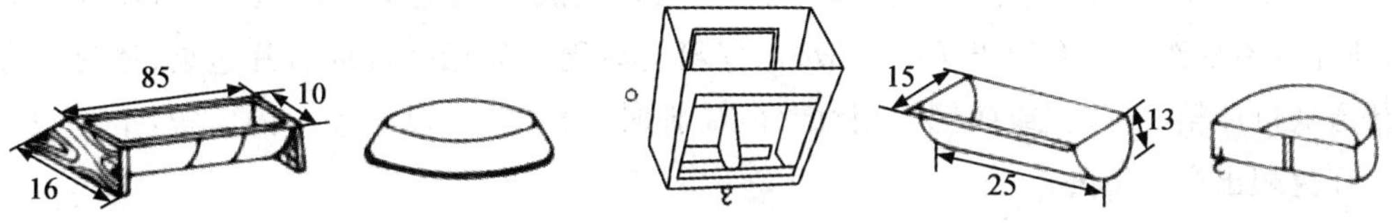

图 1-17　食槽(单位:cm)

三、草架

草架可用木条、竹片、铁丝等材料制成，安装成 V 形。群养兔或运动场用的草架，长短视兔群大小而定。可悬挂 30～40 cm 高，里面放饲草，使草从网眼内漏出供兔采食，增加运动量，防止污染。笼养兔的草架一般固定在笼门之上，也可安装在两笼之间。其规格大小根据具体情况而定(图 1-18)。

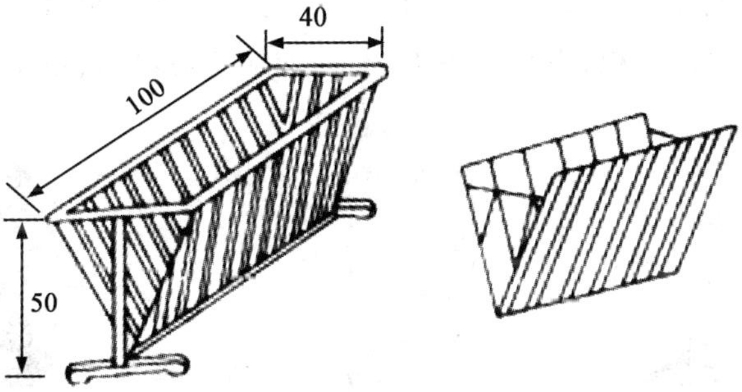

图 1-18　草架(单位:cm)

四、产仔箱

产仔箱又称巢箱，是母兔产仔、哺乳的场所，也是 3 周龄前仔兔的主要生活场所，通常在母兔产仔前放入笼内或悬挂在笼门外，多用木板、纤维板或硬质塑料制成。目前，我国各地兔场多采用木制产仔箱，有两种式样，一为平放式，另一为悬挂式(图 1-19)。

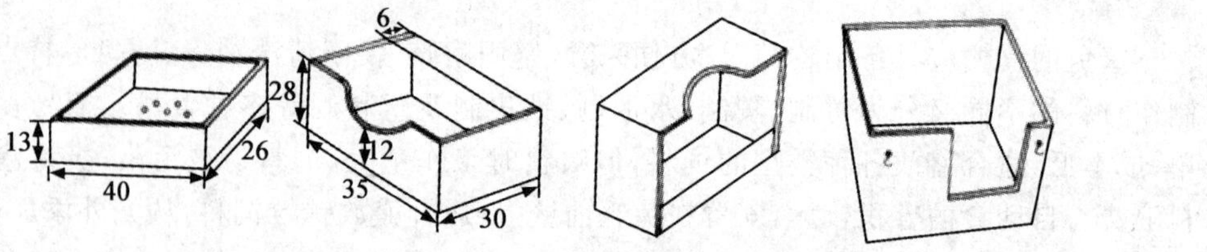

平放式产仔箱　　悬挂式产仔箱

图 1-19　产仔箱(单位:cm)

(1)平放式产仔箱是敞开的平口产仔箱，多用 1～1.5 cm 厚的木板钉成 40 cm×26 cm×13 cm 的长方形木箱，木箱内外抛光，钉子不外露，箱底有粗糙锯纹，并留有间隙或开有小洞，使仔兔不易滑倒并有利于排除尿液，产仔箱上口周围需用铁皮或竹片包裹；还有一种为月牙形缺口产箱，可竖立或横倒使用，产仔、哺乳时可横侧向，以增加箱内面积，平时则竖立以防仔兔爬出产仔箱外。

(2)悬挂式产仔箱多采用保温性能好的发泡塑料或轻质金属等材料制作。悬挂于兔笼的前壁笼门上，在与兔笼接触的一侧留有一个大小适中的方形缺口，其底部刚好与笼底板齐平。产仔箱上方加盖一块活动盖板。这类产仔箱具有不占笼内面积、管理方便的特点。

五、饮水器

常用的家兔饮水器形式有多种(图 1-20)，一般小型兔场或家庭养兔可用瓷碗或陶瓷水钵，优点是清洗、消毒方便，经济实用。缺点是每次换水要开启笼门，水钵容易翻倒，且易被家兔的粪尿污染。笼养兔可用贮水式饮水器，将盛水玻璃瓶或塑料瓶倒置固定在笼壁上，瓶口上接一橡皮管通过笼前网伸入笼门，利用空气压力控制水从瓶内流出，供家兔自由饮用。这种饮水器优点不占笼内面积、不易被污染、不会弄湿兔毛，缺点是需勤添水。大型兔场可

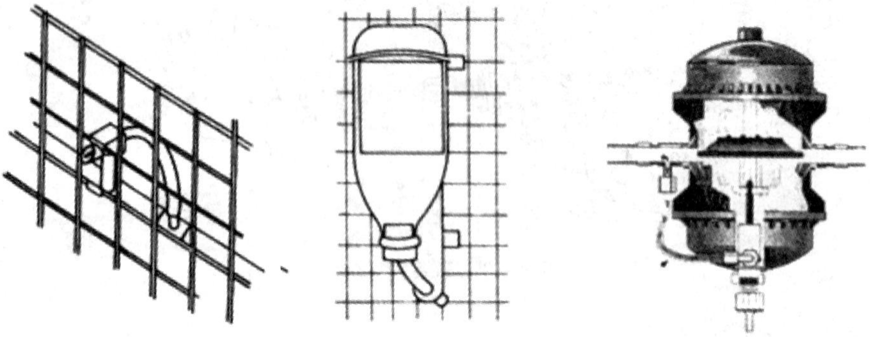

乳头式自动饮水器　　贮水式饮水器　　自动饮水器

图 1-20　饮水器

采用乳头式自动饮水器，由减压水箱、控制阀、水管以及饮水乳头等组成，当兔嘴触到饮水乳头时，使乳头受到压力影响而使内部弹簧回缩，水即从缝隙流出。这种饮水器的优点是可供肉兔自由饮水，既能防止污染，又可节约用水，缺点是投资成本较高，对水质要求较高，要求水质干净，否则容易堵塞和滴漏。

六、其他用具

1. 运输兔笼

长度略大于兔体长，宽度略大于胸宽，高度稍高于兔蹲卧时的高度。如 2.0～2.5 kg 商品肉兔运输笼的尺寸为 40 cm×14 cm×15 cm。

2. 喂料工具

喂料车多用自制斗车，斗高 100 cm、深 45 cm、长 60 cm、宽 55 cm 为宜。料撮可以将硬质塑料瓶削为斜口即可，大小与饲料槽、喂料量匹配。

3. 除粪工具

刮粪板，高 5～6 cm，宽度约为承粪板的 2/3，长度为承粪板总长加 15 cm。刮粪板可用硬质的木料，避免使用金属板产生噪声，手柄以舒适为宜。粪铲，形状及大小与粪尿沟匹配，使用中不宜产生较大的噪声。推粪车，在粪尿沟中收集兔粪，运送至兔粪处理场。宜用斜斗，安装较大的车轮，有较长的车把，方便自卸。清粪机械，现有刮板式除粪板，也可借鉴链式除粪装置。

4. 割草晾草工具

补饲青草或晾晒青干草还要有割草工具。雨天割的草，晾干雨水后才能喂兔，在牧草生长茂盛的季节，制作青干草也需要快速风干。可搭人形草架，也可用钢丝网制作简易的晾草架。

思考与练习

一、填空题

1. 活动式兔笼分为________兔笼、________兔笼和________兔笼 3 种。

2. 兔笼大小应按家兔品种、类型和年龄的不同而定，标准兔笼尺寸：宽为________，深为________，高为________。

3. 兔笼构件主要由________、________、________和________构成。

4. 目前，我国各地兔场多采用木制产仔箱，有两种式样，一种为________式，另一种为________式。

5. 室内金属笼有________兔笼、________兔笼、________兔笼和重叠式兔笼。

二、简答题

1. 兔笼应满足哪些条件？

2. 简述使用乳头式饮水器的注意事项。

任务四 选择品种

【任务介绍】

每个品种兔都有各自独特的外貌特征、生产性能，了解家兔的来源，掌握不同经济类型兔的特点，识别常见品种兔，依据生产经营方向和当地的实际条件对兔品种做出选择是本任务的重点。

【任务分析】

正确的品种选择是实现兔场良好经济效益的重要条件。根据各个品种兔的外貌特征，能对每个品种兔进行准确识别，并通过对各品种兔的生产性能、引种利用及适应性等情况的掌握，结合生产方向及兔场实际，选择理想的品种。

【任务实施】

一、品种分类

目前家兔饲养遍及世界各地，有 60 多个品种，200 多个品系。由于经济目的、选育方法和饲养管理条件等不同，形成了品种、品系间的差异。为了选育良种、提高生产性能和科学饲养管理水平，将现有的家兔品种进行了分类。分类方法很多，主要依据其生产方向和生产性能，并参考被毛的生物学特性和体型大小分类，大体分为 4 个类型。

(一)毛用型

该类型家兔以产毛为主要目的。其主要特征：体型中等，毛长在 5 cm 以上，毛密，绒毛多，枪毛少，除体躯密生绒毛外，腹下、四肢甚至头部都有绒毛着生，远看就像一团绒球。如安哥拉兔及其变种(品系)。

(二)皮用型

该类型家兔以提供优质制裘商品兔皮为主要目的。其主要特征：毛短而密，被毛平整，枪毛分布均匀，皮肤组织致密，被毛光泽鲜艳夺目。体型多为中、小型，头清秀，体躯结构匀称，各部位轮廓清楚，四肢强健有力，一般颌下没有髯。如獭兔、银狐兔、玄狐兔及哈瓦那兔等。

(三)肉用型

该类型以生产兔肉为主要目的。其主要特征：体型较大，多为大、中型，头较大，颈粗短，多数有肉髯，体躯肌肉丰满，骨细皮薄，肉质鲜美。繁殖力强，生长快，成熟早，屠宰率高。如新西兰兔、比利时兔、法国公羊兔、弗朗德巨兔及加利福尼亚兔等。

(四)皮肉兼用型

该类型没有突出的生产方向，皮肉皆宜。不属于以上 3 种类型者均可列入此类。其体型大小很不一致，皮和肉的品质介于皮用兔和肉用兔之间。如中国白兔、日本大耳兔、丹麦白兔、青紫蓝兔、美国花巨兔、德国花巨兔及喜马拉雅兔、贝韦伦兔等。

二、家兔的品种

（一）长毛兔

长毛兔的现有品种类型很多，但只是一个品种，即安哥拉兔。在不同的自然环境、气候、饲养条件下，经采用不同的繁殖和选育方法，安哥拉兔培育形成了许多品系，目前饲养数量多，分布范围广，品质比较好的长毛兔品系主要有以下几个品系。

1. 英系安哥拉兔

该兔产于英国，偏向于观赏型和细毛型。我国早在 20 世纪 20～30 年代就开始引进饲养，曾对我国长毛兔的选育工作起过积极的作用。但目前纯种英系兔已极少见，即使在英国也难看到。

英系安哥拉兔全身被白色、蓬松、丝状绒毛，形似雪球，毛质细软。头型偏圆，额毛、颊毛丰满，耳短厚，耳尖密生绒毛，形似缨穗，有的整个耳背均有长毛，飘出耳外，甚是美观。四肢及趾间脚毛丰盛。背毛自然分开，向两例披下（图 1-21）。

英系安哥拉兔体型紧凑显小，成年体重 2.5～3.0 kg，高的达 3.5～4.0 kg，体长 42～45 cm，胸围 30～33 cm；年产毛量公兔为 200～300 g，母兔为 300～350 g，高的可达 400～500 g；被毛密度为每平方厘米 12 000～13 000 根，粗毛含量为 1%～3%，细毛细度 11.3～11.8 μm，毛长 6.1～6.5 cm。繁殖力较强，年繁殖 4～5 胎，平均每胎产仔 5～6 只，最市可达 13～15 只；配种受胎率为 60.8%。

该兔的主要优点是繁殖力强，被毛白色、蓬松，甚是美观，可作观赏用。缺点是被毛密度差，产毛量低。体质较弱，抗病力差。母兔泌乳力较差，有待选育提高。

2. 法系安哥拉兔

该兔产于法国，选育历史较长，是目前世界上著名的粗毛型长毛兔。我国早在 20 世纪 20 年代就开始引进饲养，1980 年以来又先后引进了一些新法系安哥拉兔。

全身披白色长毛，粗毛含量较高。额部、颊部及四肢下部均为短毛，耳宽长而较厚，耳尖无长毛或有一撮短毛，耳背密生短毛，俗称"光板"。被毛密度差，毛质较粗硬，头型稍尖。新法系安哥拉兔体型较大，体质健壮，面部稍长，耳长而薄，脚毛较少，胸部和背部发育良好，四肢强壮，肢势端正（图 1-22）。

图 1-21　英系安哥拉兔

图 1-22　法系安哥拉兔

法系兔体型较大，成年体重 3.5～4.6 kg，高的可达 5 kg，体长 43～46 cm，胸围 35～37 cm。年产毛量公兔为 900 g，母兔为 1 000 g，最高可达 1 200～1 300 g；被毛密度为每平方厘米 13 000～14 000 根，粗毛含量 13%～20%，细毛细度为 14.9～15.7 μm，毛长 5.8～6.3 cm。年繁殖 4～5 胎，每胎产仔 6～8 只；平均奶头 4 对，多的 5 对；配种受胎率为 58.3%。

法系兔的主要优点是产毛量较高，兔毛较粗，粗毛含量高，适于纺线和作粗纺原料。适应性较强，耐粗性较好，繁殖力较高。主要缺点是被毛密度较差，面、颊及四肢下部无长毛。该兔适于以拔毛方式采毛，不宜剪毛。

3. 德系安哥拉兔

该兔产于德国，是目前世界上饲养最普遍、产毛量最高的一个品系。我国自 1978 年开始引进饲养。

德系安哥拉兔全身披厚密绒毛，被毛有毛丛结构，不易缠结，有明显波浪形弯曲。面部绒毛不甚一致，有的无长毛，亦有额毛、颊毛丰盛的，但大部分耳背均无长毛，仅耳尖有一撮长毛，俗称“一撮毛”。四肢、腹部密生绒毛；体毛细长柔软，排列整齐。四肢强健，胸部和背部发育良好，背线平直，头型偏尖削（图 1-23）。

德系安哥拉兔体型较大，成年体重 3.5～5.2 kg，高的可达 5.7 kg，体长 45～50 cm，胸围 30～35 cm。年产毛量公兔为 1 190 g，母兔为 1 406 g，最高可达 1 700～2 000 g；被毛密度为每平方厘米 16 000～18 000 根，粗毛含量 5.4%～6.1%，细毛细度 12.9～13.2 μm，毛长 5.5～5.9 cm。德系安哥拉兔年繁殖 3～4 胎，每胎产仔 6～7 只，最高可达 11～12 只；平均奶头 4 对，多的 5 对；配种受胎率为 53.6%。

德系安哥拉兔的主要优点是产毛量高，被毛密度大，细长柔软，有毛丛结构，排列整齐，不易缠结。主要缺点是繁殖性能较低，配种比较困难，初产母兔母性较差，少数有食仔恶癖等。适应性较差，公兔有夏季不育现象。

4. 日系安哥拉兔

该兔产于日本，其生产性能不及德、法系安哥拉兔。我国自 1979 年开始引进饲养，主要分布在江浙及辽宁等省。

日系安哥拉兔全身披白色浓密长毛，粗毛含量较少，不易缠结。额部、颊部、两耳外侧及耳尖部均有长毛，额毛有明显分界线，呈“刘海”状。耳长中等、直立，头型偏宽而短，四肢强壮，胸部、背部发育良好。

日系安哥拉兔体型较小，成年体重 3～4 kg，高的可达 4.5～5.0 kg，体长 40～45 cm，胸围 30～33 cm；年产毛量公兔为 500～600 g，母兔为 700～800 g，最高的可达 1 000～1 200 g；被毛密度为每平方厘米 12 000～15 000 根，粗毛含量 10%～11%，细毛细度 12.8～13.3 μm，毛长 5.1～5.3 cm。年繁殖 3～4 胎，平均每胎产仔 8～9 只；平均奶头 4～5 对；配种受胎率为 62.1%。

5. 中系安哥拉兔

自 1926 年以来，我国先后引进英系和法系安哥拉兔，在英、法两系安哥拉兔杂交的基础上，掺入中国本地兔血统，经长期选育形成了中系安哥拉兔。

中系安哥拉兔全耳毛、狮子头、老虎爪。耳长中等，整个耳背和耳尖均密生细长绒毛，头宽而短，额毛、颊毛异常丰富，脚毛丰盛，骨骼细致，皮肤稍厚，体型清秀（图 1-24）。

中系安哥拉兔，成年兔体重 2.5～3 kg，高者达 3.5～4 kg，公兔年产毛量 200～250 g，母兔为 300～350 g，高者达 450～500 g，被毛密度每平方厘米 11 000～13 000 根，毛长 5.5～5.8 cm，年繁殖 4～5 胎，每胎产仔 7～8 只，高者达 11～12 只，配种受胎率为 65.7%。

中系安哥拉兔主要优点是性成熟早，繁殖力强，母性好，仔兔成活率高，耐粗饲，适应性强，体毛洁白，细长柔软。缺点是体型小，生长慢，产毛量低，毛结块率较高。

图 1-23　德系安哥拉兔

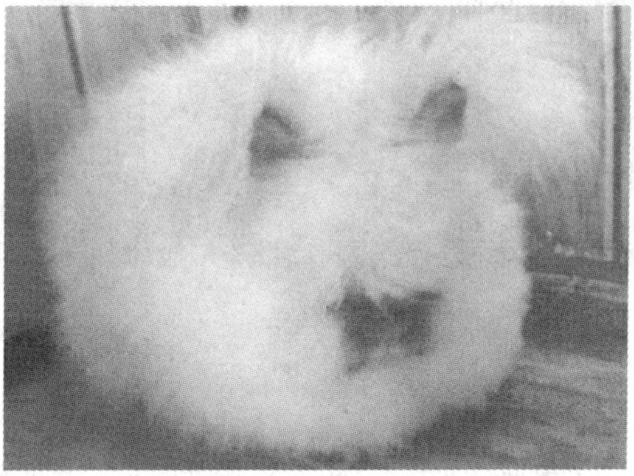

图 1-24　中系安哥拉兔

(二)肉用兔

肉兔品种很多，按体型大致可分为大、中、小 3 型。体重 5 kg 以上者为大型兔；3～5 kg 为中型兔；3 kg 以下为小型兔。

1. 新西兰兔

新西兰兔有白色、黑色和红棕色 3 个变种。目前饲养量较多的是新西兰白兔，被毛纯白，眼呈粉红色，头宽圆而粗短，耳宽厚而直立，臀部丰满，腰肋部肌肉发达，四肢粗壮有力，具有肉用品种的典型特征。

新西兰兔体型中等，最大的特点是早期生长发育较快。在良好的饲养条件下，8 周龄体重可达 1.8 kg，10 周龄体重可达 2.3 kg。成年体重：公兔 4～5 kg，母兔 4.5～5.5 kg。繁殖力强，平均每胎产仔 7～8 只(图 1-25)。

新西兰兔的主要优点是产肉力高，肉质良好，适应性和抗病力较强。主要缺点是毛皮品质较差，利用价值低。但用新西兰白兔与中国白兔、日本大耳兔、加利福尼亚兔杂交，则能获得较好的杂种优势。

2. 加利福尼亚兔

加利福尼亚兔原产于美国加利福尼亚州，系由喜马拉雅兔、青紫蓝兔和新西兰白兔杂交育成，是现代著名皮肉兼用兔品种之一。

加利福尼亚兔皮毛为白色，鼻端、两耳、尾及四肢下部为黑色，故称“八点黑”。幼兔色浅，随年龄增长而颜色加深；冬季色深，夏季色淡。耳小直立，颈粗短，肩、臀部发育良好，肌肉丰满，眼呈红色。生产性能，该兔体型中等，仔兔初生重 60～70 g，周龄体重达 1.0～12 kg，3 月龄体重可达 2.5 kg 以上。成年体重：公兔 3.6～4.5 kg，母兔 3.9～4.8 kg。繁殖力强，平均每胎产仔 7～8 只(图 1-26)。

主要优缺点，该兔种的主要优点是早熟易肥，肌肉丰满，肉质肥嫩，屠宰率高。母兔性情温驯，泌乳力高，是有名的“保姆兔”。主要缺点是生长速度略低于新西兰兔，断奶前后饲养管理条件要求较高。

图 1-25　新西兰兔

图 1-26　新加利福尼亚兔

3. 比利时兔

该兔原产于比利时，系由比利时贝韦伦野生穴兔改良而成的大型肉兔品种。

比利时兔被毛呈黄褐色或栗壳色，毛尖略带黑色，腹部灰白，两眼周围有不规则的白圈，耳尖部有黑色光亮的毛边。眼睛为黑色，耳大而直立，稍倾向于两侧，面颊部突出，脑门宽圆，鼻骨隆起，类似马头，俗称“马兔”。

该兔体型较大，仔兔初生重 60～70 g，最大可达 100 g 以上，6 周龄体重 1.2～1.3 kg，3 月龄体重可达 2.3～2.8 kg。成年体重：公兔 5.5～6.0 kg，母兔 6.0～ 6.5 kg，最高可达 7～9 kg。繁殖力强，平均每胎产仔 7～8 只，最高可达 16 只(图 1-27)。

该兔种的主要优点是生长发育快，适应性强，泌乳力高。比利时兔与中国白兔、日本大耳兔杂交，可获得理想的杂种优势。主要缺点是不适宜于笼养，饲料利用率较低，易患脚癣和脚皮炎等。

4. 公羊兔

公羊兔又名垂耳兔，是一个大型肉用品种。公羊兔因其两耳长宽而下垂，头形似公羊而得名。被毛颜色以黄色者居多。头粗糙，眼小，颈短，背腰宽，臀圆，骨粗，体质疏松肥大。该品种兔早期生长发育快，40 d 断奶重可达 1.5 kg，成年体重 6～8 kg，最高者可达 9～10 kg。耐粗饲，抗病力强，易于饲养。性情温顺，不爱活动，因过于迟钝，故有人称其为“傻瓜兔”，其繁殖性能低，主要表现在受胎率低，哺育仔兔性能差，产仔少。该品种兔与比利时兔杂交，效果较好，二者都属大型兔，被毛颜色比较一致，杂交一代生长发育快，抗病力强，经济效益高(图 1-28)。

5. 齐卡配套系

由德国齐卡家兔育种中心和慕尼黑大学联合育成的 3 系配套系，是世界上著名的肉兔配套品系之一，我国 1986 年引进。

(1)G 系(德国巨型白兔)。被毛浓密，纯白，毛长 3.5 cm。头粗重，红眼，耳大直立，体躯大而丰满，背腰平直。仔兔初生重 70～80 g，35 d 断乳重 1.0～1.2 kg，90 d 体重 2.7～3.4 kg，日增重 30～40 g，料重比 3.2：1，成年体重约 7.0 kg。母兔 6～7.5 月龄配种，窝产仔 6～10 只。在相同的饲养管理条件下，增重比哈白兔和比利时兔都高；耐粗饲，适应性好，

图 1-27　比利时兔

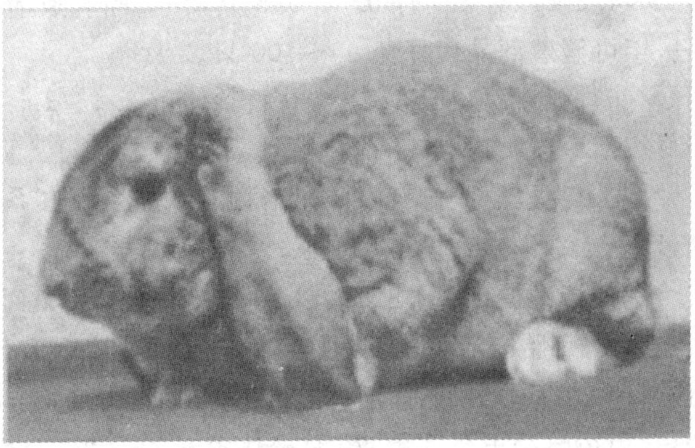

图 1-28　公羊兔

个体产肉性能优异。性成熟较晚。

(2)N 系(齐卡新西兰白兔)。属中型肉兔。分产肉性能好和繁殖性、母性突出两个类群。被毛全白,头短而粗,红眼,耳短、厚而直立,体躯丰满,背腰平直,臀圆,肉用特征明显。成年体重 4.5～5.0 kg。初生重约 60 g,35 d 断奶重 700～800 g,90 d 体重 2.3～2.6 kg,日增重 30 g 以上,早期生长速度快,饲料报酬高。母兔年产 5～6 窝,窝产仔 7～8 只,最多 15 只。胴体净肉率 82%以上(肉骨比 5.6∶1)。

(3)Z 系(齐卡合成白兔)。由数十个品种组合而成(不含新西兰白兔血缘),属小型品种。被毛纯白,红眼,耳薄直立,头清秀,体躯紧凑。成年体重 3.5～4.0 kg,90 d 体重 2.1～2.4 kg,日增重 26 g 以上。全净膛屠宰率 50.4%;适应性好,耐粗饲,抗病力强。最大的优点是母兔繁殖率高,年产窝数多,窝产仔 7～10 只,幼兔育肥成活率 85%～90%,母兔年育成青年兔 50～60 只。

(4)GNZN 商品代兔。被毛纯白。在德国封闭式兔舍自由采食条件下,84 日龄活重 2.8～3.0 kg,仔兔的肥育成活率为 85%,饲料报酬 2.8,窝平均产仔 8.2 只。在我国开放式兔舍限食条件下,窝产仔 8.1 只,90 日龄活重 2.5～2.7 kg,饲料报酬(3.0～3.3)∶1,日增重 32 g 以上,胴体净肉率 81%。

6. 艾哥配套系

艾哥配套系是由法国艾哥(ELCO)公司培育的四系配套系。

(1)CP111 系兔。毛色为白化型或有色。性成熟 26～28 周龄,成年体重 5.8 kg 以上。70 日龄体重 2.5～2.7 kg,28～70 日龄饲料报酬 2.8∶1。

(2)GP121 系兔。毛色为白化型或有色。性成熟期 121 d,成年体重 5.0 kg 以上,70 日龄体重 2.5～2.7 kg,28～70 日龄的饲料报酬 3.0∶1,每只母兔年生产断奶仔兔 50 只。

(3)GP172 系兔。毛色为白化型。性成熟期 22～24 周龄,成年体重 3.8～4.2 kg。公兔性情活泼,性欲旺盛,配种能力强。

(4)GP122 系兔。性成熟期 113 d,成年体重 4.2～4.4 kg。母兔的繁殖能力强,每年可生产成活仔兔 80～90 只。

(5)父母代。公兔毛色为白色或有色,性成熟期 26～28 周龄,成年体重 5.5 kg 以上,28～70 日龄,日增重 42 g,饲料报酬 2.8∶1。母兔毛色白化型,性成熟期 117 d,成年体重

4.0～4.2 kg，窝产活仔9.3～9.5只，28 d断乳成活仔兔8～9.0只，出栏时窝成活8.3～8.5只，年可繁殖商品代仔兔90～100只。

(6)商品代兔(PF320)。70日龄体重2.4～2.5 kg，饲料报酬(2.8～2.9)：1。

7.伊普吕肉兔配套系

法国克里莫股份有限公司培育的八品系配套系。2005年11月山东青岛康大集团引进4个祖代父本和1个祖代母本。

(1)标准白。由PS19母本与PS39父本杂交而成。母本白色略带黑色耳边，性成熟期17周龄，每胎产活仔9.8～10.5只，70日龄体重2.25～2.35 kg；父本白色略带黑色耳边，性成熟期20周龄，每胎产活仔7.6～7.8只，70日龄体重2.7～2.8 kg，屠宰率58%～59%；商品代白色略带黑色耳边，70日龄体重2.45～2.50 kg，70日龄屠宰率57%～58%。

(2)巨型白。由PS19母本和PS59父本杂交而成。父本白色，性成熟期22周龄，每胎产活仔8～8.2只，77日龄体重3～3.1 kg，屠宰率59%～60%；商品代白色略带黑色耳边，77日龄体重28～2.9 kg，屠宰率57%～58%。

(3)标准黑眼。由PS19母本与PS79父本杂交而成。父本灰毛黑眼，性成熟期20周龄，胎产活仔7～7.5只，70日龄体重2.45～2.55 kg，屠宰率57.5%～58.5%。

(4)巨型黑眼。由PS19母本和PSi19父本杂交而成。母本同上；父本麻色黑眼，性成熟22周龄，胎产仔8～8.2日龄，77日龄体重2.9～3.0 kg，屠宰率59%～60%。

在法国良好的饲养条件下，年产仔8.7胎，每胎产仔9.2只，成活率95%，11周龄体重3.0～3.1 kg，屠宰率57.5%～60%。

多个兔场调查结果，伊普吕配套系生长速度、繁殖能力表现良好，但配套复杂，生产中操作难度大。

8.伊拉(HYLA)肉兔配套系

伊拉(HYLA)肉兔配套系是由法国欧洲兔业公司用9个原始品种选育而成的四品系配套系。

(1)A品系。被毛白色，耳、鼻、四肢下端和尾部为黑色。成年公兔体重5.0 kg，成年母兔4.7 kg。日增重50 g，母兔窝产仔8.35只，配种受胎率70%，断奶成活率89.69%，饲料报酬3.0：1。

(2)B品系。被毛白色，耳、鼻、四肢下端和尾部为黑色。成年公兔体重为4.9 kg，成年母兔4.3 kg。日增重50 g，母兔窝产仔9.05只，配种受胎率80%，断奶成活率89.04%，饲料报酬2.8：1。

(3)C品系。全身被毛白色。成年公兔体重4.5 kg，成年母兔4.3 kg。母兔窝产仔8.99只，配种受胎率87%，断奶成活率88.07%。

(4)D品系。全身被毛白色。成年公兔体重4.6 kg，成年母兔4.5 kg。母兔窝产仔9.33只，配种受胎率81%，断奶成活率91.92%。

商品代兔具有白色被毛，耳、鼻、四肢下端和尾部呈浅黑色。28 d断奶重680 g，70 d体重达.52 kg，日增重43 g，饲料报酬(2.7～2.9)：1。

该配套系遗传性能稳定、生长发育快、饲料转化率高、抗病力强、产仔率高、出肉率高、肉质鲜嫩。

(三)皮用兔

皮用兔主要是獭兔系列,獭兔原产于法国,由家兔的突变个体培育而成,毛皮酷似水獭,故称獭兔。獭兔皮具有"短、细、密、平、美、暖、薄、牢"的特点。獭兔的色型是区别不同品系的重要标志,也是鉴别毛色纯正度和商品价值的重要指标之一。獭兔被毛主要有海狸色(红棕色)、青紫蓝色、巧克力色、天蓝色、乳白色、白色、黑色、红色等14种。近年来,我国先后引进美系、德系和法系獭兔。我国培育出吉绒兔、四川白色獭兔等。

(1)美系獭兔。头清秀,眼大而圆,耳中等长,直立;颈部稍长,肉髯明显;胸部较窄;腹部发达;背腰略呈弓形;臀部发达,肌肉丰满。色型较多。成年兔体重3.5～4.0 kg,体长45～50 cm。繁殖力较强,每胎产仔6～8只,初生仔兔体重40～50 g,母性好,泌乳力强,40 d断奶体重400～500 g,5～6月龄体重可达2.5 kg。

(2)德系獭兔。体型大,头大嘴圆,耳厚而大,被毛丰厚、平整,弹性好。全身结构均匀,四肢粗壮有力。成年兔体重4.0 kg左右。成年公兔体长47.3 cm,母兔48.0 cm;成年公兔胸围31.1 cm,母兔30.93 cm。每胎产仔6.8只,初生个体重54.7 g,妊娠期32 d。早期生长速度快,6月龄体重4.1 kg。繁殖力略低于美系獭兔。

(3)法系獭兔。体型较大,头圆颈粗,嘴呈钝圆形,肉髯不明显,耳短而厚,呈V形上举,眉须弯曲,被毛浓密,平整度好,粗毛率低,毛纤维长1.55～1.90 cm。毛色以白色和黑色为主。体尺较长,胸宽深,背宽平,四肢粗壮。成年体重4.5 kg。年产4～6窝,每胎产7.61只,初生体重52 g。生长发育快,32 d断奶重600 g,3月龄体重2.3 kg,6月龄体重3.65 kg。皮毛质量好,但对饲料要求高,不适宜粗放饲养管理。

(四)皮肉兼用兔

(1)青紫蓝兔。该兔原产于法国,因毛色类似珍贵毛皮兽"青紫蓝绒鼠"而得名,是世界著名的皮肉兼用兔种。

被毛整体为蓝灰色,耳尖及尾面为黑色,眼圈、尾底、腹下和后额三角区呈灰白色。单根纤维自基部至毛梢的颜色依次为深灰色、乳白色、珠灰色、雪白色和黑色,被毛中夹杂有全白或全黑的针毛。眼睛为茶褐色或蓝色(图1-29)。

图1-29 青紫蓝兔

青紫蓝兔现有3个类型。标准型:体型较小,成年母兔体重2.7～3.6 kg,公兔2.5～3.4 kg;美国型:体型中等,成年母兔体重4.5～5.4 kg,公兔4.1～5 kg;巨型兔:偏于肉用型,成年母兔体重5.9～7.3 kg,公兔5.4～6.8 kg。繁殖力较强,每胎产仔7～8只,仔兔初生重50～60 g,3月龄体重达2～2.5 kg。

该兔种的主要优点是毛皮品质较好,适应性较强,繁殖力较高,因而在我国分布很广,尤以标准型和美国型饲养量较大。主要缺点是生长速度较慢,因而以肉用为目的不如饲养其他肉用品种有利。

(2)花巨兔。又称德国花巨兔,原产于德国,由比利时兔和佛兰德兔等品种杂交育成。

鼻、嘴环、眼圈及耳朵为黑色,从颈至尾根沿背有黑色长条背线,体两侧有对称蝶状斑块,其余被毛为白色(图1-30)。体型高大,体躯较长,呈现弓形。骨筋较粗重,腹部距地面较高。成年兔平均体重为5.0～6.0 kg。性情活泼，行动敏捷，善于跳跃。繁殖力较强，每胎平均产仔11～12只，最高可达17～19只。

母性不强，泌乳力不好，毛色的遗传不稳定，繁殖中常出现灰色和黑色个体。

(3)塞北兔。该兔种系由法系公羊兔与弗朗德兔杂交选育而成的肉皮兼用兔，主要分布于河北、内蒙古、东北及西北等地。

塞北兔的毛色以黄褐色为主，其次是纯白色和少量黄色；一耳直立，一耳下垂，或两耳均直立或均下垂；头略粗而方，鼻梁上有黑色山峰线，颈粗短；体躯匀称，肌肉丰满，发育良好(图1-31)。

该兔种体型较大，仔兔初生重60～70 g，30日龄断奶体重可达650～1 000 g，在一般饲养管理条件下，2～4月龄月均增重达0.75～1.15 kg，成年兔体重平均5.0～6.5 kg，高者可达7.5～8.0 kg。繁殖力强，每胎产仔7～8只，高者可达15～16只。

塞北兔的主要优点是体型较大，生长较快，繁殖力较高，抗病力强，发病率低，耐粗饲，适应性强，性情温驯，容易管理。主要缺点是毛色、体型尚欠一致，有待于进一步选育提高。

图1-30 花巨兔

图1-31 塞北兔

思考与练习

一、填空题

1.根据家兔的生产方向和生产性能，并参考被毛的生物学特性和体型大小，大体分为4个类型，分别为________、________、________、________。

2.长毛兔只是一个品种，即安哥拉兔，主要________、________、________、________4个品系。

3.肉用兔按体型大致可分为大中小3型，体重________kg以上者为大型兔；________kg为中型兔；________kg以下为小型。

4.加利福尼亚兔原产于________，系由喜马拉雅兔、青紫蓝兔和新西兰白兔杂交育成，是现代著名皮肉兼用兔品种之一。

5.青紫蓝兔原产于法国，因毛色类似珍贵毛皮兽“青紫蓝绒鼠”而得名，是世界著名的________兔种。

二、简答题

1. 引种的注意事项是什么？
2. 家兔的生物学特性有哪些？
3. 常见的家兔肉用品种有哪些？
4. 如何鉴别家兔的年龄？

【项目小结】

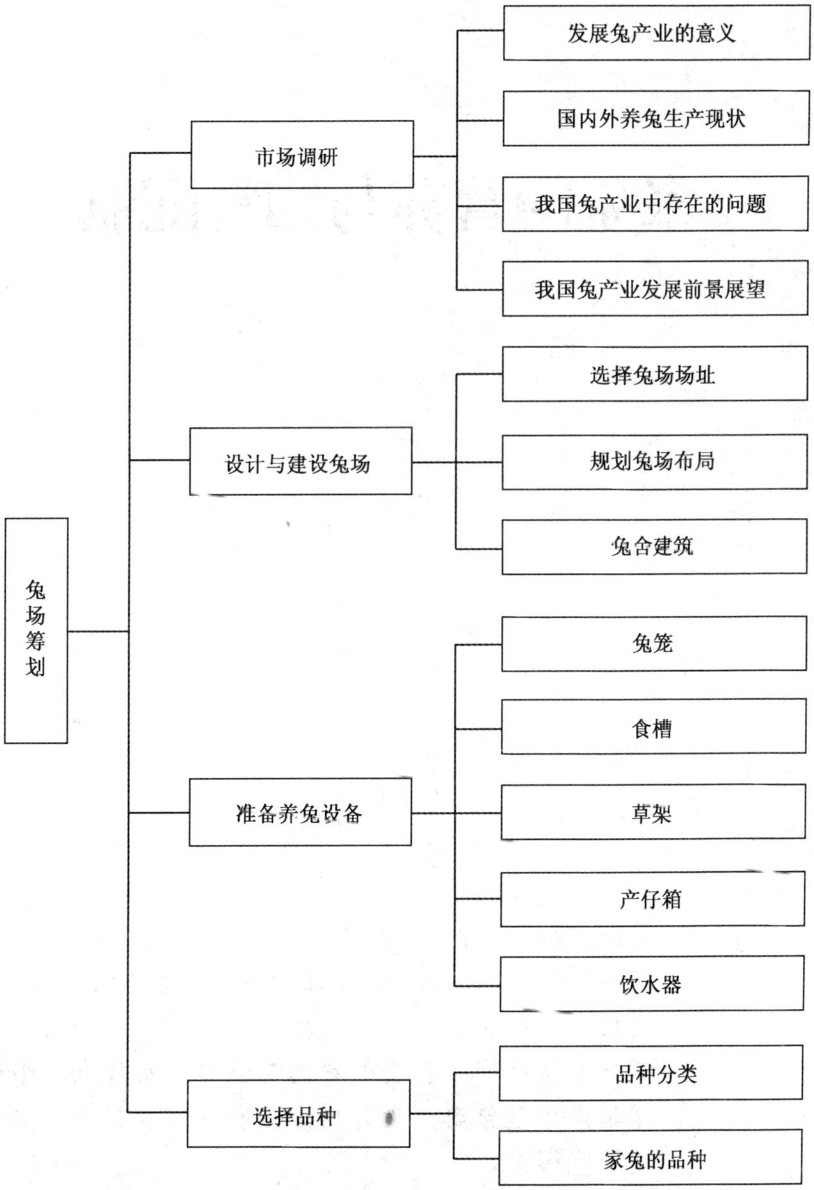

Project 2

家兔的营养与饲料配制

知识目标：

掌握家兔的采食习性、生活习性，家兔的消化系统及消化代谢的特点

掌握家兔生产中各类饲料的营养特性及适宜饲喂量。

掌握家兔饲粮配方设计的方法和配合饲料生产工艺。

技能目标：

能识别家兔常见饲草饲料并熟悉其营养特性。

能够调整并合理地设计家兔的饲料配方。

会诊断家兔的营养缺乏症。

饲料是家兔生产的核心材料，占生产总成本70%左右。因此，饲养过程中，要根据家兔消化道的特殊功能和对营养物质的吸收特点，满足家兔不同生理阶段的营养需求。

任务一 家兔饲养标准的制定

【任务介绍】

家兔的生长、繁殖、泌乳、产毛等都需要从饲料中获得营养，不同生理阶段、不同生产目的，其营养需要不同，想要配制的饲料满足家兔各生理阶段的营养需求，必须了解家兔不同生理阶段、不同生产目的对不同营养的需要量，制定所养家兔的饲养标准，并按这一标准配制饲料，从而得到理想的饲养效果。

【任务分析】

学习本任务要熟悉动物生理学、动物行为学、动物营养与饲料等的基本知识，并根据家兔不同的生理阶段的营养需求，制订饲养标准，科学配制饲料。

【任务实施】

一、家兔的生活习性

科学的饲养管理是家兔生产的基础环节，要想进行科学的饲养管理，必须先掌握家兔的生理消化特点和生活习性，根据这些特点和规律采取相应的饲养管理措施，从而加快家兔的生长速度，提高产品品质。

（一）采食习性

1. 草食性

家兔源于野兔，门齿发达，上唇分成2片，便于啃咬低矮植物，喜食幼嫩茎叶和枝条。家兔虽是单胃动物，却有庞大的盲肠，能大量利用饲草，主要采食植物的根、茎、叶和种子。现代养兔业的全价饲料中要加入30%～50%的苜蓿草粉。若饲喂精料过多，会使体重下降，甚至患腹泻而死亡。

2. 选择性

家兔对饲料的采食具有选择性，喜食植物性饲料而不喜食动物性饲料。家兔在自由采食时，对豆科饲草比禾本科偏爱；对鲜草比干草偏爱；对甜味饲料比苦味饲料偏爱；喜食含有植物油的饲料。据观察，兔对精饲料的喜食顺序依次为燕麦、大麦、小麦、玉米。对饲草的喜食依次为三叶草、苜蓿、油菜、青刈玉米、饲用甜菜叶。在牧场自由采食的家兔，比刈后舍饲的日增重明显增加。

家兔喜食颗粒饲料。颗粒饲料由于受到适温、高压的综合作用，使淀粉糊化变形，蛋白质组织化，酶活性增强，有利于家兔胃肠的吸收。家兔对颗粒饲料中的干物质、能量、粗蛋白、粗脂肪的消化率均高于粉料。

3. 夜食性

在长期的进化过程中，兔形成昼伏夜行的习性，即白天多休息，夜间活动、采食、饮水。据测定，家兔在夜间采食的饲料和水占全天的75%，因此夜间添足草、料、水是十分重要的，尤其在炎热夏季更要加强夜饲。大型兔场最好实行夜间值班制，副业型小规模养兔，只需要夜间添足草、料、水即可。

4. 啃咬性

家兔有啃咬习性。家兔门齿发达、上颌有一对大门齿、一对小门齿，下颌有一对大门齿，上下门齿紧密咬合，边采食饲料，边磨短牙齿，以维持牙的正常长度和上下牙咬合的角度。据测定，兔的门齿每月可生长1～1.5 cm。因此，边啃咬边磨损是维持牙齿正常长度和咬合角度的根本保障。当饲料过软时，家兔便表现乱啃咬笼具、杂物，以保持适宜的牙齿长度。为此，要注意制作颗粒料的硬度大一些，最好定期向兔笼放些硬草和树枝。

5. 食粪性

通常家兔排出两种粪，一为硬粪，量大，较干，表面粗糙，依饲草料而呈现深浅不同的褐色；而另一种是软粪，量少、质地软，表面细腻犹如涂油状。据测定，成年兔每天约排出软粪50 g左右。在正常情况下，家兔排出软粪时，会自然地弓腰用嘴从肛门采食，稍加咀嚼便吞下，从中再吸收营养和水分。此外，偶见有吃少量硬粪的。这种食粪性在其他家畜被视为异常行为，而家兔却是正常的生理现象。

(二)生活习性

1. 夜行性

在野生条件下，兔体格弱小，御敌能力差，被迫白天穴居于洞中，以避开天敌，夜间外出活动、觅食，从而形成了昼伏夜行的习性，家兔至今仍保留其祖先野生穴兔的这一生活习性，表现为夜间非常活跃，而白天较为安静，除觅食时间外，常常在笼子内闭目睡眠或休息，采食和饮水也是夜间多于白天。据测定，在自由采食情况下，家兔晚上的采食量和饮水量占全日量的75%左右。根据家兔这一习性，应当合理地安排饲养管理日程，晚上供给充足的饲草和饲料，并保证饮水。

2. 嗜眠性

嗜眠性是指家兔白天在一定条件下很容易进入睡眠状态。在此状态的家兔，除听觉外，其他刺激不易引起兴奋，如视觉消失，痛觉迟钝或消失。家兔的嗜眠性也与其在野生状态下的昼伏夜行性有关。了解家兔这一习性，对养兔生产具有重要意义，在日常管理工作中，白天要保持兔舍及其周围环境安静，避免因环境噪声等因素影响家兔的睡眠；其次，通过刺耳号、去势、投药、注射、创伤处理等小型手术进行人工催眠，但不必使用麻醉剂，免除药物引起的副作用，既经济又安全。

3. 穴居性

穴居性是指家兔具有打洞穴居、在洞内产仔的本能行为。穴居性与家兔的繁殖有关，也是长期自然选择的结果。家兔一接触土地，就要挖洞穴居，并在洞内营巢产仔。现代化养兔生产在笼养条件下进行，根据家兔的穴居性，饲养管理中需要给繁殖母兔准备一个产仔箱，家兔就会在箱内产仔。在选择不同饲养方式建造兔舍时，要考虑家兔的穴居性，避免建筑材料选择不合理，或兔场设计不周到，致使家兔在舍内乱打洞穴，造成无法管理的被动局面。

4. 性情温顺、胆小怕惊

在正常情况下，家兔性情温顺，任人抚摸或捕捉，不发出叫声。但在母兔分娩或哺乳时，由于母兔的母性护仔行为，捕捉时会主动伤人。家兔遇到敌害或四肢被笼板夹住时，会发出尖叫声。

家兔听觉灵敏，耳长大，能转动并竖起来收集各方声响，以便逃避敌害。兔是胆小力弱的动物，遇到敌害时，能借助敏锐的听觉作出判断，并借助弯曲的脊椎和发达的后肢迅速逃跑。现代化家兔饲养条件下，兔舍突然声响、陌生人或动物猫狗的出现等，都会使家兔惊恐不安，以致在笼中奔跑和乱撞。因此，在家兔饲养管理中，饲养员动作要尽量轻稳，禁止陌生人进入兔舍，要防犬、猫、麻雀等动物进入兔舍，同时要防鼠。

5. 喜清洁、爱干燥

家兔喜爱清洁干燥的生活环境。干燥清洁的环境，有利于兔体健康，而潮湿污秽的环境，则是造成家兔患疾病的重要原因之一。因此，在兔场选址、规划设计和日常饲养管理中，要考虑为家兔提供清洁干燥的生活环境。家兔舍内适宜的相对湿度为60%～65%。

6. 群居性

群居性是一种社会性表现，家兔有群居性，以便相互照应。家兔发现敌情时会通过后肢猛顿地板发出大的声响通报同伴，以防不测。但家兔的群居性又很差，公母兔之间、同性别成年兔间经常发生互相争斗现象，特别是公兔群养，或重新组群，互相咬斗现象更为严重、激烈，甚至会咬得皮开肉绽。因此，成年家兔一般要单笼饲养。

7. 嗅觉灵敏

家兔嗅觉灵敏，常以嗅觉辨认异性，公兔离开领域时用尿进行标记，母兔通过嗅觉来识别亲生或异窝仔兔。因此，仔兔并窝或寄养时，要采用涂抹尿液、乳汁等方法，使母兔识别不清，从而达到并窝或寄养的目的。

8. 啮齿性

家兔的第一对门齿是恒齿，出生时就有，永不脱换，且不断生长。如果处于完全生长状态，上颌门齿每年生长可达 10 cm，下颌门齿每年生长 12 cm，家兔必须借助采食和啃咬硬物，不断磨损，才能保持其上下门齿的正常咬合。这种借助啃咬硬物磨牙的习性，称为啮齿行为，与鼠类相似。因此，应充分考虑家兔的这一特性，必须做到：

①提供磨牙条件。经常给兔提供磨牙的条件，如饲喂具有一定硬度的颗粒饲料，或在兔笼内投放一些树枝等。

②检查门齿。经常检查家兔的第一对门齿是否正常，如发现过长或弯曲，应及时修剪，并查找出原因，采取相应措施。

家兔门齿受遗传、饲料和管理等因素影响。一是遗传因素，家兔的下颌颌突畸形是一种遗传病，受隐性基因(mp)控制，发病率很低。下颌颌突畸形通常发生在仔兔生后 3 周时，颅骨顶端尖锐，角度变小，下颌向前推移，使第一对门齿不能正常咬合。二是饲料因素，如饲料过软，起不到磨牙的作用，使下颌发病机会增多。三是修建兔笼时，要注意材料的选择，尽量使用家兔不爱啃咬或啃咬不动的材料；兔笼设计上，应尽量做到笼内平整，不留棱角，使兔无法咬啃，提高兔笼的利用率。

二、家兔的消化生理特点

(一)家兔的消化系统

家兔消化系统包括消化管道和消化腺两部分(图 2-1)。

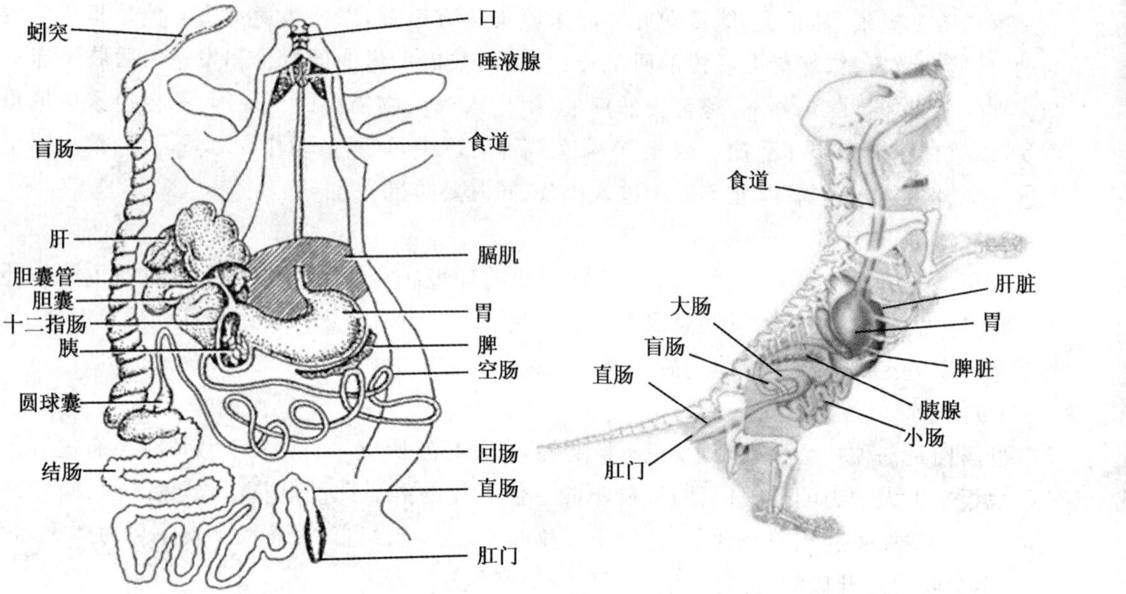

图 2-1　家兔消化系统的组成

消化管道为食物通过的管道,起于口腔,经咽、食管、胃、小肠(十二指肠、空肠、回肠)、大肠(盲肠、结肠、直肠),止于肛门。

口腔由唇、颊、腭、舌和齿等组成,是消化管的起始部,有采食、吸吮、咀嚼、吞咽和味觉等功能。唇分上唇和下唇。上唇正中线有纵裂,形成豁嘴(唇裂)。活动自由,门齿外露,便于采食地上的矮草和啃咬树皮。家兔具有草食性动物的典型齿式,门齿呈凿形,没有犬齿,臼齿发达。兔齿的特点是其上颌具有前后两对门齿,前排一对大门齿,后排一对小门齿,成为特殊的双门齿型。成年兔的牙齿有 28 个,幼兔的乳齿有 16 个。幼兔臼齿在 21～22 日龄时由乳齿换为恒齿,面大,有横嵴,有利于磨碎食物。

咽是呼吸道中联系鼻腔和喉腔之间的要道,也是消化管从口腔到食管之间的必经之路。

食管连接咽和胃,起于咽,在颈部位于喉与气管的背侧,经胸腔穿过膈进入腹腔,与胃的贲门相接。

兔胃为单胃,呈囊状,横位于腹腔前部。胃的入口为贲门,与食管相连,出口为幽门,与十二指肠相接。在贲门和幽门开口处有括约肌控制食物的通过速度。兔胃较大,约占消化道总容积的 34%,为 300～1 100 cm^3。兔胃的贲门处有一个大的肌肉皱褶,可防止胃内容物呕出。因此,家兔不能嗳气,也不能呕吐,消化道疾病较多。

兔的肠管是食物消化和吸收的主要部位,分为小肠和大肠两部分。小肠是食物消化与吸收的主要部位,包括十二指肠、空肠和回肠三部分。大肠包括盲肠、结肠和直肠。家兔的盲肠特别发达，长而粗大呈袋状，长度为50～60 cm，与体长相当，占消化道总容积的49%。盲肠游离端直径变细，管壁变薄，称蚓突，长约10 cm，蚓突中含有丰富的淋巴组织，可以产生大量的淋巴细胞，具有体内免疫功能。

消化腺包括唾液腺、肝、胰及胃腺、肠腺。消化腺能分泌消化液，经导管输送到消化管的相应部位，对食物起消化作用。消化系统的机能是摄取、消化、吸收饲料中的营养物质，排出粪便。

兔有4对唾液腺：腮腺、颌下腺、舌下腺和眶下腺，能分泌唾液，浸润食物，利于咀嚼，便于吞咽，清洁口腔，参与消化等。

肝是兔体内最大的腺体，呈红褐色，约为体重的3.7%。兔肝分叶明显，共分为6叶，即左外叶、左内叶、右内叶、右外叶、尾叶、方叶。其中以左外叶和右内叶最大，尾叶最小。方叶形状不规则，位于左内叶和右内叶之间。肝脏的功能较多，能分泌大量胆汁，参与脂肪的消化；能贮存肝糖、调节血糖；能解毒；参与防卫；在胎儿时期，肝还是造血器官。新生仔兔的肝脏起着主要的屏障作用，占消化器官总重量的42.5%。

胰脏位于十二指肠间的肠系膜上，胰管开口于十二指肠升支，距胆管开口处约30 cm。胰由外分泌部和内分泌部组成。外分泌部为消化腺，占腺体的大部分，能分泌胰液，内含有多种消化酶，参与蛋白质、脂肪和糖类的消化。内分泌部称胰岛，能分泌胰岛素和胰高血糖素，直接进入血液，调节糖代谢。

（二）家兔的消化特点

1. 家兔的消化过程

饲料进入口腔，经咀嚼和唾液湿润后经食管进入胃。据测定，安静状态下，家兔分泌唾液1～2 mL/h，唾液中含有大量的淀粉酶，pH 8.5。饲料入胃后，呈分层状态分布。家兔胃内呈强酸性，酸的活性较其他草食性动物都高，胃腺分泌盐酸和胃蛋白酶，胃液的总酸度为0.18%～0.35%；pH=2.0～2.2，游离盐酸的含量为0.11%～0.27%。饲料下行的速度与饲料组成和家兔年龄有关，当饲料中纤维素含量为14.7%时，饲料通过胃、肠道需7.01 h；含纤维素29.4%时，则需6.2 h，即纤维含量高的饲料通过消化道的速度快。年幼家兔饲料通过消化道较快。

胃收缩促使饲料进入小肠。小肠是肠道的第一部分，食糜在此经消化液作用分解成小分子营养物质，营养物质经小肠壁进入血液被机体吸收。饲料经过小肠后，剩余部分到达盲肠。盲肠是一个巨大的“发酵罐”，它富含微生物，小肠残渣被微生物重新合成蛋白质、维生素等物质。家兔消化和吸收营养物质的场所主要在小肠内进行，部分纤维素在大肠内（盲肠、结肠、直肠）经微生物分解酶的作用而发酵分解成营养物质被机体吸收。大肠的作用是分解纤维素，同时生产“软粪”和“硬粪”。

2. 食粪特性

家兔的食粪特性最早于1882年由莫洛特（Morot）首次发现并报道，是指家兔具有采食自己部分粪便的本能行为，其他动物的食粪癖不同。家兔食粪属于正常生理现象，对家兔本身有益。

家兔通常排出两种粪便，一种是粒状的硬粪，量大，较干燥，表面粗糙，依草料种类而呈现深、浅不同的褐色；另一种是团状的软粪，多呈念珠状，有时达40粒，粪球串的长度达40 cm，量少，质地软，表面细腻，如涂油状，通常呈黑色。研究表明，家兔饲喂后8～12 h排泄软粪，成年家兔排出软粪约 50 g/d，约占总粪量的 10%。正常情况下，家兔排出软粪时会自然弓腰用嘴从肛门处吃掉，稍加咀嚼便吞咽，所以在一般情况下，人们很少发现软粪的存在，只有当家兔生病时才停止食粪。家兔出生后采食饲料就有食粪行为，而无菌兔和摘除盲肠的家兔，无食粪行为。此外，成年兔在饲料不足时也会吞食硬粪。

3. 家兔对饲料的利用能力

①家兔对粗蛋白质的利用能力。家兔能充分利用饲料中的蛋白质。研究表明，家兔能有效地利用饲草中的蛋白质。以苜蓿草粉为例，猪对苜蓿草粉蛋白质的消化率低于 50%，而家兔为 73.7%，马为 74%。家兔对低质量、高纤维的粗饲料特别是其中的蛋白质的利用能力，高于其他家畜。

H. P. S. Markkar 等(1987)研究发现，家兔盲肠蛋白酶的活性远远高于牛瘤胃，盲肠和其中的微生物都产生蛋白酶，而牛瘤胃的蛋白酶仅来自微生物。因此，家兔具有把低质饲料转化为优质兔产品的巨大潜力。

②家兔对粗脂肪的利用能力。家兔对各种饲料中粗脂肪的消化率较马属动物高，且家兔可利用脂肪含量高达 20%的饲料。据国外资料报道，饲料中脂肪含量在 10%以内时，其采食量随脂肪含量的增加而提高；若超过 10%时，其采食量则随着脂肪含量的增加而下降。这说明家兔不适宜饲喂含脂肪过高的饲料。

③家兔对能量的利用能力。家兔对能量的利用能力低于马，且与饲料中粗纤维含量有关，饲料中粗纤维含量越高，家兔对能量的利用能力就越低(表 2-1)。

表 2-1　家兔及马、猪对不同类型饲料的消化率　%

项目		粗蛋白	粗脂肪	粗纤维*	能量
苜蓿干草粉	兔	73.7	23.6	16.2	51.8
	马	74.0	6.4	34.7	56.9
	猪	50 以下	—	—	—
配合饲料	兔	73.2	46.0	18.1	62.0
	马	77.3	33.5	38.6	67.4
全株玉米颗粒饲料	兔	80.2	—	25.0	49.3
	马	53.0	—	47.5	79.9

注：苜蓿干草粉中指粗纤维；全株玉米颗粒饲料中指酸性洗涤纤维。(资料来源：杨正. 现代养兔. 北京：中国农业出版社，1999)

④家兔对粗纤维的利用能力。家兔对粗纤维的消化利用能力很低，表 2-1 表明，家兔对粗纤维的消化利用率比马低。在苜蓿干草粉中，兔对粗纤维的消化率相当于马的 46.7%，在配合饲料中，相当于马的 46.9%，在全株玉米颗粒饲料中，相当于马的 52.6%。据美国 NRC(1977)显示，对饲料中粗纤维的消化率家兔为 14%，牛为 44%，马为 41%，猪为 22%，豚鼠为 33%。因此，家兔不能有效地消化利用粗纤维。

家兔虽然不能很好地消化利用粗纤维，但饲料中的纤维性物质，具有维持兔消化道正常生理活动和防止肠炎的作用。家兔的饲料中不能缺少粗纤维，当配合饲料中粗纤维低于 6%～8%，就会引起腹泻，消化生理紊乱。

4. 幼兔的消化特点

与成年兔不同，幼兔消化道发生炎症时，消化道壁的可渗透性增加，因此，幼兔患消化道疾病时，症状较为严重，并常常有中毒现象。

三、家兔的营养需要

家兔的营养需要是指家兔用以维持生命活动和生产产品（生长、繁殖、肥育、产乳、产皮等）过程中，对能量和各种营养物质的总需要量。通常用每日每只家兔需要这些营养物质的绝对量，或每千克日粮（自然状态或风干物质或干物质）中这些营养物质的相对量来表示。

1. 能量

影响家兔能量代谢和需要的主要因素与家兔的体型大小（品种、年龄、性别有关）、生产性能（如维持、生长、泌乳、妊娠）、环境（温度、湿度、空气流速）等有关，一般用消化能（DE）表示家兔的能量需要和饲料的能量价值。

家兔消化能需要量＝维持消化能需要＋生产消化能需要

(1)自由采食量和能量采食量。家兔的能量需要常以日粮比例形式列出，还可用饲料采食量或饲料的数量/质量来表示。家兔每日能量消化能基本恒定。生长家兔的自由采食量消化能为每日 900～1 000 kJ/(kg・$W^{0.75}$)，每日能量消化量的调节只在日粮消化能浓度高于 9～9.5 mJ/kg 时起作用，否则，以物理性为主且还与肠填充程度有关。繁殖家兔的自由采食量在正常值 10～10.5 mJ/kg 以上的每日能量采食中消化能浓度的增加可使泌乳家兔的每日能量采食量增加。

(2)维持能量需要。家兔用于维持的能量损失与代谢体重（$W^{0.75}$）和生理状态有关。研究表明，由于家兔品种和测定方法不同（测热法所得 DEDm 较屠宰法所得 DE_m 低），生长家兔每日维持的消化能需要量变化范围为 381～552 kJ/(kg・$W^{0.75}$)。繁殖母兔，试验得出的 DE_m 常不稳定。非繁殖母兔 DE_m 每日为 400 kJ/(kg・$W^{0.75}$)，妊娠或泌乳母兔 DE_m 为每日 430 kJ/(kg・$W^{0.75}$)，妊娠同时泌乳母兔 DE_m 为每日 460 kJ/(kg・$W^{0.75}$)。家兔维持的能量需要还应考虑能量平衡时维持能量需要与维持活体重时能量需要的差异。

(3)生产能量需要。家兔生产的能量需要主要是生长、妊娠、哺乳和产毛的能量需要。

①生长能量需要。家兔生长过程中兔体内能量沉积的主要形式是蛋白质和脂肪，估测时也主要考虑蛋白质和脂肪沉积的 DE 利用效率。当日粮可消化粗蛋白与可消化能比维持不变，且蛋白质所含主要氨基酸平衡时，日粮 DE 浓度为 11～11.5 MJ/kg 时可获得最大平均日增重。若日粮 DE＜11 MJ/kg，消化能摄入量不足，家兔的生长速度变慢，当 DE≥12 MJ/kg 时，生长速度也下降。

②妊娠能量需要。妊娠能量需要主要包括胎儿、子宫、胎衣等沉积的能量以及母体本身沉积的能量。家兔妊娠前期主要是母体增重沉积营养成分，胎产物的沉积量可忽略不计；妊娠后期胎儿发育迅速，营养需要量急剧上升，饲料的供应量已不能满足胎儿的需要，母体动用营养储备已满足胎儿的生长。研究表明，家兔母体全妊娠期平均每日沉积蛋白质 1.3 g，能量 66.94 kJ（妊娠前 20 d，平均沉积蛋白质 0.9 g/d，脂肪 0.46 g/d，能量 37.66 kJ；后 10 d，平均沉积蛋白质 5.4 g/d，脂肪 2.4 g/d，能量 213.38 kJ）。妊娠家兔组织 DE 的利用效率为 49%左右，用于胎儿生长的日粮 DE 利用率低，妊娠未产母兔为 31%，泌乳且妊娠母兔

为 27%。

③哺乳能量需要。哺乳能量需要指母兔分泌出的乳汁中所含的能量。哺乳营养需要量取决于哺乳量的高低和哺乳仔兔的数量。每日哺乳量乘以乳成分含量即为每日产乳的营养需要量。兔乳含能大约为 7.53 kJ/g,若每日哺乳量为 200 g,每日产乳所需能量为 7.53 kJ/g×200 g=1 506 kJ。研究证实,母兔繁殖力的限制因素是采食量而不是泌乳量,从第一次泌乳到第二次泌乳母兔饲料采食量增加 10%~20%,从第二次到第三次泌乳增加 7%~15%,第三次到第四次增加 3%~7%,最后达到一个稳定水平。

④产毛能量需要。研究表明,每克兔毛含能量约为 21.13 kJ,DE 用于毛中能量沉积的效率为 19%,所以每产 1 g 毛需要供应大约 111.21 kJ 的消化能。

2.蛋白质

家兔蛋白质需要因氨基酸组成、蛋白质消化程度和采食量不同而不同,而采食量又取决于日粮中消化能的含量,因此通常用可消化蛋白表示家兔对蛋白质的需要量。研究表明,肉兔蛋白质维持需要量为每日 8~12 g 粗蛋白质,成年毛兔每日维持粗蛋白质的需要量约为 18 g,可消化粗蛋白质为 12 g。良种生长肉兔或毛兔饲粮中适宜的粗蛋白质水平为 15%~16%。家兔的妊娠期短,饲粮营养水平的变化对其生产性能影响不是很明显,粗蛋白质需要量为 15%~16%即可满足需要。哺乳母兔饲粮中的粗蛋白质含量不能低于 18%。产毛兔蛋白质需要量以每克兔毛中含有的蛋白质量和产毛效率来计算,研究表明,每克兔毛中含有蛋白质 0.86 g,产毛效率约为 0.43(产毛效率=兔毛中蛋白质/用于产毛的可消化粗蛋白质),即每产 1 g 兔毛,需要 2 g 左右的可消化粗蛋白质。同时还应注意氨基酸的全价性及其每日最低需要量,才能最大限度发挥家兔的生长潜力。家兔所需的必需氨基酸约占饲料氨基酸的一半,其中精氨酸、赖氨酸、胱氨酸、蛋氨酸最为重要,如赖氨酸及含硫氨基酸为 0.6%,精氨酸为 0.5%,这些必需氨基酸只能由饲料供给。

家兔对蛋白质利用率较高,一般为 80%左右,高于其他单胃家畜,如猪对苜蓿粉蛋白质消化率不到 50%,而兔为 73.7%。家兔对不同饲草料所含蛋白质的消化率是有差异的,如对豆饼类高达 85%左右,根茎类为 80%~85%,谷物饲料为 70%~80%,青饲料为 60%~85%。消化率与饲料本身含蛋白量及全价程度有关。如对玉米蛋白质、棉籽饼蛋白质的利用率低于大豆饼蛋白质和苜蓿蛋白质。因此,大豆、大豆饼、苜蓿是兔理想的蛋白质来源。兔对蛋白质消化率还受日粮其他成分的影响。如含纤维过高会降低对蛋白质的消化率。

家兔对非蛋白氮(如尿素)的利用率很低,在供给低蛋白日粮时添加 0.5%尿素(每日最大添加量不应超过 5 g),可促进氮在兔体内的沉积,但远不能满足其对蛋白质的需要,因此必须供给家兔足量而全价的饲料蛋白质。如果在家兔饲料中添加尿素,应搅拌均匀后饲喂,当天配当天喂,切忌溶于饮水中补给。蛋白质供给不足,家兔生长缓慢,泌乳力差,仔兔患病死亡多,家兔产品质量低劣产量下降,效益低。这正是我国目前农村养兔,尤其饲养肉兔效率低的重要原因之一。喂给蛋白质也不能过多,否则同样会引起腹泻,代谢紊乱,甚至造成蛋白质中毒而死亡。

3.碳水化合物

(1)粗纤维。日粮粗纤维是家兔饲粮的主要成分,家兔摄入适量粗纤维,不仅可刺激肠蠕动,提高饲料的消化率和采食量,还可预防消化道疾病、毛球病等。如日粮粗纤维含量低于10%，则肠胃蠕动减慢，内容物滞留时间延长，发酵变质，引起肠胃消化紊乱，也可诱发魏氏梭菌病。家兔胃壁肌肉收缩力弱，且幽门开口于胃的上部，使胃内容物排空相当困难，被食入胃内的兔毛容易粘合成团，在胃内积存，引发毛球病。若能经常食入适量粗纤维，即可将吞咽下的兔毛从胃里夹带至肠管而排出体外。

在家兔日粮中粗纤维适宜量为13%～15%(DM 中 150～500 g/kg)，低于10%可引起腹泻死亡，高于20%会降低饲草料的总消化率，配合日粮时应根据品种和生理状况调整粗纤维用量。如对地方品种兔、空怀兔、产毛兔、添加粗纤维可高些，而对育成品种兔、生长兔、泌乳兔则应低些。

(2)无氮浸出物。无氮浸出物包括淀粉、糖类。谷物籽实(玉米、高粱、麦类、稻谷等)含量较高。兔对无氮浸出物的消化率高达70%～85%，但不能配比过大，尤其用玉米配料比例越高，其腹泻病越多，故最好日粮中玉米不超过30%，不足部分补以其他能量饲料。研究表明，家兔的消化能水平为9.20～13.39 MJ/kg，母兔为10.46～12.13 MJ/kg，生长兔为10.46 MJ/kg。

4. 脂肪

脂肪是部分激素、维生素(A、D 等)的溶剂，并借助脂肪完成吸收、转化、贮存和利用。家兔体脂肪主要由饲料碳水化合物转化而来，但必需不饱和脂肪酸(亚油酸、亚麻油酸、花生油酸)必须从饲料脂肪中获得，否则引起家兔发育不良，生长缓慢，皮肤干燥、掉毛等。家兔饲养通常基于低能日粮，家兔全价日粮原料中所含的脂类就可以满足其脂肪的需要，故日粮中不添加脂肪和油，日粮脂肪含量一般不超过30～35 g/kg(在日粮中应占2%～5%)。但脂肪能增加饲料的适口性，增加采食量，又可润滑消化道，使被毛光亮。

5. 水

水是家兔生命活动的必需营养物质，必须供给家兔充足而干净的饮水。家兔的需水量受类型、品种、年龄、环境温度、生理状态、饲料特性等多种因素的影响。家兔每日需水量一般为采食饲料量的2～3倍，日平均需水量300 mL 左右(表2-2)。一般大型兔、成年兔、哺乳母兔，夏季采食颗粒饲料的兔需水量较大，在饲喂颗粒料时，中、小型兔每天每只需水300～400 mL，大型兔为400～500 mL。家兔在环境温度30℃时饮水量比20℃时饮水量增加50%，哺乳母兔比其妊娠时饮水量增加50%～70%。泌乳高峰期的母兔日泌乳量高达300 mL，而乳中70%是水，饮水量增加。幼兔生长发育旺盛，饮水量高于成年兔；妊娠母兔在产前产后易感口渴，应及时供给充足的饮水。饲粮中粗蛋白的含量会影响家兔对水的需要量，蛋白质含量越高，需水量越大；粗纤维水平越高，需水量也越大。水温不同，家兔的饮水量也有差异，在一定范围内，水温越高，饮水越多。

供水不足还可引起胃功能降低，消化紊乱，诱发肠毒血症，食欲减退，出现肾炎。产后母兔吃胎衣、舔胎水，吃掉仔兔，还造成泌乳不足。此外，供水不足会导致兔喝尿、乱食杂物，造成消化道疾病的发生，被毛枯干、变脆、弹性差，兔毛生长缓慢，兔毛产量降低，公兔性欲减退，精液品质下降等。

理想的饮水方法是通过自动饮水器饮水，其供水管直径应大一些并有色为宜。目前所采用的直径约1 cm 的塑料透明管供水，常因管内滋生藻类而影响正常供水。用开敞式饮水器具饮水，需每天清洗干净。采用定时饮水，每天饮水2次。由于家兔有夜食夜饮的习性，尤以夜间较多，故必须注意夜间饮水。尤其饲喂颗粒料时，更应注意。

表 2-2　家兔不同生理时期每日饮水量　mL

生理时期	饮水量	生理时期	饮水量
妊娠或妊娠初期母兔	250	11 周龄	230
成年公兔	280	13～14 周龄	270
妊娠后期母兔	570	17～18 周龄	310
哺乳母兔	600	23～24 周龄	310
9 周龄	210	25～26 周龄	340

(资料来源:杨正.现代养兔.北京:中国农业出版社,1999)

6. 维生素

(1)脂溶性维生素。

①维生素 A。维生素 A 保证家兔正常生长、骨骼、牙齿发育,保护皮肤、消化道、呼吸道和生殖道上皮细胞完整。可防止夜盲症和干眼病,增强兔体抗病能力。在家兔生产中,育肥兔维生素 A 的添加量为 6 000 IU,繁育兔为 10 000 IU。当家兔缺乏维生素 A 时,繁殖力下降或造成繁殖障碍,如发情不正常,受胎率下降,产奶量下降,胚胎被吸收,流产,死胎,公兔性欲低,精液品质差。维生素 A 不足还可出现运动失调、瘫痪、斜颈等神经症状,使生长兔食欲不振,生长停滞,出现眼炎、流泪,甚至失明,使兔耳软骨形成受阻,耳软骨缺乏支撑力,表现为一侧或两侧耳下垂。但母兔对维生素 A 过量尤其敏感,表现出类似于维生素 A 缺乏的中毒症状。

在冬春非青草季节,或利用颗粒饲料喂兔时,或喂给低蛋白、低脂肪饲草料时,要特别注意补充维生素 A 或增喂富含胡萝卜素的饲料。

②维生素 D。维生素 D 对钙、磷代谢起重要作用。家兔对维生素 D 的需要量很低,一般不高于 1 000～1 300 IU。当维生素 D 缺乏时,会引起佝偻病和产后瘫痪等;过量时,会引起中毒,食欲下降,迟钝;缺乏时,则患佝偻病、软骨症,舍饲时,需适量添加。

③维生素 E。维生素 E 也称生育酚,主要参与维持正常繁殖机能和肌肉的正常发育,在细胞内具有抗氧化作用。通常与矿物元素硒(Se)协同作用,防止代谢中形成的有毒过氧化物对组织的破坏,可将其转化成无毒物。当维生素 E 或 Se 不足时,可损伤、破坏肌肉组织,营养不良甚至变性,运动困难或出现麻痹症。维生素 E 不足还可引起肝脂肪变性,造成繁殖障碍。育肥兔和母兔建议维生素 E 添加量分别为 15 mg/kg 和 50 mg/kg。维生素 E 对家兔屠宰后肉质具有一定的影响,如含 200 mg/kg 维生素 E 的日粮饲喂家兔对肉质的改善有好处。

④维生素 K。维生素 K 与家兔的凝血和繁殖有关。家兔体内能够合成大量的维生素 K,粪便中含有维生素 K 代替物,因此家兔对维生素 K 可部分由食粪过程得到满足。家兔日粮中维生素 K 的水平在 1～2 mg/kg,若给家兔服用治疗抗球虫药物、磺胺类和其他抗代谢物质的药物时,家兔对维生素 K 的需要量增加。某些含有双香豆素的饲料(草木樨)会影响维生素 K 的吸收和利用。当维生素 K 缺乏时,家兔会发生胎盘出血及流产。

(2)水溶性维生素。

①B 族维生素。包括维生素 B_1、维生素 B_2、维生素 B_3、维生素 B_5、维生素 B_6、维生素 B_{12}、生物素、叶酸及胆碱,属于水溶性维生素,可由兔肠道细菌微生物合成,而且饲草料中含

量丰富，也可通过食粪获得，不易缺乏。但在缺乏青草的季节应注意添加补充。

②维生素C。维生素C在家兔肝脏中由D-葡萄糖转化而来。供给一定量的维生素C可以降低因高温、集约化、密度过高、运输、断奶、营养不良等应激带来的影响。家兔饲料中维生素C添加量为50～100 mg/kg。

各种水溶性维生素的营养作用、添加量、缺乏症见表2-3。

表2-3 水溶性维生素的营养作用、需要量、缺乏症

种类	营养作用	添加量	缺乏症
维生素C（抗坏血酸）	参与细胞间质的生成及体内氧化还原反应，具有抗热应激的作用	50～100 mg/kg	发生坏血病，生长停滞，体重降低，关节变软，身体各部出血，导致贫血
维生素 B_1（硫胺素）	是糖和脂肪代谢过程中某些酶的辅酶	2 mg/kg	会引起神经炎，食欲下降，痉挛，运动失调，消化不良，母兔繁殖障碍
维生素 B_2（核黄素）	构成一些氧化还原酶的辅酶，参与各种物质代谢	6 mg/kg	表现为生长受阻，饲料消耗增加，繁殖性能下降
维生素 B_3（泛酸、遍多酸）	辅酶A的组成成分，辅酶A在碳水化合物、脂肪和蛋白质代谢过程中起着重要的作用	20 mg/kg	易发生皮肤和眼的疾病
维生素 B_5（烟酸、尼克酸）	与体内脂类、碳水化合物、蛋白质代谢有关	50～180 mg/kg	易引起食欲下降，生长不良，腹泻，易患癞皮病
维生素 B_6（吡哆醇）	参与机体氨基酸、脂肪和碳水化合物的代谢。具有提高生长速度和加速血凝速度的作用，对球虫病的损伤有特殊的意义	2 mg/kg	表现为生长速度下降，皮肤炎症，脱毛及毛囊出血，死亡率升高
维生素 B_7（生物素）	参与体内脂肪的脂肪的代谢	0.2 mg/kg	表现为皮肤发炎和脱毛等症状
维生素 B_9 叶酸	叶酸与核酸代谢有关，对正常血细胞的生长有促进作用	5 mg/kg	影响血细胞的发育和成熟，易发生贫血和血细胞减少症
维生素 B_4 胆碱	卵磷脂及乙酰胆碱的组成成分。可防止脂肪肝的发生。作为乙酰胆碱的成分和神经冲动的传导有关	130～1 500 mg/kg，预混料中胆碱的平均添加量为0～800 mg/kg	表现为生长迟缓，脂肪肝和肝硬化，以及肾小管坏死，发生进行性肌肉营养不良
维生素 B_{12}（钴胺素）	有增强蛋白质的效率，促进幼兔生长的作用	10 mg/kg	表现为生长停滞，贫血，被毛蓬松，皮肤发炎及后肢运动失调，对母兔受胎率、繁殖率及泌乳有影响

7. *矿物质*

矿物质是家兔机体的重要组成成分，也是机体不可缺少的物质，其含量占机体的5%左右。家兔对矿物质元素需要量并不大，却不可缺少。目前认为常量元素钙、磷、氯、钠、镁、钾、硫和微量元素铁、铜、锌、钴、锰、碘、硒等元素为家兔所必需。

表 2-4 中列出了不同矿物元素的营养作用、需要量和典型缺乏症。为减少对环境污染，应避免饲粮中矿物质的过量。

表 2-4　矿物质元素营养作用、需要量和典型缺乏症

种类	营养作用	需要量		缺乏症
		生长兔	泌乳兔	
钙(Ca)和磷(P)	Ca、P 占体内总矿物质的 65%～70%，是骨骼和牙齿的主要成分，参与骨骼的形成。Ca 在血液凝固、调节神经核肌肉组织的兴奋性及维持体内酸碱平衡中起重要作用，还参与 P、Mg、N 的代谢。P 是细胞核中核酸，神经组织中磷脂、磷蛋白和其他化合物的成分，参与蛋白质、碳水化合物和脂肪代谢。P 是血液中重要的缓冲物质成分	0.5%(Ca) 0.3%(P)	1.1%(Ca) 0.8%(P)	缺乏 Ca、P 和维生素 D 时，幼兔易患佝偻病，成年兔易发生溶骨作用；怀孕母兔在产前和产后发生瘫痪。过高的 Ca 可引起钙质沉着症
钠(Na)和氯(Cl)	Na 和 Cl 在维持细胞外液的渗透压中起重要作用。Na 和其他离子一起参与维持肌肉、神经正常的兴奋性，参与机体组织的传递过程，并保持消化液呈碱性。Cl 则参与胃酸的形成，保证胃蛋白酶作用所必需的 pH，故与消化机能有关	0.5%的 NaCl	0.3%的 NaCl	长期缺乏 Na、Cl 会影响仔兔的生长发育和母兔的泌乳量，并使饲料的利用率降低。过高时，会引起家兔中毒，病初食欲减退，精神沉郁，结膜潮红，腹泻，口渴；随即兴奋不安，头部震颤，步履蹒跚；严重时呈癫痫样痉挛，呼吸困难；最后因全身麻痹而站立不稳，昏迷而死
镁(Mg)	Mg 是构成骨骼和牙齿的成分，为骨骼正常发育所必需。作为多种酶的活化剂，在糖、蛋白质代谢中起重要作用。保证神经和肌肉的正常机能	0.03%	0.04%	家兔生长停滞，嚼毛，神经、肌肉兴奋性提高，发生痉挛。当饲粮中 Mg 含量低至 5.6 mg/kg 时，会引起脱毛、耳朵苍白，被毛结构和光泽变差
钾(K)	在维持细胞内液渗透压、酸碱平衡和神经、肌肉兴奋中起重要作用，同时还参与糖的代谢。K 还可促进粗纤维的消化	0.8%	0.9%	会发生严重的进行性肌肉不良等病理变化；过量时对肾脏有损害
硫(S)	S 的作用主要通过含硫有机物来实现，如含硫氨基酸合成体蛋白、被毛和多种激素。硫胺素参与碳水化合物代谢。S 作为多糖的成分参与胶原和结蹄组织的代谢等。S 对毛、皮生长有重要的作用	0.04%	—	表现为皮毛质量下降，粗毛率提高，皮张质量下降。毛兔产毛量下降

续表 2-4

种类	营养作用	需要量		缺乏症
		生长兔	泌乳兔	
铁(Fe)	参与能量代谢和血液形成及循环，Fe是血红蛋白、血色素等的组成成分，而血红蛋白有运送氧的功能	50 mg/kg	50 mg/kg	易发生低血红蛋白性贫血和其他不良现象。兔初生时机体储备一定量的Fe，一般断奶前不会患缺铁性贫血
铜(Cu)	与铁协同作用，参与代谢。Cu的主要功能是参与组织氧化和血液形成。Cu是一些酶的辅酶成分。Cu与骨骼的正常发育、繁殖和中枢神经系统机能密切相关，参与毛中蛋白质的形成	10 mg/kg	10 mg/kg	会引起家兔贫血，生长发育受阻，有色毛脱色，毛质粗硬，骨骼发育异常，异嗜，运动失调和神经症状，腹泻及生产能力下降
锌(Zn)	参与兔体代谢，是许多酶的辅酶成分，其功能与呼吸有关，为骨骼正常生长和发育所必需，是兔体氧化还原过程的催化剂。Zn对家兔的繁殖有重要的作用	50 mg/kg	70 mg/kg	表现为掉毛，皮炎，体重减轻，食欲下降，嘴周围肿胀，下颌及颈部毛湿而无光泽，繁殖机能受阻，母兔拒配，不排卵，自发性流产率增高，分娩过程大量出血，公兔睾丸及副性腺萎缩等。饲料中Ca含量过高时，极易出现Zn的缺乏症
锰(Mn)	参与骨骼基质中硫酸软骨素的形成，为骨骼正常发育所必需。Mn与繁殖、神经系统及碳水化合物和脂肪的代谢有关	8.5 mg/kg	8.5 mg/kg	表现为骨骼发育不全，繁殖机能降低，腿弯曲，骨骼重量、密度、长度及灰分量减少等症状。母兔则表现为不易受胎或生产弱小的仔兔。过量则抑制血红蛋白的形成，甚至可能产生其他毒副作用
钴(Co)	Co是维生素B_{12}的组成成分，也是许多酶的成分，与蛋白质、碳水化合物代谢有关。家兔消化道微生物利用无机钴合成维生素B_{12}	0.25 mg/kg	0.25 mg/kg	一般不会出现Co缺乏症
碘(I)	I是甲状腺素的组成部分，I还参与机体几乎所有物质代谢过程	0.2 mg/kg	0.2 mg/kg	表现为甲状腺明显肿大，母兔生产的仔兔体弱或死胎，仔兔生长发育受阻等。过量I能使新生的仔兔死亡率增高，并引起I中毒
硒(Se)	Se是机体内过氧化酶的成分，参与组织中过氧化物的解毒作用，但家兔防止过氧化物损害方面，主要依赖于维生素E而不是Se	—	—	表现为肌肉营养不良，影响心脏功能，受胎率低，化胎多。只能通过加入维生素E才能缓解和治疗。过量会引起中毒，表现为脱毛，失明，甚至死亡

四、家兔的饲养标准

家兔饲养标准，是通过大量的长期试验研究，给不同品种、生理状态、生产目的和生产水平的家兔，科学地规定每只每天供给能量及蛋白质、矿物质、维生素等营养物质的数量和比例，这种按家兔的不同情况规定的营养指标，称为饲养标准。饲养标准是设计饲料配方的依据，通常以每千克饲粮的含量和百分比数表示。

国外对家兔饲养标准的研究较多，美国、德国、法国、苏联等许多国家相继公布了家兔饲养标准或家兔营养需要量。我国进入20世纪80年代后才开始研究毛兔和肉兔的营养需要量。目前，我国的养兔业还没有统一的饲养标准，多参考国外的标准，如美国的NRC标准、法国AEC标准等。我国的标准应用多由南京农业大学和兰州畜牧研究所提出的试用标准。在生产实践中，大多数是选用中国饲养标准和NRC标准作为配方依据。由于饲养标准各项营养指标是相对的，同时具有一定的局限性、区域性和特殊性。因此，在家兔配方设计时，应根据当地实际情况灵活地选择和使用饲养标准。

饲养标准使用时应因地制宜，灵活应用，必须与实际饲养效果相结合，适当调整。饲养标准规定的指标不是一成不变的，它是随着科学研究的不断深入和生产水平的提高，适时进行修订、充实和完善，因此选用的饲养标准应是符合实际生产和最新修订的标准。

思考与练习

一、填空题

1. 家兔的采食习性有________、________、________、________、________等。

2. 家兔的生活习性有________、________、________、________、性情温顺、胆小怕惊、________、________、________。

3. 家兔消化系统包括________和________两部分。

4. 家兔的消化管道起于口腔，经________、食管、________、________、________，止于肛门。

5. 脂溶性维生素主要包括________、________、________、________。

6. 饲养标准的内容主要包括________和________。

7. 家兔的消化器官特别发达，胃容积占整个消化道总容积的________，盲肠容积占整个消化道总容积的________。

8. 家兔的盲肠除了具有和其他家畜相同的淋巴组织外，还具有两个特殊的结构，分别是________和________。

9. 家兔有四对唾液腺，分别是________、________、________和________，其中________是家兔所独有的。

10. 家兔对粗纤维的消化率比反刍动物的低，主要原因是________。

二、选择题

1. 在自由采食情况下，家兔晚上的采食量和饮水量占全日量的(　　)左右。

A. 50%　　B. 65%　　C. 90%　　D. 75%

2. 家兔舍内适宜的相对湿度为(　　)。

A. 45%～50%　　B. 50%～65%　　C. 60%～65%　　D. 75%以上

3. 成年兔的牙齿有(　　)个,幼兔的乳齿有(　　)个。

A. 28,16　　B. 32,16　　C. 28,18　　D. 32,18

4. 家兔缺乏(　　)时,易患坏血病。

A. 维生素 A　　B. 维生素 D　　C. 维生素 C　　D. 维生素 K

5. 家兔缺乏(　　)时,幼兔易患佝偻病,成年兔易发生溶骨作用;怀孕母兔在产前和产后发生瘫痪。

A. Ca、P　　B. 维生素 E　　C. 维生素 B_1　　D. 维生素 B_{12}

三、问答题

1. 如何在家兔的饲养管理中合理利用其嗜眠性?
2. 如何避免家兔对饲料的选择性?
3. 家兔的消化腺主要包括哪些?
4. 简述家兔食粪的特性及生理意义。
5. 简述家兔对饲料的利用能力。
6. 家兔供水不足会带来什么后果?
7. 简述水溶性维生素缺乏对家兔生产性能的影响。
8. 简述主要矿物质元素的典型缺乏症。
9. 家兔钙代谢与其他家畜有何异同?

四、实践题

准备常见家兔营养物质缺乏症典型图片或幻灯片,分别说出引起缺乏症的营养物质名称。

任务二　家兔饲料原料的识别与选择

【任务介绍】

不同饲料原料,其营养成分各有差异,为了使家兔获得均衡的营养,必须在充分认识饲料原料的基础上,弄清楚其营养成分,根据家兔的营养需要、饲养标准以及不同饲料的营养特点,选用合理的原料来配制家兔饲料。

【任务分析】

学习本任务要密切联系前导课程《动物营养与饲料》,了解家兔的不同生理阶段的营养需求,了解不同饲料原料的营养特性,选择合适的原料制作家兔饲料。

【任务实施】

一、家兔常用饲料原料的识别

饲料是养兔生产的物质基础,饲料成本占生产总成本的 60%～80%。饲料原料的性质及其配合，在很大程度上影响家兔的生产力及其产品的质量。饲料的贮藏、加工和利用是否科学合理，将直接影响家兔生产的经济效益。为了充分发挥家兔的生产潜力，提高饲料的转化率，必须在认识饲料和掌握其营养价值及特性的基础上，科学合理地贮藏、加工和利用饲料。

家兔饲料从来源可分为植物性、动物性、矿物质和人工合成或提纯的饲料；从形态可分为固体、液体、胶体、粉状、颗粒及块状饲料等；从饲用价值可分为粗饲料、青饲料、能量饲料、蛋白质饲料、矿物质饲料、维生素饲料、饲料添加剂等。根据国际饲料分类法和中国现行饲料分类法，对家兔常用饲料分述如下。

1. 能量饲料

能量饲料是指干物质中粗纤维的含量在18%以下，粗蛋白质含量在20%以下，且每千克含消化能在10.46 MJ以上的一类饲料，主要包括谷实类、糠麸类、淀粉质的根茎瓜果类、油脂、草籽树实类等，在饲粮中的主要作用是供给家兔能量。

(1)谷实类子实。常用的有玉米、高粱、小麦、稻谷、大麦、黑麦、燕麦、荞麦、粟(谷子)、甘薯、草籽等，这类饲料淀粉含量高，粗纤维、粗蛋白含量较低，钙、磷比例不平衡。

①玉米。玉米是家兔最常用的能量饲料，消化能高，适口性好；但粗蛋白质含量低，仅有8%～9%，且蛋白品质差，赖氨酸、蛋氨酸和色氨酸含量都很低。由于玉米的淀粉含量很高，如果在日粮中用量过多，容易引起盲肠和结肠碳水化合物负荷过重，使家兔出现肠炎，所以在家兔饲粮中不能大量使用。黄玉米中含有丰富的胡萝卜素，有利于家兔的生长和繁殖，同其他谷物比较，玉米所含的钙、磷及B族维生素少。玉米在全价配合饲粮中可占20%～30%。玉米在GB/T 17890—2008标准中以容重、不完善粒为定等级指标(表2-5)。

表2-5 饲料用玉米等级质量指标(GB/T 17890—2008)

等级	容重/(g/L)	不完善粒/%
一级	≥710	≤5.0
二级	≥685	≤6.5
三级	≥660	≤8.0

注：在表2-8中，根据GB/T 17890—2008的定义，容重是指玉米籽粒在单位容积内的质量，作为玉米商品品质的重要指标，能够真实地反映玉米的成熟度、完整度、均匀度和使用价值，是玉米定等的依据。不完善粒是指受到损伤但尚有饲用价值的玉米粒，包括虫蚀粒、病斑粒、破损粒、生芽粒、生霉粒、热损伤粒等。

②小麦(次粉)。小麦(次粉)所含消化能低于玉米，粗蛋白质高于玉米，且品质较好，B族维生素也较丰富，一般用量为全价配合饲料的10%～20%。我国饲料用小麦质量标准见表2-6。

表2-6 我国饲料用小麦质量标准(NY/T 117—1989) %

质量标准	等级		
	一级	二级	三级
粗蛋白质	≥14.0	≥12.0	≥10.0
粗纤维	<2.0	<3.0	<3.5
粗灰分	<2.0	<2.0	<3.0

③其他。在谷物子实中，燕麦的粗纤维含量最高，淀粉含量较低，适口性也好，B族维生素含量丰富，对家兔的饲养很有利。对于生长和哺乳兔，燕麦和大麦无论在适口性上还是在生产效果上都优于玉米和小麦。

高粱因含较多的单宁，适口性差，饲用价值低，喂量不宜过多，以5%～10%为宜。

稻谷也是我国常用的家兔饲料，在饲粮中的比例也应适当控制。

(2)谷物加工副产品。常用的有小麦麸、米糠等，这类饲料含淀粉少于谷实类子实，粗纤维含量较高，能值较谷实类子实低。

①小麦麸。俗称麸皮，是最常用的谷类加工副产品之一。麸皮属于粗蛋白质含量较高，粗纤维含量也高的中低档能量饲料，消化(代谢)率因加工工艺不同差异较大。由于适口性好，同时具有特殊的物理性状，在家兔全价配合饲料的用量一般为10%～20%。饲料用小麦麸的质量标准见表2-7。

表2-7　饲料用小麦麸的质量标准(NY/T 119—1989)　　%

质量标准	等级		
	一级	二级	三级
粗蛋白质	≥15.0	≥13.0	≥11.0
粗纤维	<9.0	<10.0	<11.0
粗灰分	<6.0	<6.0	<6.5

②米糠。米糠是糙米精制成大米时的副产品，由种皮、糊粉层、胚及少量的胚乳组成。脂肪含量较高，为15%～17%，且含不饱和脂肪酸较多，易氧化变质，蛋白质含量低，磷多钙少，总磷量中80%以上是植酸磷。我国饲料用米糠质量标准见表2-8。

表2-8　饲料用米糠质量标准(NY/T 122—1989)　　%

质量标准	等级		
	一级	二级	三级
粗蛋白质	≥13.0	≥12.0	≥11.0
粗纤维	<6.0	<7.0	<8.0
粗灰分	<8.0	<9.0	<10.0

注：其他糠类和粟糠、高粱糠和玉米糠等，纤维含量很高，适于喂兔。

(3)块根、块茎和瓜类饲料。主要包括薯类(甘薯、木薯、马铃薯)、胡萝卜、饲用甜菜、芜菁甘蓝(灰萝卜)、菊芋块茎、南瓜及蕃瓜等。这类饲料干物质中主要是无氮浸出物，而蛋白质、脂肪、粗纤维、粗灰分等较少或贫乏。这类饲料产量高，适口性好，是家兔的优良饲料。

①马铃薯、甘薯、木薯。马铃薯、甘薯、木薯的品质相近，高能量、富含淀粉、低蛋白质。家兔喜采食，鲜喂、晒干均可，但发芽后含有毒素。马铃薯含有龙葵素，表皮见光而变成绿色以后，龙葵素含量剧增，绿皮、发芽处和茎叶中含量较高，一般含量为0.1%～0.7%，中毒症状为呆痴、沉郁、呕吐、腹泻和皮肤溃疡性症状。因此，已发芽的马铃薯，喂前必须将芽除掉，充分煮熟后才能饲喂。木薯中含有毒物质氢氰酸，脱皮、加热、水煮、干燥可除去或减少木薯中氢氰酸。黑斑甘薯有毒，不能作为家兔的饲料。

③胡萝卜。胡萝卜中含有丰富的胡萝卜素，常见鲜喂。鲜胡萝卜中胡萝卜素含量高达120 IU/g，粗蛋白为1.7%，粗纤维为1.1%。在冬季青饲料缺乏，干草或秸秆用量较大的家兔日粮中添加胡萝卜，提高饲料适口性、采食量，调节消化机能。

③饲用甜菜。鲜叶青饲，块根宜切碎生喂或与其他饲料配合饲用。饲用甜菜的大型种，总收获量高，但干物质含量低，为8%～11%，含糖5%～11%。饲喂过多会引起腹泻，腐烂茎叶含亚硝酸盐会引起中毒，不宜饲用。

(4)制糖副产品。糖蜜和甜菜渣等由于具有一定的甜味，均是家兔的优质饲料。

①糖蜜。糖蜜是制糖过程中的主要副产品，其含糖量达46%～48%。家兔饲料中加入糖蜜可改善饲料适口性和颗粒饲料质量，减少粉尘。糖蜜的矿物质含量高，具有轻泻作用。一般家兔饲料糖蜜的添加量不宜超过10%，加工颗粒料时的最大加入量为3%～6%。由于糖蜜易凝固，因此加工颗粒饲料时温度不能低于50～60℃。

②甜菜渣。甜菜渣是制糖工业的副产品，粗纤维含量高，但其消化率也高，可达80%。甜菜渣中消化能含量较高，粗蛋白质含量低，含钙较丰富，且钙多于磷，渣中含有大量的游离有机酸，常能引起家兔腹泻。

2.蛋白质饲料

蛋白质饲料是指DM中粗纤维含量在18%以下，粗蛋白质含量在20%以上的一类饲料，主要包括植物性蛋白质饲料、动物性蛋白质饲料、单细胞蛋白质饲料和非蛋白氮类饲料等。

(1)植物性蛋白质饲料。

①饼粕类。包括大豆饼粕、菜籽饼(粕)、花生仁饼(粕)、亚麻仁饼(粕)多种饼粕类，是家兔常用的蛋白质饲料。大豆饼(粕)是家兔最常用、品质最优的植物性蛋白饲料。大豆饼(粕)适口性好，蛋白质含量为40%～50%，蛋白质消化率达80%以上，代谢能高达10.5 MJ/kg，必需氨基酸含量高，组成合理。赖氨酸达2.5%～2.9%，赖氨酸与精氨酸比约为100∶130，比例较为适当。蛋氨酸含量较低，约为0.46%。大豆饼粕在兔饲料中的用量可达20%～25%。研究表明，当大豆饼粕中的脲酶活性在0.03～0.4范围内时，饲喂效果最佳。我国饲料用大豆饼行业标准见表2-9。

表2-9　饲料用大豆饼等级质量指标(NY/T 130—1989)　%

质量标准	等级		
	一级	二级	三级
粗蛋白质	≥41.0	≥39.0	≥37.0
粗脂肪	<8.0	<8.0	<8.0
粗纤维	<5.0	<6.0	<7.0
粗灰分	<6.0	<7.0	<8.0

菜籽饼(粕)也是我国较常用喂兔的饲料，蛋白质含量为33%～38%，赖氨酸达1.0%～1.8%，蛋氨酸0.5%～0.9%，氨基酸组成平衡。粗纤维含量为12%～13%，无氮浸出物含量为30%，有效能值较低。矿物质中钙磷含量均较高，但大部分为植酸磷，富含铁、锰、锌、硒，尤其是硒含量远高于豆饼。维生素中维生素B_4、维生素B_9、维生素B_3、维生素B_8、维生

素B_1均比豆饼高。菜籽饼具有辛辣味，适口性较差，且含有硫葡萄糖苷、芥子碱、植酸、单宁等多种抗营养因子，饲喂价值低，并可引起腹泻、甲状腺肿大、泌尿系统发生炎症等，采食量下降，生产性能下降。近年来，国内外培育的“双低”(低芥酸和低硫葡萄糖苷)品种已在我国部分地区推广，并获得较好效果。我国饲料用菜籽饼行业标准见表2-10。

表2-10 饲料用菜籽饼质量标准(NY/T 125—1989) %

质量标准	等级		
	一级	二级	三级
粗蛋白质	≥37.0	≥34.0	≥30.0
粗脂肪	<10.0	<10.0	<10.0
粗纤维	<14.0	<14.0	<14.0
粗灰分	<12.0	<12.0	<12.0

棉籽饼(粕)蛋白质含量为33%～40%，棉仁饼(粕)粗蛋白质可达41%～44%，但蛋白质质量较差，赖氨酸达2.5%～2.9%，蛋氨酸0.38%，胱氨酸0.75%，精氨酸含量较高，但氨基酸利用率低。粗纤维含量为11%。棉籽饼(粕)含较丰富的磷、铁和锌。在家兔饲养中，棉籽饼(粕)的用量也相当大。棉籽饼(粕)中含有棉酚有毒酚类化合物，可引起心、肝、肺等组织的损伤和心脏失调，因此应控制在家兔饲粮中的比例。我国饲料用棉籽饼行业标准见表2-11。

表2-11 饲料用棉籽饼质量标准(NY/T 129—1989) %

质量标准	等级		
	一级	二级	三级
粗蛋白质	≥40.0	≥36.0	≥32.0
粗纤维	<10.0	<12.0	<14.0
粗灰分	<6.0	<7.0	<8.0

花生仁饼(粕)也是家兔良好的蛋白质饲料来源。花生仁饼的粗蛋白含量为45%，花生仁粕为48%，除精氨酸的含量较高外，其他必需氨基酸的含量均较大豆饼粕低，其中赖氨酸仅为大豆饼的50%。

亚麻仁饼粕也是常用的饼粕类饲料，其中亚麻仁饼(粕)的营养成分受残油率、壳仁比等原料质量、加工条件、主副产品比例等条件的影响。一般情况下，在饲粮中的比例不宜超过10%，最好和其他饼粕类配合使用。

②豆科籽实。主要包括大豆、豌豆、蚕豆等。大豆原产于我国东北，根据种皮颜色可分成黄、青、黑、褐等色，以黄种最多而得名黄豆，其次为黑豆。大豆籽实属于蛋白质含量和脂肪含量都高的蛋白质饲料，如黄豆和黑豆的粗蛋白质含量分别为37%和36.1%，粗脂肪含量分别为16.2%和14.5%。而且大豆的蛋白质品质较好，主要表现在植物蛋白质中，赖氨酸含量较高，如黄豆和黑豆的赖氨酸含量分别为2.30%和2.18%，但含硫基氨基酸不足。大豆脂肪含不饱和脂肪酸甚多，其中亚油酸可占55%，因属不饱和脂肪酸，故易氧化，应注意温度、湿度等贮存条件。另外还含有1.8%～3.2%的磷脂类，具有乳化作用。生大豆的蛋白质及氨基酸的利用效率差，且含有脲酶等抗营养因子，烘炒、煮熟均是提高利用效率和去除

抗营养因子的良好方法。饲料用大豆等级质量指标见表2-12。

豌豆和蚕豆的粗蛋白质含量较低，在22%～25%，粗脂肪含量较低，仅1.5%左右，无氮浸出物可达50%以上。此外，豌豆籽实与蚕豆籽实中有害成分含量很低，可安全饲喂，无须加热处理。常见豆类成分及营养价值见表2-13。

表2-12 饲料用大豆等级质量指标（GB/T 20411—2006）

等级	不完善粒		粗蛋白质
	合计	其中：热损伤粒	
1	≤5	≤0.5	≥36
2	≤15	≤1.0	≥35
3	≤30	≤3.0	≥34

表2-13 几种豆类成分及营养价值 %，MJ/kg

种类	黄豆	黑豆	豌豆	蚕豆
干物质	88.0	88.0	88.0	88.0
粗蛋白质	37.0	36.1	22.6	24.9
粗脂肪	16.2	14.5	1.5	1.4
粗纤维	5.1	6.8	5.9	7.5
无氮浸出物	25.1	29.4	55.1	50.9
钙	0.27	0.24	0.13	0.15
磷	0.48	0.48	0.39	0.40
赖氨酸	2.30	2.18	1.61	1.66
蛋氨酸	0.40	0.37	0.10	0.12
消化能（猪）	16.57	16.40	13.47	12.89
代谢能（鸡）	14.06	13.14	11.42	10.79

（2）动物性蛋白质饲料。动物性蛋白质饲料类主要是指水产、畜禽加工及乳品业等加工副产品。该类饲料的主要营养特点是：蛋白质含量高（40%～85%），氨基酸组成比较平衡，并含有促进家兔生长的动物性蛋白因子；碳水化合物含量低，不含粗纤维；粗灰分含量高，钙、磷含量丰富，比例适宜；维生素含量丰富（特别是维生素B_2和维生素B_{12}）；脂肪含量较高，虽然能值含量高，但脂肪易氧化酸败，不宜长时间贮藏。

①鱼粉。鱼粉是鱼类加工食品剩余的下脚料或全鱼加工的产品。一般国产鱼粉的粗蛋白质含量为40%～60%，优质鱼粉的粗蛋白质可达63%以上。氨基酸组成较为平衡。鱼粉中一般含有6%～12%的脂类。钙、磷含量高，比例适宜。微量元素中碘、硒含量高。富含维生素B_{12}、维生素A、维生素D、维生素E和未知生长因子（UGF）。其营养成分因原料质量和加工工艺不同，变异较大。鱼粉含水量为10%左右。进口鱼粉含盐2%左右，国产鱼粉含盐

量应小于5%。全鱼粉粗灰分含量多在16%～20%，超过20%疑为非全鱼鱼粉。鱼粉是理想的动物性饲料，但鱼粉价格较高，同时家兔不喜欢动物性饲料，一般用量控制在3%左右。鱼粉含有特殊的鱼腥味，在育肥兔饲粮中不易使用。

②肉骨粉。肉骨粉的粗蛋白质含量在20%～54%，粗灰分为26%～40%，粗脂肪8%～18%，钙为7%～10%、磷为3.8%～5.0%，是家兔良好的钙磷来源。肉骨粉的原料很容易感染沙门氏菌，在加工处理畜禽副产品过程中，要进行严格的消毒。饲料用肉骨粉等级质量标准见表2-14。

表2-14　饲料用肉骨粉等级质量标准(GB/T 20193—2006)

等级	质量标准					
	粗蛋白质/%	赖氨酸/%	胃蛋白酶消化率/%	酸价(KOH)/(mg/g)	挥发性盐基氮/(mg/100 g)	粗灰分/%
1	≥50	≥2.4	≥88	≤5	≤130	≤33
2	≥45	≥2.0	≥86	≤7	≤150	≤38
3	≥40	≥1.6	≥84	≤9	≤170	≤43

③血粉。血粉干物质中粗蛋白质含量一般在80%以上，含钙、磷少，含铁较多。血粉适口性差，氨基酸组成不平衡，并具黏性，过量添加易引起腹泻，因此饲粮中血粉的添加量不宜过高。

④羽毛粉。饲料用水解羽毛粉中粗蛋白质含量为80%～85%，胱氨酸为2.93%，居所有天然饲料之首。缬氨酸、亮氨酸、异亮氨酸较高，但赖氨酸、蛋氨酸和色氨酸的含量较低，使用时应考虑氨基酸平衡问题。

(3)单细胞蛋白。目前可供饲料用的单细胞蛋白微生物有酵母、真菌、藻类及非病原性细菌4大类。饲用酵母因原料及工艺不同，营养成分有相当大的变化，一般风干样品中含粗蛋白50%～60%，有效能值与玉米近似，含必需氨基酸及其生物学价值与优质豆饼相似；富含锌、硒，尤含铁较高。使用时也应控制用量。

3. 青绿饲料

青绿饲料指天然水分含量在60%以上的一类饲料，包括牧草类、叶菜类、非淀粉质的根茎瓜果类、水草类等。

青饲料的营养特点是：①水分含量高。青饲料具有多汁性和柔嫩性，水分含量较高，陆生植物的水分含量为60%～80%，而水生植物可高达90%～95%。因此，其鲜草的干物质少，热能值较低。②蛋白质含量较低。一般禾本科牧草和叶菜类饲料的粗蛋白质含量在1.5%～3%，豆科青饲料在3.2%～4.4%，且氨基酸组成比较合理，含有各种必需氨基酸，尤其是赖氨酸、色氨酸含量较高，蛋白质的生物学价值一般在70%以上。但家兔对鲜样的采食量是有限的。③粗纤维含量较低，仅为15%～30%，粗纤维的含量随着植物生长期的延长而增加。④矿物质含量较高。青饲料中矿物质占鲜样重的1.5%～2.5%，富含钙、铁、猛、锌、铜等微量元素，且钙磷比例适宜，是家兔良好的矿物质来源。⑤维生素含量丰富。青饲料是家兔维生素的良好来源，特别是胡萝卜素含量较高。青饲料中B族维生素、维生素E、维生素C和维生素K的含量也较丰富，但缺乏维生素D，维生素B_6的含量也较低。青饲料幼嫩、柔软和多汁，适口性好，还含有多种酶、激素和有机酸，易于消化吸收。在规模化养兔生产中由于颗粒饲料的推广应用，青绿饲料的应用在逐渐减少；但在广大的农户养兔生产中，青绿饲料仍是春、夏、秋三季的主要饲料。

(1)牧草类。牧草类可分为人工栽培牧草和天然牧草，其种类很多，几乎都可用作家兔饲料。

①人工栽培牧草。用于兔饲料的豆科牧草主要有苜蓿(包括紫花苜蓿、杂花苜蓿和黄花苜蓿)、草木樨(白花草木樨、黄花草木樨和细齿草木樨)、小冠花、沙打旺、紫云英、三叶草(红三叶、白三叶等)、苕子(毛叶苕子、光叶苕子)、鸡脚草等，按干物质基础计算，粗蛋白质可满足家兔对蛋白质的需要，但生物学价值较低，而且含能不足，钙的含量较高。禾本科牧草主要有羊草、披碱草、黑麦草、苏丹草、墨西哥玉米等，同豆科牧草相比，禾本科牧草的粗蛋白质相对不足，粗纤维含量相对较高，营养价值虽不及豆科牧草，但也是家兔常用饲料。其他科属的栽培牧草有串叶松香草、聚合草、紫粒苋等。

②天然牧草。天然牧草也是我国目前农村养兔的主要饲料，有禾本科、豆科、菊科、藜科、蓼科、莎草科、十字花科、蔷薇科等天然牧草，家兔喜食，但品质差异很大。粗蛋白质含量有差异，豆科牧草较高，为15%～20%，莎草科为13%～20%，菊科与禾本科为10%～15%；粗纤维含量以禾本科牧草较高，约为30%；粗脂肪含量为2%～4%；矿物质中钙磷比例恰当。

(2)叶菜类。叶菜类饲料主要有苦荬菜、聚合草、牛皮菜、鲁梅克斯、菜叶、蔓秧和蔬菜等。其中鲁梅克斯又称高秆菠菜、杂夹酸模，为蓼科酸模属多年生草本植物，是杂交育成的新品种，是一种高产、高品质的优良牧草。鲜草含粗蛋白30%～34%，可消化粗蛋白达78%～90%。此外，还含有18种氨基酸、丰富的β-胡萝卜素和多种维生素及锌、铁、钾、钙等元素。它主要用于鲜饲，适口性极好，家兔喜食。人类可食的蔬菜几乎都可以作为兔饲料，主要有白菜、萝卜、菠菜、甘蓝叶、胡萝卜及胡萝卜叶等，这类饲料因水分过高，易使兔患消化道疾病，故应限制其用量。

(3)青刈作物。青刈作物是将玉米、高粱、麦类、豆类等进行密植，在子实未成熟前收割饲喂家兔。青刈玉米青嫩多汁，适口性好，含有丰富的碳水化合物，一般玉米苗长到50 cm高时即可刈割喂兔。青刈大麦苗是家兔很好的青饲料来源，再生性强，叶茂盛，适口性好。青刈大豆苗营养丰富，多叶，适口性好，家兔爱吃。另外，还有葵花叶、鲜甘薯藤、鲜花生秧等。

(4)树叶。青绿树叶蛋白质含量高，营养价值高，是家兔的好饲料，主要有槐树叶、桑叶、榆树叶、茶树叶等。槐树叶不仅适口性好，而且营养价值高。

(5)水生饲料。水生饲料在南方十分丰富，主要有水浮莲、水葫芦、水花生和绿萍等，水生饲料含水特别高，干物质含量低，适合在气温高的夏天饲喂。此类饲料喂兔易患寄生虫病和腹泻，应注意洗净、晾干表面的水分后，再喂为佳。

4.粗饲料

粗饲料是指干物质中粗纤维的含量在18%以上的一类饲料，主要包括干草类、秸秆类、农副产品类以及干物质中粗纤维含量为18%以上的糟渣类、树叶类等。粗饲料粗纤维含量高、体积大、消化能或代谢能低，可利用养分含量少，但其种类多、来源广、数量大、价格低，是草食动物的主要饲料。在我国的饲养条件下，特别是在冬、春季，粗饲料往往是养兔生产主要饲料来源，同时也是全价颗粒饲料的重要组成部分。充分开发利用粗饲料对发展养兔生产具有重要意义。粗饲料利用时应尽量减少叶片的损失，防止掺土，避免霉烂变质，甚至夹杂农用地膜。

(1)青干草。天然草地青草或栽培牧草，收割后经天然或人工干燥制成。优质干草呈青绿色，叶片多且柔软，有芳香味。干物质粗蛋白质含量高达 8.3%(7%～14%)，粗纤维为 33.7%(20%～35%)，含有较多的维生素和矿物质，适口性好，是家兔越冬的优质饲料。

青干草的营养价值受青草种类、收割时期及调制方法等因素的影响。一般豆科干草营养价值高于禾本科。豆科干草粗蛋白、钙、胡萝卜素的含量都较高，是养兔生产的理想饲料。苜蓿被誉为"牧草之王"，饲用价值高，常用人工栽培的苜蓿。豆科植物应在初花期收割，禾本科植物宜在抽穗期收割。晒制干草时天气晴朗，养分损失少。用于贮藏的干草的含水量应不超过 14%，以免因水分过高导致草堆内发热，影响干草品质且有发生自燃的危险。禾本科干草的营养价值低于豆科干草，粗蛋白质、维生素和矿物质的含量低。纤维性组分的结构和组成品种间差异比较大，消化率变异也大。一般来说，禾本科干草的消化率都比较低，饲用价值也低。

(2)农作物秸秆及秕壳类。农作物秸秆及秕壳类的品质差异很大。在我国北方，养兔生产质量较好而且常用的是花生秧，其次是地瓜秧，小麦秸、大麦秸、燕麦秸、玉米秸、稻草等的品质非常低。其特点是粗纤维含量高，占有机物的 40%左右，且其中含有大量的木质素、硅酸盐和针芒等，消化率低，养兔生产中可粉碎后在全价颗粒饲料中加入一定比例，比例不能太高。

(3)树叶类。阔叶落叶类的树叶都能用于喂兔，最常见的是槐树叶、紫穗槐叶和刺槐叶等，蛋白质含量一般达 15%以上，但含有单宁和粗纤维，不利于兔对营养物质的消化，所以蛋白质和总能量的消化利用率较低。在没有粗饲料来源时，树叶亦可作为饲粮的一部分，但添加量不宜多。

5.矿物质饲料

矿物质饲料主要包括人工合成的、天然单一的和多种混合的矿物质饲料，以及配合有载体或赋形剂的痕量、微量、常量元素补充料。矿物质元素在各种动植物饲料中都有一定含量，但由于家兔采食饲料的多样性，往往可以相互补充而满足家兔对矿物质的需要。但在舍饲、应激状态或高产等情况下，家兔对矿物质元素的需要量增多，必须在家兔的日粮中另行添加所需的矿物质。

石粉、贝壳粉、蛋壳粉等均为补钙的主要物质。石粉为天然的碳酸钙，一般含钙高达 38%，是补充钙的最廉价、最方便的矿物质饲料。方解石、白垩石等也是以碳酸钙为主要成分的矿石，也可作为钙的来源。贝壳粉含碳酸钙 95%以上，含钙 30%以上，是良好的钙元素源。蛋壳粉含钙 25%左右，用蛋壳制粉需经过消毒，以防传染疾病。

骨粉和磷酸盐类为优质的补充磷和钙的饲料。骨粉钙、磷比例适当(2∶1)，由于制造方法不同，质量差异很大，其中以蒸制骨粉质量较好，含钙 30.0%，磷 14.5%，在一般饲粮中加入量为 2%～3%。磷酸钙和其他磷酸盐类均可做磷的来源，磷矿石中含氟量高，应进行脱氟处理。

常用的磷酸盐类饲料有磷酸氢二钠、磷酸二氢钠、磷酸氢钙、磷酸钙和过磷酸钙等。

食盐为钠和氯的来源，用量为 0.5%～1%，以碘化食盐为好，可同时补充碘。

氯化钾可为家兔提供钾元素和氯元素，硫酸钾可为家兔提供钾元素和硫元素。硫酸镁、碳酸镁和氧化镁为家兔提供镁元素。

6.饲料添加剂

饲料添加剂是在饲料加工、制作、使用过程中添加的少量或微量成分。饲料添加剂的主要作用是完善饲料的营养、提高饲料的利用效率，促进家兔生长、预防疾病，减少饲料在贮存过程中的损失，改进家兔产品品质，饲料添加剂是配合饲料中不可缺少的部分，在养殖生产中居重要地位。

2011年，中华人民共和国国务院第609号令公布了《饲料和饲料添加剂管理条例》，目的是加强对饲料、饲料添加剂的管理，提高饲料、饲料添加剂的质量，保障动物产品质量安全，维护公众健康。目前，全世界在饲料中应用的添加剂约有300多个品种，经常使用的有150多个品种。根据动物营养学原理，一般将饲料添加剂分为营养性饲料添加剂和非营养性饲料添加剂两大类。

(1)营养性饲料添加剂。

①氨基酸添加剂。根据家兔氨基酸需要特点和饲料中氨基酸的缺乏情况，在养兔生产中主要使用的氨基酸添加剂有赖氨酸、蛋氨酸、苏氨酸和精氨酸，其他氨基酸并不常用。

赖氨酸：生产中常用*L*-赖氨酸盐酸盐，纯度为98%，为白色或浅褐色结晶粉末，无味或稍有特殊气味。易溶于水，1∶10水溶液的pH为5.0～6.0。添加时应考虑商品中纯赖氨酸的含量。赖氨酸是饲料主要的限制性氨基酸之一，家兔常用饲料原料中含量均较低，必须在饲粮中补加。饲粮中添加赖氨酸应按照家兔饲养标准进行，即先计算出配合饲粮的实际含量，饲养标准和实际含量的差值即为添加量。

蛋氨酸：又称为甲硫氨酸，在饲料工业中广泛使用的蛋氨酸添加剂有2种，一种是*DL*-蛋氨酸；另一种是*DL*-蛋氨酸羟基类似物(MHA)及其钙盐。目前，国内使用的蛋氨酸大部分为粉状*DL*-蛋氨酸，或*L*-蛋氨酸。蛋氨酸是饲料中不可缺少的含硫氨基酸，它的添加量和饲料的组成，以及饲料中蛋氨酸、胱氨酸、胆碱、钴胺素含量有关，原则上只要补足含硫氨基酸(胱氨酸＋蛋氨酸)的缺额即可。试验表明，补充蛋氨酸可提高幼兔生长速度和长毛兔的产毛量，生产中一般添加量为0.1%～0.3%。

苏氨酸：苏氨酸常用的是*L*-苏氨酸，为无色结晶粉末，易溶于水，具有极弱的特殊气味。在配合饲料中加入*L*-苏氨酸，可调整饲料的氨基酸平衡，促进禽畜生长；可改善肉质；可改善氨基酸消化率低的饲料的营养价值；可降低饲料原料成本。在以小麦或大麦等谷物为主的饲料中，苏氨酸常需要额外添加。

精氨酸：美国在1991年批准*L*-精氨酸或*DL*-精氨酸为饲料添加剂，要求纯度均为98%。谷实、豆类中含量丰富，一般无须添加。国外大量的研究表明，满足肉兔最大生产性能的精氨酸需要量为0.55%。

②微量元素添加剂。家畜所需的微量元素有铁、铜、锌、锰、硒、碘、钴等。常用的微量元素添加剂是无机盐类如硫酸亚铁、碳酸锌、碘化钾、亚硒酸钠和氯化钴等，但由于易吸潮结块，影响其在饲料中的混合均匀度，同时对维生素有一定破坏作用。为了提高微量元素吸收率，近年来使用有机酸盐类(如柠檬酸铁)和微量元素-氨基酸螯合物(如苏氨酸铁)。但后两种价格较高，只在特定条件下使用。

家兔各种矿物质元素的最小、最大和适宜供给、中毒剂量以及与其他营养素之间的关系等方面的研究较少，这给添加剂的生产带来了较大的困难。尽管如此，各国的家兔营养需要量中还是提供了主要微量元素的参考供给量。这些数据，再结合使用添加剂后兔群的生产反应，可作为生产者使用微量元素添加剂的基本依据。

家兔微量元素饲料添加剂，常用的有硫酸盐类、碳酸盐类、氧化物、氯化物等。家兔饲粮一般不发生铁、钴、碘、硒等微量元素缺乏现象。但因饲粮种类、家兔生理阶段和生产目的不同，尤其是高生长率的幼兔、产奶高峰的母兔等，添加微量元素饲料添加剂，可显著提高生产性能。

植物性饲料中微量元素的含量与产地土壤含量及植物品种有着密切的关系，变动幅度较大。因此，使用微量元素添加剂时，必须根据饲粮的实际含量进行补充，不可盲目添加。

③维生素添加剂。维生素添加剂是用来补充饲料中天然维生素不足的一类合成维生素制剂。在集约化饲养下，家兔采食高能高蛋白饲料，生产性能大幅度提高，对维生素的需要量要比正常需要量大1倍左右。因此，必须向饲料中添加各种维生素。

维生素添加剂在添加时有单一维生素（维生素A、维生素D、维生素E、维生素K、维生素C和B族维生素中的一种）和多种维生素混合物（多维）之分；在剂型上有粉剂、水剂、针剂与复合制剂等。

(2)非营养性饲料添加剂。是指为保证或者改善饲料品质、提高饲料利用率而添加到饲料中的少量或者微量物质。包括抑菌促生长剂，驱虫保健剂，防霉剂、防腐剂、抗氧化剂，着色剂、调味剂、增香剂，正在开发的饲料添加剂有饲用酶制剂和微生态制剂等。

①抑菌促生长剂。由于长期使用不仅导致兔肉中的残留，而且会使微生物产生对药物的耐受性，因此此类添加剂的应用在各国都受到严格的控制。在我国，2002年农业行业标准《无公害食品—肉兔饲养兽药使用准则》(NY 5130—2002)明确规定了肉兔饲养允许使用的抗菌药、抗寄生虫药及使用规定。

②驱虫保健剂。驱虫保健剂在家兔生产中使用的有化学合成驱球虫剂和抗生素类抗球虫剂，主要有氯苯胍、盐酸氯苯胍、拉沙洛西钠、地克珠利等。

③防霉、防腐、抗氧化剂。防霉、防腐剂的品种很多，其中比较经济有效的是有机酸和有机酸盐，尤以丙酸钙为好，还有苯甲酸、山梨酸、醋酸及其盐类；抗氧化剂生产中常用的有二丁基羟基甲苯、丁基羟基茴香醚、没食子酸丙酯、乙氧基喹啉等，还有这些抗氧化剂的复合体。

④着色、调味、增香用剂。常用的有胡萝卜素及类胡萝卜素衍生物、柠檬黄、糖精及糖精钠、酸味剂等。

⑤饲用酶制剂。目前饲用酶制剂已开始在养兔生产中应用，商品酶制剂一般为复合酶制剂，常用的酶制剂有蛋白酶、淀粉酶、非淀粉多糖酶（包括纤维素酶等）、寡聚糖酶和植酸酶等，酶制剂在应用时应考虑应用现代生物技术及酶制剂包被技术，进一步提高酶活性及热稳定性和提高复合酶的协同效应。

⑥微生态制剂。亦称活菌制剂、益生素，近年来在家兔生产中开始大量使用，目的是调节肠道微生态环境。目前常用的微生态制剂菌种有枯草芽孢杆菌、蜡样芽孢杆菌、双歧杆菌、乳酸杆菌、链球菌、酵母菌等。

二、家兔常用饲料的加工技术

(一)青绿饲料的加工调制

青绿饲料应新鲜,以保证营养物质被及时吸收。收割的青绿饲料应新鲜时饲喂,否则应摊开适当晾晒,不要堆积,以免发热、发黄、损失维生素和腐烂变质。若青绿饲料污染有泥土、杂质等应洗净、晾干,雨水淋过的青绿饲料要沥干水后再喂兔。蔬菜瓜果类饲料、水生饲料及早春的青绿饲料因水分含量太高,一是控制喂量,二是切碎与麸皮或粗饲料搭配,三是晒至半干再饲喂。

(1)青饲料加工。青饲料常用的加工方法有切碎、打浆、闷泡或浸泡、发酵等。青饲料经切碎后便于采食、咀嚼,减少浪费,有利于和其他饲料均匀混合。切碎的长度可依家兔性别、年龄、生产用途、饲料类别而异。青饲料经打浆后更加细腻,并能消除某些饲料的茎叶表面毛刺而利于采食。打浆前应将饲料清洗干净,除去异物,提高利用价值。对带有苦涩、辛辣或其他异味的青饲料,可用冷水浸泡和热水闷泡 4～6 h 后,沥除泡水,再饲喂,既可改善适口性,软化纤维素和半纤维素,又可提高利用价值。青饲料也可通过有益微生物(如酵母、乳酸菌等)在适宜的温度下进行发酵,变成一种具酸、甜、软、熟、香的饲料。经发酵可改善饲料质地或不良气味,并可避免亚硝酸盐及氰氢酸中毒。

(2)青干草调制。青绿饲料可以加工成干草(粗饲料)或制作青贮饲料,由于养兔生产中使用青贮饲料不多,因此加工成干草(粗饲料)就成为青绿饲料的主要加工方法。青绿饲料在干燥过程中,除了植物体内部生理变化使养分损失外,一些外部因素如日晒、雨淋、机械作用等均可引起养分的损失。

青干草调制时应根据饲草种类、草场环境和生产规模采取不同方法,大体上分自然干燥法和人工干燥法。自然干燥法常用的有地面晒制干草、架上晒制干草。试验证明,架上干燥法一般比地面晒制干草的养分损失减少 5%～10%。除此之外还有化学制剂加速干燥法,即将化学制剂(碳酸钾、碳酸钾＋长链脂肪酸混合液、碳酸氢钠等)喷洒在刈割后的豆科牧草上,加快自然干燥速度。

人工干燥法常用的有常温鼓风干燥法、低温烘干法、高温快速干燥法。人工快速干燥法,则营养物质的损失最低,只占鲜草总量的 5%～10%。在自然条件下晒制干草,营养物质的损失相当大。研究表明,干物质的损失占鲜草总量的 20%～25%,热能损失占约 40%,蛋白质损失约占 30%。

(二)粗饲料加工

现行有效的加工处理方法主要有:物理处理、化学处理和微生物处理三类。

1. 物理处理

(1)切短或切碎。粗饲料切短或切碎便于家兔咀嚼,减少浪费,并易于与精料拌和。各种青饲料和作物秸秆在饲喂家兔之前都应切短或切碎。

(2)粉碎或压扁。粉碎的目的是提高秸秆饲料的消化率,但与切短的秸秆比较,消化率无显著差异。谷物类饲料秸秆在饲喂前必需粉碎或压扁。粉碎时不应过细,以 0.7 cm 的粉碎细度较好。

(3)制粒。颗粒饲料通常是用家兔的平衡饲粮制成。目的是便于机械化饲养或自动食槽的应用,并减少浪费。由于粉尘减少,质地硬脆,颗粒大小适宜,利于咀嚼,适口性提高,从而提高家兔采食量和生产性能。粗饲料可直接粉碎制粒,也可和其他辅料(如富淀粉精料、尿素等)混合制粒。

(4)水浸与蒸煮。水浸只能软化饲料有利采食,但不能改善营养价值。用沸水烫浸或常压蒸汽处理,能迅速软化秸秆,并可破坏细胞壁以及木质素与半纤维素的结合,有利于微生物和酶的作用,从而提高适口性和消化率。

(5)膨化。膨化就是将秸秆类饲料切短后,置于密闭的容器内,加热加压,然后迅速解除压力喷放,使其暴露于空气中膨胀。膨化处理后的秸秆有香味,适口性好,营养价值明显提高,可直接饲喂家兔,也可与其他饲料混合饲喂。

(6)秸秆碾青。可以较快制成干草,茎叶干燥速度均匀,减少叶片脱落损失。

2.化学处理

(1)碱处理。碱处理是指用氢氧化钠、氢氧化钙等碱性物质处理粗饲料,破坏纤维素、半纤维素与木质素之间的酯键,使之更易为消化液和瘤胃微生物所消化,从而提高消化率。碱化处理有湿处理法、干处理法和其他处理法等。

(2)氨处理。氨处理在世界范围内广泛应用,它是目前最有效的处理秸秆的方法。既能提高消化率,改善适口性,又可提供一定的氮素营养,并且处理过程对环境无污染。氨化处理有液氨法、氨水法、尿素法和碳铵法。

(3)酸处理。常用的酸类有硫酸、盐酸、磷酸和甲酸等。

3.微生物处理

我国从20世纪60年代开始进行利用微生物提高粗饲料利用率的研究。微生物处理就是利用某些有益微生物,在适宜条件下,分解秸秆中难以被家兔利用的纤维素或木质素,并增加菌体蛋白、维生素等有益物质,从而提高粗饲料的营养价值。该方法前景诱人,但问题的关键在于培养菌种,使其在发酵过程中不消耗或很少消耗秸秆中的养分,而产生尽可能多的有效营养物质,并使植物细胞壁充分破坏。

(三)配合饲料加工

配合饲料的加工包括前处理、配合以及把不同的原料混合。首先选择原料,了解营养价值,检查新鲜度,然后加工,通过粉碎、混合和搅匀,加工成配合饲料或颗粒饲料,最后还要进行质量检测。

(1)粉碎。饲料原料粉碎可降低颗粒大小,提高饲料转化率;获得合适的颗粒大小,使原料混合得更均匀。

按照粉碎机的设计,有两种粉碎方法:后粉碎和预粉碎。后粉碎指原料混合好,最后在粉碎机粉碎,而预粉碎就是各种原料单独粉碎,两种方法各有利弊。

粉碎机有许多类型,目前应用最普通的是锤式粉碎机。这种粉碎机按轴的方向可分为竖向和横向两种。

(2)颗粒大小。在实践中,推荐用筛孔直径2.5~4 mm的筛子。

(3)混合。混合的主要目的是使饲料中的各种原料混合均匀,具有整齐性。混合中搅拌器是关键部分,作用是使不同大小、不同密度的原料颗粒尽可能地统一。搅拌机所得混合物是否均匀,必须进行饲料均匀度测定。高质量混合物的变异系数不应高于5%。一般搅拌机标准的混合时间为4 min。确保高质量混合物还应考虑添加液体原料前至少应间隔15 s,以确保加入液体前的饲料混合均匀;为了促进混合物的分布,应在至少3个地方加入。

(4)制粒。影响颗粒饲料质量的首要因素是颗粒的大小,颗粒过大(超过1.5 mm)不利于制粒。脂肪含量过高会降低颗粒饲料的质量;加入的粗纤维不同,对颗粒料的影响也不同;淀粉在60℃左右糊化,有助于提高颗粒料的质量。

(5)饲料密度。饲料密度越小,加工起来就越困难。对于家兔来说,颗粒饲料直径在3～5 mm,长度为6～10 mm较好。

思考与练习

一、填空题

1.家兔饲料从来源可分为________、________、________和________的饲料。

2.家兔饲料从饲用价值可分为________、青饲料、________、________、矿物质饲料、维生素饲料、________等。

3.家兔饲料添加剂分为________和________两大类。

4.青饲料常用的加工方法有________、________、________、________等。

5.青干草人工干燥法常用的有________、________、________。

二、选择题

1.家兔饲养成本中,饲料成本占生产总成本的(　　)。

A.60%～80%　　B.80%～90%　　C.30%～60%　　D.30%以下

2.蛋白质饲料是指DM中粗纤维含量在(　　)以下,粗蛋白质含量在(　　)以上的一类饲料。

A.18%,20%　　B.20%,20%　　C.18%,18%　　D.15%,15%

3.家兔日粮中,食盐的用量为(　　)。

A.0.1%～0.5%　　B.0.5%～1%　　C.1%～1.5%　　D.无法确定

4.对于家兔来说,颗粒饲料直径为(　　)。

A.3～5 mm　　B.1～2 mm　　C.5～7 mm　　D.10 mm以上

三、问答题

1.家兔常用饲料有哪些?

2.玉米作为家兔能量饲料有何特点?

3.简述家兔常用饼粕类饲料的特点。

4.简述家兔常用粗饲料的特点及利用注意事项。

5.简述设计家兔维生素饲料添加剂配方时注意的问题。

6.简述家兔非营养性添加剂的种类及使用注意事项。

7.简述家兔青绿饲料加工调制应注意的问题。

8.家兔配合饲料加工技术有何特点?

9.青饲料的营养特点有哪些?

四、实践题

列举当地的饲料资源，并把各种饲料分类。

任务三　家兔饲料配方的设计

【任务介绍】

根据家兔不同营养需要，将多种饲料原料按一定比例进行混合，制成营养配比均衡的全价颗粒料，饲喂效果较好。规模化兔场多数采用此种方法。本任务就是设计全价配合饲料配方，按家兔饲料加工工艺进行全价兔饲料的配制。

【任务分析】

学习本任务要熟悉动物营养学、饲料学基本知识，了解家兔的饲养标准，以及饲料加工工艺，能够独立完成家兔全价配合颗粒饲料的生产加工任务。

【任务实施】

一、家兔饲料配方设计

1.饲粮配方设计的原则

家兔饲粮配合的原则包括营养性原则、安全性原则、经济性原则、市场性原则。营养性原则是配方设计的基础，不仅要求饲料配方能满足家兔的营养需要与营养物质平衡，同时要求饲料的适口性好，饲料的体积符合家兔的消化生理。安全性原则是在考虑饲料对动物安全的同时，考虑家兔产品食品的安全。经济性原则要求配合饲料的成本最低。市场性原则是满足市场定位和市场竞争需求。

(1)营养性原则。设计饲粮配方时，必须选择与品种、性别、年龄、体重、生产用途及生产水平等相适应的饲养标准，以确定出适宜的营养需要。在此基础上，根据实际饲养实践中家兔生产性能表现情况予以适当调整，一般在原饲养标准基础上，调整幅度为10%左右，其中某些维生素的应激添加量为饲养标准的1～2倍，甚至高于饲养标准的几倍。同时注意营养的全面与平衡。首先必须满足家兔对能量的要求，其次考虑蛋白质、粗纤维、氨基酸、矿物质和维生素等的需要，并注意能量蛋白的比例、能量与氨基酸的比例等营养指标比例的平衡，更好地满足家兔的营养需要。

在配方设计时要吸收最新的研究成果，除考虑一般性营养指标及各种微量营养指标外，还应考虑家兔本身、环境、饲养方式等因素，以充分发挥家兔生产的遗传潜力，最大限度地提高饲料营养的转化利用效率。

合理地选用常见饲料成分及营养价值表，应首先使用本地区饲料营养成分表，最好是实测值，也可采用中国饲料数据库情报网中心定期发布的《中国饲料成分及营养价值表》。

家兔的全价配合饲料中至少含有5～6种饲料原料。全价颗粒饲料适合于工厂化、集约化家兔饲养，应含有粗饲料、能量饲料、蛋白质饲料、矿物质饲料、营养性和非营养性饲料添加剂。配制饲料时既要考虑营养物质的含量，还应充分考虑饲料原料的品质和适口性。

家兔是草食动物，日粮中必须含有一定的粗饲料，粗、精饲料比例要适当，体积过大造成消化道负担过重，影响饲料的消化和吸收，或者采食养分不足引起生产水平降低，易形成"草腹"；体积过小，即使营养物质已满足需要，但家兔仍感饥饿，易发生"食癖"；精料过多易发生消化道疾病。饲料搭配还应注意来源稳定，饲粮的成分不应变化太大、太快，若要改变饲粮的组成，应遵循"逐渐过渡、少量多次"的原则，确保家兔的适应。

(2)安全性原则。对于含有毒成分的饲料原料如菜籽粕、棉籽粕等要注意限制用量，要保证选用的饲料品质良好，无毒，无害，不含异物，无发霉，无污染等，更应符合我国饲料质量标准和卫生标准。同时，饲料配方应符合家兔产品食品的安全，严禁使用有害有毒的成分、各种违禁的饲料添加剂、药物和生长促进剂等，对于受微生物污染的原料、未经科学试验验证的非常规饲料原料也不能使用。

(3)经济性原则。选用饲料必须考虑经济效益，饲料配方的成本直接影响家兔养殖效益，必须因地因时制宜，精打细算，巧用饲料，尽量选用营养丰富、质量稳定、价格低廉、资源充足、当地产的饲料，增加农副产品比例。因此，在饲料配方设计时，应同时兼顾饲料的饲养效果和生产成本，在保证家兔的一定生产性能的前提下，尽可能降低饲料配方的成本。

(4)市场性原则。设计的饲料配方应具有良好的市场认同，市场既是对产品质量的检验，也是对饲料产品特点、特性和综合效益的检验。

2.饲料配方设计的基本方法

(1)代数法。即用二元一次方程来计算饲料配方。此法特点是方法简单，适用于饲料原料种类少的情况，而饲料种类多时，计算较为复杂。

例如：已知某兔场现有含粗蛋白质9.5%的玉米和含粗蛋白质40%的豆粕，现要配制含粗蛋白质15%的日粮。

计算方法步骤如下：

①设配合饲料中玉米占$x\%$，豆粕占$y\%$。

$$x+y=100$$

②玉米、豆粕中粗蛋白质的含量分别为9.5%、40%，要求配制粗蛋白质含量为15%的日粮。

$$0.095x+0.40y=15$$

③列联立方程：

$$\begin{cases}x+y=100\\0.095x+0.40y=15\end{cases}$$

④解联立方程：

$$x=81.97$$

$$y=18.03$$

如果配制此日粮 100 kg，则玉米、豆粕分别为：玉米：100×81.97%＝81.97 kg；豆粕：100×18.03%＝18.03 kg。

(2)对角线法。又称四角法、四边法、方形法。此法适用于饲料种类及营养指标少的情况。如将两种养分浓度不同的饲料混合，欲得到含有所需养分浓度的配合饲料时，用此法最为便捷。

如上例，其计算方法步骤如下：

计算两种饲料在配合料中应占的比例(%)。先画一方形图，在图中央写上所要配合日粮粗蛋白质含量(15%)，方形图的左上下角分别是玉米和豆粕蛋白质含量。如图对角线所示，并标箭头，顺箭头以大数减小数得出的差分别除以两差之和，即得出玉米和浓缩饲料的百分比。其方形图及计算如下：

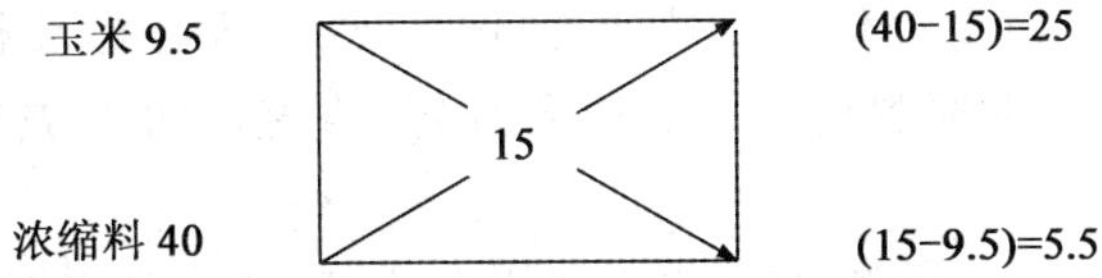

玉米所占比例＝(40－15)÷(25＋5.5)×100%＝81.97%

豆粕所占比例＝(15－9.5)÷(25＋5.5)×100%＝18.03%

(3)试差法。此法是根据饲养标准、饲料原料及饲养经验，先粗略地编制一个配方，然后计算营养价值，并与饲养标准对照。若某种营养指标多余或不足时，按多去少补的原则，适当调整饲料配比，反复几次，直到所有营养指标都符合或接近饲养标准要求为止。

试差法设计饲料配方的方法步骤如下：

①确定营养需要量。根据家兔的种类、品种、体重、生理状况、生产目的和生产水平选择相应的饲养标准，确定家兔的营养需要或供给量。

②确定原料种类和营养成分含量。根据原料的供应和价格情况、家兔的生理特点，确定饲料的种类，通过分析或饲料营养价值表确定其营养成分含量。

③初拟配方。根据经验草拟饲料配方中各原料的用量(表 2-15)，初拟配方中的粗饲料、能量饲料、蛋白质饲料原料的比例，留出一定比例用于平衡钙、磷、食盐和各种添加剂(或预混料)等。

表 2-15　家兔饲料配方设计经验数据　　%

饲料类别	主要原料	比例	备注
粗饲料	草粉、树叶、秸秆、秕壳等	30～48	依据纤维含量和兔的养殖情况而定
能量饲料	玉米、小麦、次粉、稻谷、高粱、油糠等	20～35	各种饲料总和
中性饲料	麸皮	0～35	最后以此配平
超能饲料	脂肪	0～3	注意质量和味道
植物蛋白	豆饼、花生饼、芝麻饼、葵花粕	15～25	各种饲料总和
动物蛋白	鱼粉、蚕蛹粉、肉粉等	0～5	注意质量和适口性

续表 2-15

饲料类别	主要原料	比例	备注
矿物质	骨粉、石粉、贝壳粉等	1～3	根据大料含量而定
	食盐	0.3～0.5	参考地区饲料特点
限量饲料	棉籽饼(粕)	3～5	空怀、育肥兔适当增加
	菜籽饼(粕)	3～5	空怀、育肥兔适量添加
氨基酸	蛋氨酸	0～0.2	泌乳、毛用兔、獭兔重点注意用量
	赖氨酸	0～0.2	肉兔重点注意用量
各种添加剂	维生素、微量元素、酶、药物等	说明	营养性添加剂可适当增加；药物性添加剂严格控制用量

资料来源：谷子林，等.家兔的营养需要特点和饲料配方设计技巧(一).饲料与畜牧：新饲料，2015(5)。

④满足能量和蛋白质的需要。对初拟配方的能量和蛋白质两项营养指标进行计算，与营养需要进行比较。如果提供量与需要量不相符(一般与标准相比相对相差不超过5%为满足)，则调整配方中原料的配比并进行计算，直至配方的养分提供量符合需要量为止。

⑤补充钙、磷。计算配方中钙、磷和其他养分的含量，用先补磷后补钙的方法平衡饲料配方中的钙、磷。

⑥添加食盐。食盐的添加量一般按营养需要计算，即营养需要减去鱼粉等饲料原料的食盐含量。

⑦补充限制性氨基酸。通常按照营养需要与配方中原料提供的氨基酸含量之间的差值进行补充。

⑧补充其他饲料添加剂。

⑨完成配方，整个配方原料配比之和为100%。

(4)计算机法。通常使用饲料配方软件和计算机应用软件(如Excel)进行配方。该方法可克服手工法设计配方时指标的局限性，简化设计人员的计算过程，全面合理平衡饲料营养、成本和经济效益的关系，最大限度降低饲料成本，大大地提高配方设计的工作效率和配方准确性。

现举一例，介绍计算机应用软件(Excel 2007)给家兔进行配方饲料的方法步骤：

①营养数据表格的建立。新建Excel电子文档，命名为饲料配方。在A1:A17区域单元格中输入：原料名称、玉米、四号粉、麸皮、豆粕、棉粕、菜粕、苜蓿、花生藤、豆秸粉、磷酸氢钙、石粉、蛋氨酸、赖氨酸、预混料、标准、配方。在B1:J1中依次输入：价格(元/kg)、消化能(MJ/kg)、粗蛋白质(%)、钙(%)、磷(%)、赖氨酸(%)、蛋+胱氨酸(%)、粗纤维(%)、用量(%)。输入各种原料的营养成分及标准，完成工作表的基本输入，见图2-2。

②建立配方表计算体系。在J17输入=SUM(J2:J15)。

在B17输入=SUMPRODUCT($J$2:$J$15,B$2:B$15)/$J$17，将光标移到B17单元格下方。当光标变为“+”后，点击光标拖至I17后，就完成从B17:I17公式的输入。

③配方计算设计。在J2:J15中输入初步设计的数据，就可以得到相应的配方。配方的营养就会相应出现在B17:I17中，配方的各种原料的总和会出现在J17中。此时可根据自

	A	B	C	D	E	F	G	H	I
1	原料名称	价格(元/kg)	消化能(MJ/kg)	粗蛋白质(%)	钙(%)	磷(%)	赖氨酸(%)	蛋+胱氨酸(%)	粗纤维(%)
2	玉米	1.60	14.53	8.60	0.04	0.21	0.37	0.31	2.00
3	四号粉	1.16	14.62	14.60	0.08	0.31	0.90	0.56	0.62
4	麸皮	0.78	12.05	15.40	0.12	0.85	0.55	0.58	10.55
5	豆粕	3.20	13.15	42.50	0.28	0.57	2.54	1.16	5.40
6	棉粕	1.40	10.16	32.60	0.23	0.90	1.29	0.74	13.60
7	菜粕	1.38	11.51	41.40	0.79	0.98	1.11	1.30	11.80
8	苜蓿	1.32	6.93	12.20	1.25	0.23	0.61	0.36	34.40
9	花生藤	0.60	6.93	12.30	2.80	0.10	0.40	0.27	21.80
10	豆秸粉	0.45	0.71	8.90	0.87	0.05	0.31	0.12	39.80
11	磷酸氢钙	1.80	0.00	0.00	21.00	16.00	0.00	0.00	0.00
12	石粉	0.10	0.00	0.00	35.00	0.00	0.00	0.00	0.00
13	蛋氨酸	27.00	0.00	0.00	0.00	0.00	0.00	98.00	0.00
14	赖氨酸	14.00	0.00	0.00	0.00	0.00	98.00	0.00	0.00
15	预混料	40.00	0.00	0.00	0.00	0.00	0.00	0.00	0.00
16	标准		10.50	15.50	0.8～1.2	0.45	0.75	0.60	12～14

图 2-2　各种原料的营养成分及标准

己的要求和目的，结合自己的经验，来进行调节设计。图 2-3 是笔者设计的一个配方示例（表格加黑部分），仅供大家参考。

	A	B	C	D	E	F	G	H	I	J
1	原料名称	价格(元/kg)	消化能(MJ/kg)	粗蛋白质(%)	钙(%)	磷(%)	赖氨酸(%)	蛋+胱氨酸(%)	粗纤维(%)	用量(%)
2	玉米	1.60	14.53	8.60	0.04	0.21	0.37	0.31	2.00	30.00
3	四号粉	1.16	14.62	14.60	0.08	0.31	0.90	0.56	0.62	9.50
4	麸皮	0.78	12.05	15.40	0.12	0.85	0.55	0.58	10.55	11.72
5	豆粕	3.20	13.15	42.50	0.28	0.57	2.54	1.16	5.40	10.00
6	棉粕	1.40	10.16	32.60	0.23	0.90	1.29	0.74	13.60	3.50
7	菜粕	1.38	11.51	41.40	0.79	0.98	1.11	1.30	11.80	3.00
8	苜蓿	1.32	6.93	12.20	1.25	0.23	0.61	0.36	34.40	6.00
9	花生藤	0.60	6.93	12.30	2.80	0.10	0.40	0.27	21.80	12.00
10	豆秸粉	0.45	0.71	8.90	0.87	0.05	0.31	0.12	39.80	12.00
11	磷酸氢钙	1.80	0.00	0.00	21.00	16.00	0.00	0.00	0.00	0.70
12	石粉	0.10	0.00	0.00	35.00	0.00	0.00	0.00	0.00	0.40
13	蛋氨酸	27.00	0.00	0.00	0.00	0.00	0.00	98.00	0.00	0.14
14	赖氨酸	14.00	0.00	0.00	0.00	0.00	98.00	0.00	0.00	0.04
15	预混料	40.00	0.00	0.00	0.00	0.00	0.00	0.00	0.00	1.00
16	标准		10.50	15.50	0.8～1.2	0.45	0.75	0.60	12～14	100.00
17	配方成本	1.75	10.51	15.68	0.90	0.45	0.75	0.60	12.72	

图 2-3　各种原料的用量及配方成本

④配方表的打印格式设置。如图 2-3 所示，点击 Sheet2，合并 A1：F1，并输入“家兔饲料配方表”。合并 A19：F19，输入“配方营养成分”。在 A2 中输入＝Sheet1！A1，下拉光标，在 A2：A18 中输入公式。同理在 C2：C18 和 E2：E18 中输入如表 3 公式。在 A27 输入公式＝Sheetl！C＄1，下拉光标至 G27，选中 A27：G27，复制，光标移到 A20 中，单击右键，点击“选择性粘贴”，在弹出对话框中选择“转置”，便在 A20：A26 输入公式，删除 A27：G27，同理在 D20：D26 中输入公式，如表 3 所示。选择 A2：B2，合并单元格，点击格式刷，刷取 A3：B18、C3：D18、E3：F18 使单元格合并，同理合并其他单元格，如图 2-4 所示。

删除第 17 行“标准”一行，就可以得到输出配方需要的格式。如果需要，还可以写上表头、产品代号、公司名称等，成为一个合格的饲料配方表。

某家兔养殖场饲料配方		
家兔饲料配方表		
原料名称	价格(元/kg)	用量(%)
玉米	1.60	30.00
四号粉	1.16	9.50
麸皮	0.78	11.72
豆粕	3.20	10.00
棉粕	1.40	3.50
菜粕	1.38	3.00
苜蓿	1.32	6.00
花生藤	0.60	12.00
豆秸粉	0.45	12.00
磷酸氢钙	1.80	0.70
石粉	0.10	0.40
蛋氨酸	27.00	0.14
赖氨酸	14.00	0.04
预混料	40.00	1.00
配方成本	1.75	
配方营养成分		
消化能(MJ/kg)	10.51	
粗蛋白质(%)	15.68	
钙(%)	0.90	
磷(%)	0.45	
赖氨酸(%)	0.75	
蛋氨酸+胱氨酸(%)	0.60	
粗纤维(%)	12.72	

图 2-4 某家兔养殖场饲料配方(示例)

3.家兔配合饲料配方举例

(1)生长兔饲料配方。

配方 1:大麦 30%,玉米 5%,豆饼 15%,苜蓿干草 32%,青干草 15%,无机盐及维生素添加剂 3%。另外,每 50 kg 饲料添加蛋氨酸 100 g。

配方 2:大麦 15%,玉米 18%,四号粉 10%,豆饼 15%,菜籽饼 7%,蚕沙 8%,青干草 10%,统糠 16%,无机盐及维生素添加剂 1%。另外,每 50 kg 饲料添加蛋氨酸 100 g。

配方 3:大麦 15%,玉米 15%,麸皮 20%,豆饼 12%,菜籽饼 8%,松针粉 5%,统糠 15%,麦芽根 8%,无机盐添加剂 2%。另外,每 50 kg 饲料外加蛋氨酸 100 g。

这组配方含粗蛋白质 16%～17%,粗脂肪 3%～3.5%,粗纤维 13%～14%。饲喂断奶至 120 日龄的生长兔,成活率达 98%,日增重 25～28 g,日耗料量为体重的 7%～8%,极少发生各种肠道疾病。

(2)妊娠兔饲料配方。

配方 1:大麦 20%,玉米 10%,麸皮 15%,豆饼 15%,菜籽饼 8%,松针粉 8%,统糠 17.5%,甘薯丝 5%,无机盐添加剂 1.5%。另外,每 50 kg 饲料添加蛋氨酸 100 g,赖氨酸 50 g。

配方 2:玉米 25%,豆饼 15%,菜籽饼 4%,黄豆 8%,麸皮 22%,统糠 22%,松针粉 2%,无机盐添加剂 2%。另外,每 50 kg 饲料添加蛋氨酸 150 g,赖氨酸 50 g。

配方 3:大麦 20%,玉米 10%,豆饼 10%,麸皮 10%,麦芽根 10%,苜蓿粉 10%,稻草粉 24%,松针粉 4%,无机盐添加剂 2%。另外,每 50 kg 饲料添加蛋氨酸 100 g,赖氨酸 50 g。

这组配方含粗蛋白质 15.5%～16.5%,粗脂肪 3%～3.5%,粗纤维 14%～15%。饲喂妊娠母兔日采食量为 125～200 g,胎儿发育正常,极少发生死胎、僵胎、流产等情况。

(3)哺乳兔饲料配方。

配方 1:豆饼 12%,菜籽饼 8%,玉米 14%,稻谷 10%,麸皮 22%,麦芽根 20%,统糠 12%,无机盐添加剂 2%另外,每 50 kg 饲料添加蛋氨酸 100 g,赖氨酸 50 g。

配方 2:豆饼 10%,菜籽饼 8%,黄豆 5%,玉米 10%,稻谷 20%,麸皮 20%,苜蓿粉 10%,干草粉 10%,松针粉 5.5%,无机盐添加剂 1.5%。另外,每 50 kg 饲料添加蛋氨酸 100 g,赖氨酸 50 g。

配方 3:豆饼 17%,菜籽饼 7%,玉米 20%,大麦 20%,苜蓿粉 15%,统糠 14.5%,松针粉 5%,无机盐添加剂 1.5%。另外,每 50 kg 饲料添加蛋氨酸 100 g,酵母粉 250 g。

这组配方含粗蛋白质 18%～18.5%,粗脂肪 3%～3.5%,粗纤维 13%～14%。饲喂带仔 6～7 只的哺乳母兔,全期日均采食量为 300 g,仔兔 1 月龄平均体重 500 g 左右,哺乳期母兔配种受胎率正常,极少发生乳房炎。

(4)种公兔饲料配方。

配方1:麸皮30%,大麦10%,豆饼12%,苜蓿干草26%,青干草19%,无机盐及维生素添加剂3%。每50 kg饲料添加蛋氨酸100 g。

配方2:豆饼12%,菜籽饼8%,玉米14%,稻谷12%,麸皮18%,麦芽根22%,统糠12%,无机盐及维生素添加剂2%。每50 kg饲料添加蛋氨酸100 g。

配方3:豆饼12%,玉米20%,麸皮20%,麦芽根15%,统糠12%,松针粉4.5%,葛藤粉15%,无机盐及维生素添加剂1.5%。

这组配方含粗蛋白质16%~17%,粗脂肪3%,粗纤维13%~14%。限制饲喂种公兔,日喂量125 g,公兔性欲、精液品质及母兔受胎率、产仔数正常。

(5)商品兔饲料配方。

配方1:麸皮25%,玉米8%,豆饼10%,统糠15%,苜蓿干草20%,青干草20%,无机盐及维生素添加剂2%。每50 kg饲料添加蛋氨酸100 g。

配方2:豆饼8%,菜籽饼5%,鱼粉2%,蚕沙2%,玉米16%,稻谷12%,麸皮20%,麦芽根10%,统糠12%,稻草粉11%,无机盐及维生素添加剂2%。

配方3:麸皮15%,大麦15%,玉米10%,豆饼5%,菜籽饼8%,苜蓿粉10%,稻草粉20.5%,统糠8%,蚕沙7%,无机盐及维生素添加剂1.5%。

这组配方含粗蛋白质15%~16%,粗脂肪3%,粗纤维14%~15%。饲喂120~165日龄、毛皮成熟期的商品獭兔,日采食量125 g,毛皮质量良好,体重略有增加。

二、家兔配合饲料生产工艺介绍

1.配合饲料的加工工序

配合饲料的加工过程主要含以下工序,即原料接收、原料清理、粉碎、配料混合、制粒、挤压膨化、包装贮存等。其中部分工序可根据饲料厂的生产要求增添或删除。

(1)原料接收。原料接收是指将生产所需原料送入库房、筒仓或液体罐(液态原料,如油脂等)进行贮存的过程。

(2)原料清理。原料清理是对饲料原料中的杂质(铁屑、石块等)进行清除的过程。

(3)粉碎。粉碎是对块状、粒状饲料原料进行破碎,变成粉状物的过程。粉碎是饲料加工中的重要工序之一,它关系到配合饲料的质量、产量、电耗和成本。

(4)配料混合。配料混合是对所需饲料原料称量和混合的过程。配料时应该按所需原料的质量精确称量,混合均匀。配制过程关系着配合饲料能否达到配方设计要求,是饲料厂的核心部分。

(5)制粒。制粒是对粉状配合饲料经挤压后制成颗粒状饲料的过程。

(6)计量与成品包装。

2.配合饲料的加工工艺

配合饲料的加工工艺传统上分为两类,一是先粉碎后配合工艺,二是先配合后粉碎工艺。前者是先将需要进行配合的原料粉碎至要求的粒度后再进行配合,后者则是先将大部分原料(添加剂除外)进行配合,然后再粉碎至所要求的粒度。这两种基本工艺各有其特点,可根据生产要求和饲料厂实际情况进行选择。

(1)先粉碎后配合加工工艺。需要粉碎的原料通过粉碎设备逐一粉碎成单一品种的粉状饲料原料后，分别进入各自的配料仓，按照饲料配方的配比，对这些粉状的原料(包括饲料添加剂)逐一计量后，进入混合设备进行充分地混合，即成粉状配合饲料。如需要压粒就进入压粒系统加工成颗粒饲料(图 2-5)。

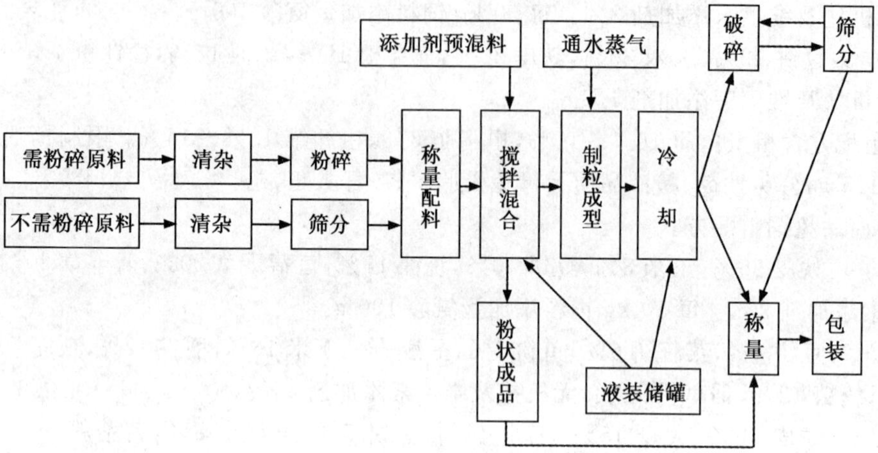

图 2-5　先粉碎后配合加工工艺

(2)先配合后粉碎加工工艺。先将各种原料(不包括饲料添加剂)按照饲料配方的配比，进行计量配合在一起，然后进行粉碎，粉碎后的粉料进入混合设备进行分批混合或连续混合，并在开始混合时，将稀释好的维生素、微量元素等添加剂预混料加入，混合均匀后即为粉状配合饲料。如果需要将粉状配合饲料压制成颗粒饲料，则在粉状饲料中通入蒸汽，加热使之熟化后，进入压粒机进行压粒，然后再冷却即为颗粒饲料(图 2-6)。

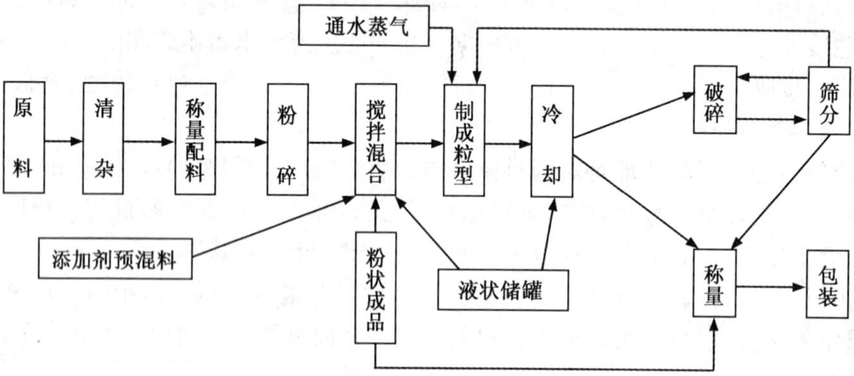

图 2-6　先配合后粉碎加工工艺

(3)先配合后粉碎二次配合加工工艺。将需要粉碎的主要原料和不需要粉碎的副原料分别配合，需要粉碎的主要原料配合后进入粉碎机粉碎，不需要粉碎的副原料配合后直接进入混合机混合(图 2-7)，这种加工工艺称为改进型先配合后粉碎加工工艺，即先配合后粉碎二次配合加工工艺。这种加工工艺具有可以节省部分动力和原料仓，以及操作简单等特点，适合于家兔养殖场加工配合饲料。

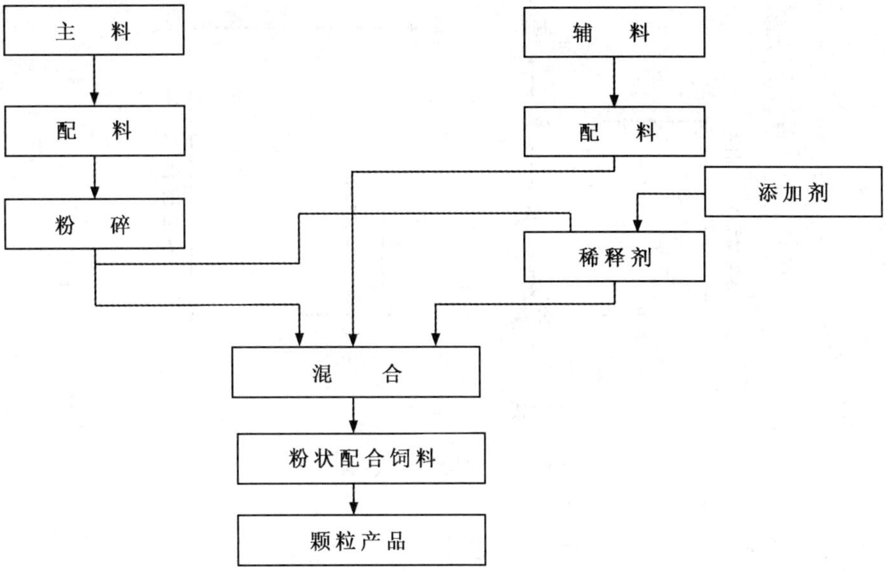

图 2-7　改进型先配合后粉碎加工工艺

3. 颗粒饲料

(1)颗粒饲料的优越性。利用机械将粉状配合饲料经挤压而制成粒状的饲料称为颗粒饲料。颗粒饲料与粉状饲料相比有许多优点。

①制粒过程中,在水分、温度和压力的综合作用下,使淀粉糊化和裂解,纤维素和脂肪的结构有所改变,改善了适口性,有利于家兔充分消化、吸收和利用各种营养物质,提高了饲料的消化率。

②家兔不能挑食,保证每日供给的饲料具有良好的全价性。

③缩短采食时间,减少营养消耗。

④饲喂方便,节省劳动力。

⑤颗粒饲料体积小,不易受潮,便于散装储存和运输。

⑥在装卸搬运过程中,各种组分不会自动分级,对保持饲料中微量成分的均匀性极为重要。

⑦颗粒饲料不易分散,减少了浪费和粉尘的产生。

⑧颗粒饲料在压制过程中,经蒸汽高温杀菌,饲料不易霉变生虫,有利于储存。

(2)颗粒饲料的制粒工艺。制粒工艺通常包括制粒、冷却、碎粒和分级四道工序(图 2-8)。

①制粒。制粒是颗粒饲料生产中最关键、最复杂的中心环节,直接影响到颗粒饲料的产量和质量。通常情况下,制粒工序主要包括调质和颗粒压制等环节。

调质是在混合粉料中添加蒸汽,并将粉料与蒸汽进行搅拌混合,从而使之加温加湿的过程。调质时蒸汽被加入粉料中,粉料的温度和湿度升高,粉料中的淀粉随之糊化,粉料变成“可塑”性好的黏状物,因而在制粒时就容易黏结形成颗粒,从而改善制粒状况,有效地提高制粒机的产量,并使饲料成品颗粒变得更加结实光滑。同时,由于温度升高,可以杀死饲料原料内的部分有害细菌。

制粒是制粒工艺的核心,制粒设备的结构和特性,直接关系到制粒工序的效能及颗粒质

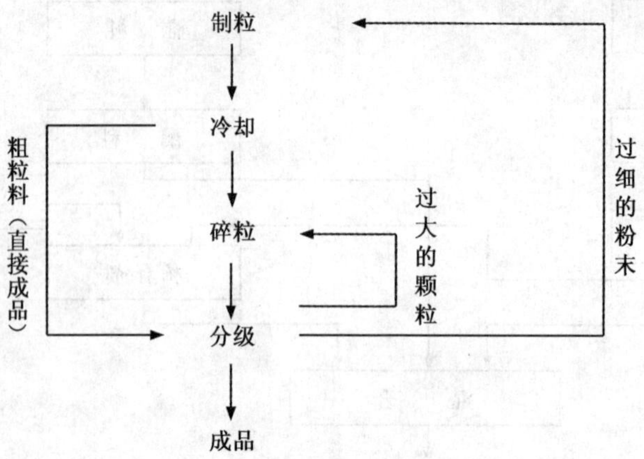

图 2-8　制粒工艺流程

量。对制粒机的基本要求为：通用性好，可以加工不同的物料，能得到不同尺寸的产品，生产率高，台时产量稳定，工作可靠，颗粒硬度、成型率等符合要求；工作部件耐用，便于更换，生产每吨颗粒饲料的电耗低、成本低，单位生产率的金属消耗量低。

我国目前所使用的颗粒机主要是环模制粒机，其主要工作构件为环形的压模及压辊。压辊一般有 2 个或 3 个，与压模装在同一个平面，压模同减速箱轴相连，绕轴旋转，压辊轴没有传动，它依靠物料的摩擦力，在压模转动时，被带动自转，物料在压辊和压模间隙喂入，经压模和压辊的挤压，由模孔挤出，颗粒挤出后同压模运动，经过切刀被切断，由出料口排出，调节切刀的位置可以得到不同长度的颗粒。其优点是：可以选择和更换不同孔径的环模与辊子，得到不同直径的颗粒；切刀调整方便；环模与压辊上各处线速度相等，压辊压模磨损较少，使用寿命长。但其缺点是：制造复杂，使用技术要求较高，制粒时产生的热量过多，易破坏某些热敏性原料的活性。

②冷却。制粒过程中由于通入了高温、高湿的蒸汽，同时物料在挤压过程中也产生大量的热，所以，颗粒饲料刚从制粒机出来时，含水量可高达 16%～18%，温度高达 75～85℃。在这种情况下，颗粒饲料容易破碎，储藏时也容易产生黏结和霉变，所以必须进行冷却，使其含水量降到 14%以下，温度降到比气温高 8℃以下。

生产中使用的冷却器主要有立式冷却器和卧式冷却器两类。立式冷却器占地面积小，结构简单，维修方便，动力消耗低，特别适用于小直径颗粒，缺点为易出碎粒，冷却不够均匀，要求厂房高度大。卧式冷却器占地面积大，结构复杂，投资大，但其冷却效果好，冷却均匀，出碎率少。

③碎粒。家兔对颗粒饲料的粒度要求不同，而压制小颗粒饲料时，动力消耗大，产量低。因此，生产中通常都采用先压制大颗粒（ϕ4.0～4.8 mm），然后经过破碎机破碎成一定粒度的小颗粒，以达到提高产量，降低电耗的目的。

破碎机实际上是一种辊式磨。它主要由转速不同、齿形不同、向内反向旋转的两个轧辊构成，颗粒受到轧辊的剪切和挤压作用而破碎，通过调节两个轧辊的间距可控制颗粒的大小。破碎机必须有旁路装置，不需要破碎时，颗粒即从轧辊的外侧流过，进入筛理分级。

④分级。颗粒分级筛为制粒工艺中最后一个设备，其作用为对制作的颗粒或碎粒进行

筛理，筛去其中过大的颗粒及细粉，将合格产品提取出来。

分级筛与一般的振动筛结构基本相同，机构比较简单，由机架和吊挂在机架上的筛船以及驱动筛船产生往复振动的自衡振动器组成。筛体内装有 2 层筛面，把物料分成三个部分，第一层筛上物送回破碎，第二层筛上物为成品，第二层筛下物送回重新制粒。

思考与练习

一、填空题

1. 配合饲料的加工过程主要包括________、________、________、________、________、________、________等。

2. 配合饲料的加工工艺传统上分为________和________两类。

3. 颗粒饲料的制粒工艺为________、________、________和________四道工序。

二、选择题

1. 家兔的全价配合饲料中至少含有(　　)种饲料原料。

A. 5～6　　B. 1～2　　C. 2～3　　D. 1 种

2. 粗饲料在家兔饲料配方设计中所占的比例为(　　)。

A. 30%～48%　　B. 30%以下　　C. 48%以上　　D. 不能确定

三、问答题

1. 家兔饲粮配合的原则有哪些？

2. 试差法设计饲料配方的方法步骤有哪些？

3. 饲料配方设计的基本方法有哪些？

4. 简述颗粒饲料的优越性。

四、实践题

用苜蓿干草粉、玉米、大麦、麸皮、豆粕、石粉、食盐 7 种饲料为生长肉兔设计日粮配方。

【项目小结】

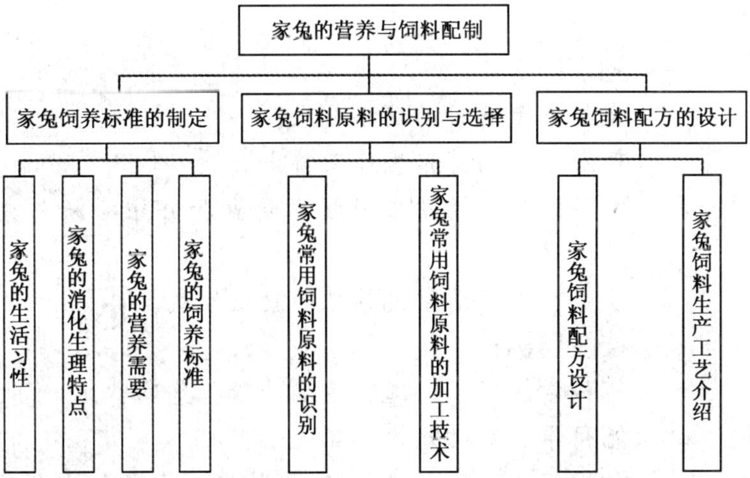

Project 3

家兔的良种繁育技术

➤ 知识目标：

掌握家兔选种的技术要点。

理解家兔的繁殖规律及特点。

掌握家兔发情及配种技术要点和妊娠诊断与分娩接产技术。

了解我国目前家兔常见的繁殖模式。

技能目标：

能科学应用不同选种技术进行种兔选留。

能科学制定种兔的选配计划。

会规范地进行发情鉴定、配种妊娠诊断和接产工作。

优良的家兔品种是实现高效养兔生产的基础，家兔种群的改良是提高兔生产效率的关键。家兔的良种繁育技术是根据遗传学原理、市场需求和生产需要，培育出优良家兔种群，或在现有的种群中建立繁育体系，进行选种选配，得到更加高产、高效的兔群体，提高生产效率1。

任务一　家兔的选种、选配

【任务介绍】

家兔的选种、选配是家兔良种繁育的关键，在熟悉家兔生殖生理以及遗传学原理的基础上，对家兔进行科学的选种、选配，以获得品质优良的种兔。

【任务分析】

学习本任务要密切联系前导课程《动物遗传育种》《动物繁殖》，了解有关选种和选配的知识；掌握家兔的生物学特性；根据市场需求和生产需要，运用繁殖新技术，培育出优良家兔种群，提高养兔生产效益。

【任务实施】

一、家兔的选种

家兔的选种就是按照育种目标，通过一系列的方法从兔群中选择优良个体，增加优良个体的繁殖机会，从而提高整个兔群的生产性能，从遗传角度讲，就是不断淘汰有害或不利基因，增加有利基因。家兔的选种贯穿于育种工作和家兔生产整个过程，是家兔生产的基础工作，也是防止品种退化的重要手段。

(一)选种的原理

选种分为自然选种和人工选种。在物种起源过程中，自然选种起主导作用，它控制着物种基因的变异发展方向，同时导致适应性状的形成；人工选种是在人为的控制条件下，使兔的基因变异方向由适应自然条件，转变为更有利于人类的生产活动。人工选种的实质在于定向地改变种群的基因，打破繁殖的随机性。

(二)良种的标准

种兔必须有优良的生产性能和稳定的遗传性状，具有品质纯正、体格健壮、皮毛色泽纯正、体型较大、身体匀称等特点。

1. 体质标准

种兔要求体格健壮、身体匀称，肌肉发达。颈部粗细与体躯协调，公兔头粗大，母兔头清秀；胸宽而深，背腰宽广；腹部容积大，不下垂和松弛，呈“饱满腹”；臀部宽而圆，肌肉丰满，大腿宽阔，四肢伸展灵活。种兔体况判断标准如下。

一类膘：用手触摸腰部脊柱骨，无算盘珠状颗粒凸出，双背脊，为九至十成膘，肥胖，暂不宜作为种用。

二类膘：用手触摸腰部脊柱骨，无明显算盘珠状颗粒凸出，用手抓起颈背部皮肤，家兔挣扎有力，体格健壮，为七到八成膘，是最适宜种用的体况。

三类膘：用手触摸腰部脊柱骨，有算盘珠状颗粒凸出，为五到六成膘，暂不宜作为种用。

四类膘：全身皮包骨头，为三到四成膘，应酌情淘汰。

2. 头型标准

头部为鉴定的主要部位，头型和耳朵性状及大小是主要的品种特征。头部宽大，与体躯各部位比例相当；两耳厚薄适中，直立挺拔；眼睛明亮有神。

3. 毛色标准

毛色纯正，色泽光亮，毛色符合品种特征。

4. 被毛标准

被毛绒密、平齐、有弹性，枪毛含量少。

5. 其他标准

种兔性情温顺，生殖器发育良好、无炎症，全身无疥癣。公兔要求睾丸匀称，且大而对称，无单睾或隐睾现象，阴茎稍微有点弯曲，性情活泼；母兔要求 4 对以上乳头，乳头排列整齐对称，骨盆大，性情温顺。

(三)提高选种效果的途径

(1)早期选种。提早选种不仅能加快遗传进展，而且还能降低生产成本，提高育种效率。首先提高配种效率，其次利用相关原理在种用幼畜时期，对尚未表现的重要经济性状进行选择，如初生重与产毛量呈强烈正相关，在选择年剪毛量这个指标时可选择初生重大的个体，利用某些遗传标记性状进行选择。

(2)准确选种。在相对一致的外界环境条件下，全面收集各生产性能资料，准确度量和记录各信息，采用正确的方法估测育种值以及对不同的性状准确选择。

(3)从优选择。加强选配工作，创造和发现优秀个体；加大选择群体，增加选择强度；选择标准从严掌控，宁缺毋滥。

(四)选种方法

1. 系谱选择

系谱即为种兔的家谱，系谱记录个体本身及其祖先的出生日期、体尺、体重、生产成绩及遗传缺陷。系谱一般记录了 3～5 代，距个体越远的祖先，对育种的影响越小，系谱上的资料来自于日常工作的各种记录，如产仔数，各时期的体尺、体重、日增重等。常用的系谱有横式系谱和竖式系谱。

(1)横式系谱。横式系谱是将种兔的编号列在系谱的左边，历代祖先由近至远依次向右记载，公兔列在上方，母兔列在下方，各个体的有关资料分别填写在该个体栏目内。

- 种兔编号
  - 父
    - 祖父
      - 祖父的父亲
      - 祖父的母亲
    - 祖母
      - 祖母的父亲
      - 祖母的母亲
  - 母
    - 祖父
      - 外祖父的父亲
      - 外祖父的母亲
    - 祖母
      - 外祖母的父亲
      - 外祖母的母亲

(2)竖式系谱。竖式系谱编制时，种兔的编号在上面，下面是父母，用罗马字Ⅰ表示，再下面是祖父母和外祖父，用罗马字Ⅱ表示。其他远代祖先依此类推。母畜记在左边，公畜记在右边，公母间用竖线分开，各个体有关的生产成绩及相关资料记录在相应个体的位置，如表 3-1 所示。

表 3-1　种兔编号

母				父				Ⅰ
外祖母		外祖父		祖母		祖父		Ⅱ
外祖母的母亲	外祖母的父亲	外祖父的母亲	外祖父的父亲	祖母的母亲	祖母的父亲	祖父的母亲	祖父的父亲	Ⅲ

系谱选择是通过查阅和分析各代祖先的生产性能及其他材料，估计该种兔种用价值，了解该种兔的血缘情况，为选配提供参考；系谱选择着重注意父母代和祖父代的信息，多用于早期选择，针对的不是某一个性状而是全面了解，重点放在外形和生产性能上，了解有无遗传缺陷，选择种兔时系谱只能作为选择的参考，应与其他选择方法结合使用。

2. 个体选择

根据个体本身某性状表型值的一次记录、多次记录或部分记录的高低选留种兔。

(1)一次记录的选择方法。所有被选个体同一性状的一次成绩均校正到同一标准，并按此表型值排序进行选种。

(2)多次记录的选种方法。当被选个体同一性状有多次记录时，应采取多次记录的平均成绩进行排序选种。

(3)部分记录的选种方法。为缩短世代间隔，往往使用早期记录成绩作为辅助来代替一次全期记录进行间接选择，只有早期记录与全期记录的遗传相关大时才适用，例如，在长毛兔选择时，可用第一刀箭毛体重代替剪毛量。

个体选择方法简单，在相同的选择强度下，遗传力高的性状、标准差大的群体，个体选择效果好。如体重、剪毛量等性状。

3.家系选择

家系选择是根据整个家系个体某性状生产性能的平均表型值排序进行选择，将整个家系作为选择单位，通常是在入选的家系内选留合格个体作为种用。这种选择方法中，个体生产成绩除参与决定家系平均数外，不起其他作用。适合家系选择的条件为：遗传力低的性状，家系含量大，共同环境造成的家系间差异小。如家兔的泌乳力、成活率等性状。

4.家系内选择

根据各家系内部的表型值大小进行选择，它不考虑各家系平均数的差异，按照个体表型值距其家系平均数偏差的大小进行选种。适应家系内选择的条件是：遗传力低，性状表型值相关大，共同环境造成的家系差异大。如仔兔的断奶个体重，不同母兔窝间差异不能全面反映遗传差异，但在同一窝内共同环境完全相同，因而窝内个体间差异可视为育种值差异。采用家系内选择的优点在于能降低近交速率。

5.合并选择

合并选择同时利用个体表型值和家系均值进行选种，具体方法是按性状的家系和家系内遗传力对家系和家系内偏差进行加权合并获得一个指数即合并选择指数（Ⅰ），按指数大小进行选择。

$$I=P+\left[\frac{r_A-r}{1-r_A}\cdot\frac{h}{1+(n-1)r}\right]P_f$$

其中：I 为合并选择指数；r_A 为家系成员间遗传相关；n 为家系内成员数；r 为家系成员间的表型相关；P 为个体表型值；P_f 为家系均值。

合并选择综合利用了个体和家系两方面的信息，选择的准确性较个体选择、家系选择和家系内选择高。

6.同胞选择

同胞选择是根据某个体的同胞（不包括被选个体本身）的平均表型值进行选择。同胞选择通常用于限性性状，如公兔的产仔数，另外用于活体上难以度量的性状，如屠宰率。同胞测定可分为三种类型：全同胞、半同胞和混合同胞。采用同胞选择时，测定同胞的数量越多，同胞间的一致性越好，则选择效果越准确。

7.多性状选择

在选择实践中，常常需要对多个性状同时加以改进提高，例如家兔的产仔数和日增重，其选择方法有三种。

（1）顺序选择法。对于要选育的多个性状，一个接一个地选，先选第一个性状，达到要求后，再依次选下一个性状。该方法在同一时间内只能选择一个性状，多个性状依次选择，达到总的目标时所需时间长，效率不高。该方法适合于选择呈正相关的多个性状，若所选性状间呈负相关，往往顾此失彼。

（2）独立淘汰法。该方法对要选择的多个性状分别制定选种标准，当每一个性状都达到最低标准时留种，只要有一个性状达不到最低要求就予以淘汰。该方法简单易行，同一时间内在各性状同等并列的基础上选择多个性状。缺点在于选择不分主次，入选者往往是一些性能中等的个体，某些优良的基因被丢失；选择的性状越多，中选个体越少。使用该方法时，重要经济性状标准要高，次要性状可适当放宽标准，对于有遗传缺陷、不符合品种要求者应严格淘汰。

(3)综合选择指数法。要选择多个数量性状时，根据各性状的遗传特性和经济价值，分别给予一个加权值，综合成一个选择指数，根据指数值的大小进行选种。选择指数(Ⅰ)的形式为：

$$I = b_1 p_1 + b_2 p_2 + \cdots\cdots + b_n p_n = \sum_{i=1}^{n} b_i p_i$$

其中：b_i 为各性状的加权系数；p_i 为各性状的表型值。

指数选择的关键是制定合理的加权系数，加权系数 b 采用 BLUP 求得，$b = p^{-1} aA$。

综合选择指数法优于其他两种方法。

(五)选种程序

种兔的系谱选择、个体选择、家系选择等在选种的实践中是相互关联，密不可分的，只有把几种选择方法有机结合起来，按照一定程序进行严格测定和筛选，才能对种兔做出正确的评价和选择。

第一次选择　一般在断奶时进行，主要以系谱和断奶体重为选择依据。系谱选择的重点是优良祖先的数量，优良祖先数量愈多，则后代获得优良基因的机会就愈大。断奶重量则对以后生长速度有较大影响。此外，根据同窝仔兔生长发育的均匀度进行选择，将符合选种要求的列入种用群，其他列入生产群。

第二次选择　一般在 3 月龄时进行。从断奶到 3 月龄是家兔生产速度最快的时期，选择的标准是 3 月龄的体重、断奶到 3 月龄的日增重和皮毛品质等。应选留生长发育快、皮毛品质好、生殖系统发育无异常、品种纯正的个体。

第三次选择　一般在 5～6 月龄时进行。这是皮毛表现最标准的时期，又正值种兔初配和商品兔取皮的时期。以生产性能和外形鉴定为主，根据生产指标、商品指标、体况外貌等逐一筛选，对公兔还必须进行性欲和精液品质鉴定，将符合选种要求的列入种用群，其他列入生产群。

第四次选择　一般在 1 岁时进行。主要鉴定母兔的繁殖性能，对多次配种不孕的母兔及时淘汰。母兔的初产情况不能作为选种依据，从第二胎开始，对产仔数、泌乳力等进行综合评价，将符合选种要求的列入种用群，其他列入生产群。

第五次选择　当种兔的后代已有生产记录时，则可以根据后代品质对种兔进行再一次的鉴定，以便调整兔群，把真正优秀的列入核心群。

二、家兔的选配

所谓选配就是有明确目的地决定公母兔间的配对方式，有意识地组合后代的遗传基础，达到培育良种的目的。通过选配，使优良基因更好地重新组合，促进兔群获得不断地改进和提高，并获得更多的理想个体。选配可分为个体选配和种群选配两大类。本节仅对个体选配作介绍。个体选配分为品质选配、亲缘选配和年龄选配。

(一)品质选配

品质选配就是考虑交配双方外貌特征、生产性能和产品品质，或者遗传品质等品质对比情况的一种选配方式，根据交配双方品质的异同可进一步分为同质选配和异质选配。

1. 同质选配

选择性状相同，性能表现一致，或育种值相似的优秀公、母兔进行交配，目的就是将这些优良性状在后代中保持和巩固，使优秀个体数量增加，群体品质获得提高。例如选择毛密度大和粗毛率高的公母兔交配，使个体具有相似的性状，在育种时间中，当出现理想类型之后，可采用同质选配，使其尽快固定下来。采用同质选配时应避免选择在品质上有相同缺点的公母兔进行交配。为了提高同质选配的效果，选配中以一个性状为主。高遗传力的性状，如体型外貌同质选配的效果较好；低遗传力的性状，如产仔数，其效果较差。

2. 异质选配

选择性状和生产性能不同的优良公母兔之间的选配，分为两种情况：一种是选择具有不同优良性状的公母兔进行交配，以获得兼顾双亲优良性状的后代。如选择生长速度快的种公兔与产仔性能好的母兔交配。另一种是选择同一性状但优劣程度不同的公母兔交配，以优改劣，提高后代的生产性能，例如用产毛量高的公兔改良产毛量低的母兔。异质选配的主要作用中集合了双亲的优良性状，增大了后代的变异性，增加了后代的变异性，增加了基因型类型，增强了后代的适应性和生活力。为了保证异质选配的效果，应坚持严格选种，分析性状的遗传规律和遗传参数。

在选配实践中，同质选配和异质选配两种方法很难截然分开，有时两种并用，有时交替使用，互相促进。某个时期以异质选配为主，某个时期以同质选配为主，需要注意是异质选配不能与“弥补选配”混为一谈，即具有相反缺陷的公母兔交配，如用凹背与凸背的公母兔交配企图获得平背的后代，交配实践中往往并不能克服这些缺陷，可能后代缺陷更为严重。

(二)亲缘选配

亲缘选配指相互有亲缘关系的种兔之间的选配。可分为近交和远交两种方式。近交指交配的公母兔之间6代内有共同的祖先，及子代近交系数大于0.78%的种兔之间的交配；6代内没有共同祖先的种兔间的交配称为远交。

近交的遗传效应是使基因型结合。基因型结合可使家兔的优良性状固定下来，其生产性能和体型外貌表现一致；同时使有害隐形基因暴露，以便淘汰不良个体。另外，近交可引起衰退，产生“近交衰退”现象，引起生产性能下降。

1. 近交衰退的表现

近交衰退对于不同的性状、近交方式、种群、个体及环境条件，所引起的衰退程度有差异。低遗传力性状衰退程度明显，近交程度越深衰退越明显，当近交系数在0.18以内时，近交不会明显影响体重增长。

(1)近交引起繁殖力下降，表现为产仔数减少。

(2)生活力和抗病力下降，表现为死亡率增加，近交系数增加0.1，每窝断奶仔兔数减少

0.37只。

(3)近交引起畸形缺陷，在家兔中常见的有隐睾、“牛眼”“八字腿”等。

2.近交衰退的防止

(1)保持一定数量的基础群。在种兔场内保持一定数量的基础群，尤其是公兔数，兔场种公兔数不少于15只，并且这些种公兔应保持较远的亲缘关系。

(2)加强育种计划。在家兔育种过程中，做好育种计划，以种公兔为中心，建立亲缘关系较远的系，有计划地利用系间交配，控制群体的近交数量，防止滥用亲缘选配。

(3)注意选择和淘汰。采用近亲繁殖时，注意个体选择，淘汰生产性能低、繁殖力下降、体质衰退、外貌缺陷和遗传病的个体。

(4)加强饲养管理。保证营养供给，创造良好的环境条件，以减轻或抵消近交的不良后果。

(5)定期血缘更新。对商品兔场，血缘更新尤为重要。连续近交几代后，可从其他兔场引进无亲缘关系的优良种兔进行血缘更新，尤其是引种公兔。这就是实际生产中所说的“三年一换种”“异地选公，本地选母”的目的。

3.近交利用注意事项

近交是获得遗传稳定的有效方法，是育种中不可缺少的环节。近交引起衰退，问题也不全在近交本身，只要根据具体情况，采取有效措施，可防止近交的有害作用，充分发挥近交的有力作用。具体应用近交时注意以下几点：

(1)明确近交的目的。在培育新品种或建立新品种系时，为了固定优良性状和提高种兔纯度才采用，不能滥用。

(2)控制近交的速度和时间。分析近交效果，应用近交是为了慎重起见，采取先快后慢的方法，当达到目的时近交应适可而止，及时转为程度较轻的中亲交配或远交。

(3)根据不同形状和遗传品质，灵活运用各种近交形式。

(4)严格选择。选择优秀健壮的个体进行近交，对于有不良性状的后代严格淘汰，防止有害基因在后代中积累。

(三)年龄选配

家兔其遗传稳定性和生产性能与年龄有关，一般情况青年兔遗传欠稳定，老龄兔繁殖力下降，所以交配家兔双方应在年龄上进行选配。一般情况下壮年兔配壮年兔、青年兔和老年兔，而不能青年兔配青年兔、青年兔配老年兔、老年兔配老年兔。

思考与练习

一、名称解释

1.家兔的选种

2.家兔的选配

二、判断题

1.距个体越远的祖先，对育种的影响越大。(　　)

2. 同质选配的目的是使优良的基因在后代中保持和稳固，但缺点固定下来了。（　　）

3. 为防止近交衰退，种兔场要保持一定数量的基础群，尤其是母兔数。（　　）

4. 在进行近交选配时，其配种的速度应该先快后慢。（　　）

5. 商品兔场，连续近交几代后，可从其他兔场引进无亲缘关系的优良种兔进行血缘更新，尤其是引种公兔。（　　）

三、不定项选择题

考题前列出A、B、C、D、E五个备选答案，请从中选择与问题关系密切的答案。

A. 壮年兔配壮年兔　　B. 青年兔配青年兔　　C. 青年兔和老年兔
D. 青年兔配老年兔　　E. 老年兔配老年兔

家兔在选配时，公母兔双方都应该考虑年龄因素，适应交配的类型有（　　）。

任务二　家兔的繁殖技术

【任务介绍】

在熟悉家兔生殖生理的基础上，对家兔进行发情鉴定、妊娠检查以及实施人工授精等。通过这些繁殖技术的运用，以获得品质优良的家兔。

【任务分析】

学习本任务要密切联系前导课程《动物繁殖》，掌握家兔的生殖生理相关知识，运用人工授精等繁殖新技术培育出优良家兔种群，提高养兔生产效益。

【任务实施】

一、家兔的繁殖规律及特点

1. 繁殖能力强

家兔是多胎高产动物。繁殖能力强不仅表现在每胎产仔数多，妊娠期短，而且表现在一年多胎，四季均可发情，母兔产后即可配种受胎。1只繁殖母兔每胎一般为6～8只，最多达18只；孕期短，一般为29～31 d，个别达34 d；年产胎次多，一般6～8胎，最高达11胎；另外仔兔生产发育快，性成熟早，一般小型品种初配年龄在4～5月龄，体重2.5～3 kg，中型品种5～6月龄，体重3.5～4 kg，大型品种6～7月龄，体重4.5～6 kg，公兔的初配年龄比母兔迟1月龄左右；世代间隔短，一年内可繁殖第二代；发情周期短，每隔8～15 d为一个发情周期，每个发情期可持续3～4 d。

2. 刺激性排卵

家兔属刺激性排卵动物。母兔的卵巢内常有处于不同阶段的卵泡，可随时排出。但排卵不是自发的，需要条件刺激，如公兔的交配，母兔的相互爬跨或外源激素刺激等的诱导下，方可将成熟的卵泡排出。一般母兔刺激后10～12 h排卵，人工授精在刺激排卵后2～8 h内受胎率最高；自然交配则在发情旺期，阴道黏膜呈大红色时配种受胎率最高。这种特性对生产是有益的，可合理安排配种。如果母兔在发情期内未接受任何刺激，成熟的卵泡会逐渐老化衰退，被吸收，而不排出。

人工刺激排卵注意以下几点：一是刺激排卵用于人工授精或频密繁殖；二是外源激素不宜长期连续使用，以免出现子宫壁增厚现象，影响繁殖性能；三是最后采用结扎了输精管的公兔进行交配刺激。

3. 双子宫型

家兔有两个互不相连的子宫，各自开口于阴道。这使母兔有时会出现双重孕现象，即第一批胎儿产出后，隔数小时，甚至几天后又产出第二批胎儿。这是两次受孕，胎儿各自在一侧子宫发育的结果。

4. 卵子大，发育快

家兔的卵子是目前所知的哺乳动物中最大的卵子，直径约为 160 μm，发育快，是在卵裂阶段最容易在体外培养的哺乳动物卵子，为家兔研究及医学研究提供了理想材料。

5. 早、晚性活动旺盛

家兔的性活动有一定的规律性。在一天内，日出前后 1 h、日落前 2 h 和日落后 1 h 性活动最强烈，此时配种率较高。掌握这一规律，便于合理安排一天配种时间。

6. 夏季不育

这主要是针对公兔。在炎热的夏天，当外界环境温度超过 32℃时，公兔食欲减退，性欲降低，睾丸体积缩小，精液品质下降。表现为精液量减少，精子浓度降低，精子活力下降，畸形率增加，从而引起配种困难，繁殖力下降。为提高公兔繁殖力，保证一年四季可配种，必须人为改造环境，使公兔长期处于 22～28℃的环境下，同时减少饲养密度，增加空气流通。

7. 母兔假孕

表现为怀孕持续 16～18 d，期间出现拒绝公兔配种、乳腺发育、食欲增加、衔草做窝等表现。实际生产中，假孕现象高达 20%～30%。

假孕会延长母兔的产仔间隔，给生产带来损失，因此生产上可从以下方面加以注意：一是确保公兔精液的品质；二是采用重复配种的方法，确保配种的成功率；三是繁殖母兔单笼饲养；四是发现假孕母兔对其注射外源激素，促使下一次发情，假孕结束后立即配种，受胎率极高；五是公母兔有生殖系统炎症及时治疗，若治疗后无效者，及时淘汰。

8. 胚胎损失率高

母兔肥胖、过度消瘦，另外让母兔有高温应激和惊吓应激等因素都会让母兔出现胚胎损失率高。

公、母兔的使用年限一般为 3～4 年。如果家兔体质健壮，同时饲养管理合理，种兔的使用年限可延长 0.5～1 年。衰老的种兔强行配种其胚胎损失率高。

9. 皮脂腺与繁殖关系

与其他畜禽相比，家兔有 4 对特殊的皮脂腺，即白色鼠蹊腺、褐色鼠蹊腺、浅颌下腺和直肠腺，这 4 对腺体可分泌特殊气体，起到家兔相互识别、引诱异性和指示行踪等作用，与家兔的繁殖有密切关系。

二、家兔的发情及配种技术

母兔的发情是由于母兔卵巢的卵泡发育和成熟时，卵泡内的卵泡内膜细胞产生一种雌激素，这种雌激素能促进母兔表现出发情期的一系列生理变化。

(一)发情周期

在适宜繁殖的时间，母兔的发情周期不像其他家畜有严格准确的周期性，其变化范围较大，发情周期多集中在 8～15 d，持续 3～4 d。

(二)发情表现

1.行为变化

活跃不安，爱跑跳，乱刨笼底板，脚用力踏笼底板作响。吃食少，常在饲槽或其他用具上摩擦下颚，俗称“闹圈”。性欲强的母兔还会主动接近和爬跨公兔，甚至爬跨自己的仔兔或其他母兔。当公兔爬跨时，母兔站立不动，臀部抬起，举尾，以迎合公兔交配。

2.生殖道变化

母兔的外阴部变得松弛、潮红、肿胀和湿润。发情初期阴道黏膜多呈现粉红色；发情旺期为大红色；发情后期为紫红色；不发情为苍白色。这就是俗话说的“粉红早，黑紫迟，大红正当时”。正确地掌握母兔的发情表现，做到适时配种，是提高受胎率的关键。但是在生产中有些母兔外阴部变化不够明显，需要注意观察其行为和外阴部是否湿润，如阴唇湿润含水，即使粉红，也极容易接受交配，特别是外来品种。反之，即使红肿，但不湿润，配种也很困难。这些发情表现，一般母兔持续 3～4 d，这个时期称为发情期。

(三)发情特点

1.发情季节

四季均可发情，但粗放的饲养以及夏季和冬季则表现性欲差，而且发情体征不明显，配种受胎率低，产仔数少。

2.产后发情

家兔产后不同时间配种，其受胎率不同。母兔在分娩 1～2 d 即有发情表现，配种后受胎率高达 80%～90%，尤其以公母兔混合饲养表现更为突出。随后随母兔泌乳量增加和膘情下降其受胎率有所下降，分娩后第 4 天达最低，受胎率低一直持续到产后第 14 天，之后受胎率又之间提高，至断奶后 3 d 左右又表现发情，配种后受胎率较高。这种产后不同时间受胎率不同的现象，为生产确定不同的繁殖制定提高了依据。

3.不全发情

母兔发情时由于缺乏某些方面的变化，表现出不全发情，其表现为有发情体征但无性欲，解决交配；有卵泡发育和生殖道变化但无食欲及行为变化；有卵泡发育但无发情体征。生产中，母兔表现不全发情的高达 30%。

(四)配种技术

正确的配种技术和方法是家兔规模化、标准生产的重要措施之一。

1.配种前的准备工作

(1)制定配种的计划。为了防止乱配种和近亲繁殖，需有计划地使用种公兔。配种计划要根据选育目标和生产目的而制定。因此，对种兔要建立系谱，以便查找亲缘关系。然后根据系谱、繁殖力和生产性能，编制出配种计划表（表 3-2、表 3-3、表 3-4）。

表 3-2　种兔配种记录

配种日期	受精母兔		与配公兔		母兔繁殖情况			备注
	品种	耳号	品种	耳号	是否受孕	预产期	产仔数	

表 3-3　种兔生长发育记录

品种	耳号	性别	出生日期	断奶		月龄				月龄				月龄				月龄			
				日期	体重	日期	体重	体长	胸围	日期	体重	体长	胸围	日期	体重	体长	胸围	日期	体重	体长	胸围

表 3-4　种兔卡片

品 种		毛色		初配年龄	
耳 号		奶头数		初配体重	
性 别		出生日期		来源	

(2)清理种兔群。按照公母比例，每只公兔可负责 5～10 只母兔的配种。一般纯种兔按 1∶(5～6)的比例配种，杂交兔生产可按 1∶(8～10)的比例配种。对于年老兔，体弱有病、性欲低、生产性能低、泌乳力差、母性不强、有恶癖的兔，都不能作种用，应当予以淘汰。

(3)饲养管理要点。配种准备期除一般饲养上应注意的事项外，还应强调以下几项：

a. 公母兔每天应增加运动量，有充足的光照；

b. 公兔应增喂动物性饲料，如蚕蛹、鱼粉、血粉或鱼肝油等。在缺青绿饲料的季节，公母兔须保证维生素 A、维生素 E 的供给，冬季补加发芽大麦、胡萝卜等，能促进发情。公兔必须定期进行精液品质检查；

c. 毛用兔仔交配前 2～3 d，应将公兔生殖器周围的长毛剪去，以免妨碍交配的顺利进行；

d. 由于公母兔在换毛期需要大量蛋白质形成绒毛，势必影响正常精液的形成与胚胎的发育及泌乳，所以换毛期不宜进行繁殖，而且也不易受孕。因此，安排繁殖计划时，可适当避开此期；

e.配种前必须清除兔笼内的粪便和污物，特别是公兔笼还要检修笼底板，防止配种时发生外伤事故。公兔笼内的饲槽、水槽等最好在配种前移出笼；

f.做好配种记录。

(4)配种禁忌。

a.身体过肥和过瘦者不宜交配；

b.患阴道炎、梅毒等生殖器官疾病者不得交配；

c.不到初配年龄的不配；

d.喂料前后1 h不宜配种。

2.配种

(1)配种季节。兔子虽然一年四季都可以繁殖，但也仍有其季节性。一般春、秋两季是繁殖家兔的黄金季节。但如果能做到冬季防寒，夏季防暑，加强饲养管理，保持环境清洁卫生，保证兔子的健康体质，则可四季繁殖。

(2)配种时间。春、秋两季安排在上午8～10点，夏季利用清晨和傍晚，冬季利用中午进行。

(3)配种。将适宜配种的母兔放入公兔笼内进行交配，不能把公兔放入母兔笼内，因为公兔需要很长时间才能熟悉陌生的环境，以至影响配种。公兔追逐母兔几圈后，母兔后肢支起，尾部抬起，公兔爬到母兔后背，用前爪揉搂母兔体侧，臀部快速抽动，阴茎插入阴门，即行射精。射精后，公兔后肢蜷缩，随即由母兔身上滑倒，同时伴随"咕咕"的叫声。片刻爬起，并频频顿足，母兔阴部沾有湿的黏液，证明顺利交配。交配后，工作人员立即在母兔臀部轻轻拍击一下，这样母兔后驱紧张，阴道收缩即可将精液深深吸入，防止倒流，易于受胎。经过10～20 min后，工作人员轻稳地用一只手抓颈皮，另一只手托臀部，将母兔送回原笼。

母兔配种后，应马上填写配种记录。公兔每配2 d休息1 d。

在配种的过程中，母兔对公兔有强烈的选择性，发情母兔在笼中奔跑，逃避公兔，不愿意交配。在这种情况下，应当把母兔调换给其他公兔配种。

3.配种方法

家兔的配种方法有自然交配、人工控制配种和人工授精三种。

(1)自然交配。指公母兔在群养条件下，母兔发情后与公兔自由交配。这种交配方法的优点是省事省力，配种及时，并可减少母兔的失配。缺点是：

a.无法进行有计划的选种，也弄不清后代的血统，易造成近亲交配而使兔群的品质退化；

b.无法控制公兔交配次数，会大量消耗公兔体力，影响健康，缩短了公兔的使用年限；

c.不易确切记录配种日期，无法估计预产期，易造成流产和意外事故；

d.容易传染生殖道疾病，危害兔群。

因此，生产中此方法很少用。

(2)人工控制交配。也叫人工辅助交配。指公、母兔平时分开饲养，当母兔发情并接受交配时，才将母兔捉到预定选配的公兔笼中进行交配，交配后将母兔捉回原笼。此法的优点是：

a. 可做到有计划地选配和分娩，避免近亲交配、早配，防止兔群退化；

b. 便于做好分娩前的各项准备，减少外伤和流产等；

c. 可控制公兔交配次数，保持公兔旺盛的性机能，延长其使用年限，提高公兔的利用率。

此方法的缺点是公兔的利用率不高，配种适期较难掌握。总之，此方法比自然交配法先进，优点多于缺点，在目前的生产中，家兔养殖者普遍采用此方法。

(3) 人工授精。人工授精是家兔繁殖改良最经济、最科学的方法。它是利用人工方法采集公兔的精液，经检查和稀释后，再用输精管输入母兔生殖道内并使其怀胎的一种方法。它与自然交配相比较，有许多优点：

a. 提高优良公兔的配种效率。1 只公兔的配种能力可比自然交配提高 6～15 倍，因此可迅速改进兔群的生产性能，加快兔群改良的速度；

b. 减少一般公兔的饲养头数，节省劳力、饲料、降低生产成本；

c. 精液经过检查，其质量得到保证，因此有利于提高受胎率；

d. 避免了公、母生殖器的直接接触，能防止生殖道疾病的传播；还可克服体型大的良种公兔与体型小的母兔交配不便等繁殖障碍。

此方法是目前养兔业中最经济和科学的配种方法，但要求有熟练的操作技术和必要的设备。

4. 家兔的人工授精技术

(1) 器材制作。人工授精需要的器材有假阴道、输精管、集精瓶、显微镜、注射器、胶头接管、载玻片、针头、稀释液及激素等。

①假阴道的制作。假阴道由外壳和内胎两部分组成。外壳由两个孔径不同的硬橡胶管组合衔接而成，一个长为 5～6 cm，外径为 4 cm，内径为 3.5 cm；另一个长为 7～8 cm，外径为 3.5 cm，内径为 3 cm。内胎可用医用引流管或乳胶管制成，长为 13～14 cm。

先将乳胶管装进外壳后拉平，管口两端各留 2 cm 左右，将一端外翻套在外壳上，在另一端，把乳胶管拉直，然后旋转 270°，将其外翻套在外壳上，要有一定紧度，以便产生压力。固定好后对光，在乳胶管的中间见米粒大小的亮点即可。若不见亮点或亮点过大都应适当调整松紧度。

②输精器的制作。输精器由输精管和注射器组成。输精管是用纤维塑胶制成的透明的、有一定硬度和弹性的圆柱形长管，管长为 22 cm 左右，外径为 3.0～3.5 mm，内径为 1.0～1.5 mm，用胶头接管把输精管的一端与注射器相连即成。

(2) 采精前的准备工作。

①器材消毒。人工授精用的注射器、输精管、集精瓶、针头及存放稀释液的瓶子等均要清洗消毒，先用 70%酒精浸泡 3～5 h，然后用生理盐水或蒸馏水反复冲洗，把残留的酒精冲洗掉，至消除酒精异味为止，使用时最好把这些器材烘干或晾干。如果器材消毒不严，会影响精液品质，使受胎率降低或使母兔患生殖道疾病。

②配置稀释液。根据精子的生理特性，采集的精液经特制的稀释液稀释后，才能用于输精。加稀释液的目的是为了扩大精液量，增加输精母兔只数，提供精子营养，中和副性腺分泌物对精子存活的有害作用，缓冲精液的酸碱度，从而延长精子存活时间，便于精液保存和运输。

常用的稀释液有：生理盐水、5%～7%的葡萄糖、11%蔗糖、脱脂牛奶、葡萄糖、柠檬酸钠、卵黄等。以上各种稀释液均按每10 mL加青霉素、链霉素各10万单位，目前，生产实践中常用的是0.9%氯化钠注射液或5%～10%葡萄糖氯化钠溶液。

配置稀释液的注意事项：一是药品称量要准确；二是用具要清洁、干燥，事先灭菌消毒，所用试剂要新鲜、纯净；三是溶解后隔水煮沸15 min，冷却后加入卵黄和抗生素，卵黄是很好的防冷保护剂。稀释液最好现用现配，不要久存。

③刺激排卵。母兔为刺激性排卵动物，发情后不经交配或药物刺激不会自动排卵。因此，人工授精前必须刺激其排卵。生产上常用方法是对发情母兔静脉注射或肌肉注射绒毛膜促性腺激素（HCG）或黄体素（LH）0.5～1.0 mg/kg体重，或采用促排卵素3号（LRH-A3），每支剂量为25 mg、100 mg两种（粉剂），稀释后每只兔肌肉注射分别为0.5 mg和2～5 mg。

④采精前要先剪短外生殖器周围被毛，特别是毛用兔，以利于采精和减少精液的污染。

（3）人工授精。这一过程主要包括采精、精液检查、精液稀释、精液保存和输精。

①采精。将安装好的假阴道放入盛有沸水的水盆中，进行消毒。采精时，将母兔放入公兔笼内让公兔爬跨，采精人员用左手抓住母兔双耳及颈皮，注意不让其自然交配，大拇指与食指夹住集精瓶，右手从沸水中拿出假阴道，用力甩干假阴道内的水，同时注意控制温度，阴茎对温度极为敏感，当温度降至40～50℃时，就可套在集精瓶，把假阴道置于母兔两后肢之间的阴门处，使其与地面呈30°角。握假阴道时，食指最好超过假阴道口，感觉公兔阴茎挺出的方向，小指紧握集精瓶，以防脱出。待公兔爬跨母兔时，假阴道口对准阴茎伸出的方向，以迎合阴茎伸入假阴道内，射精后公兔发出"咕咕"的叫声，后肢蜷缩向一侧倒下，表示射精结束，此时应立即将假阴道口朝上，以防精液倒流，然后取下集精瓶，对精液进行检查。

②精液品质的检查。精液品质检查的目的在于确定所采精液能否输精和确定精液的稀释倍数。精液由精子和精清两部分组成，精清是副腺性腺及生殖道的分泌物，组成精液的液体部分，精子在显微镜下观察可见头部呈椭圆形，有一个很长的尾巴，形似蝌蚪。

检查的内容主要有：

a.颜色和气味：正常公兔的精液呈淡乳白色，具有特殊的腥味，一般含精子多的精液色泽较浓而混浊。如混有尿液则带黄色，生殖器有炎症出血的带红色，清水样的为稀精或无精子。如肉眼也能见精液中呈云雾状翻滚，表示精子活力很强，密度大。

b.射精量：指公兔一次射出的精液量。它直接影响到母兔的输精只数，一般公兔的精液量很少，在0.2～2.0 mL，平均为0.8 mL左右。精液量与年龄、季节、营养及性心奋程度有关。

c.酸碱度：精液的酸碱度可用石蕊试纸或酸度计来测定。正常的接近中性，即pH为6.8～7.5。当精液品质不好时，pH要发生变化，可能与患附睾炎、睾丸萎缩症有关；有时精液中混有尿液也会使pH变为碱性。pH偏碱，精子的受精能力、生活力都会显著下降。

d.活力：活力主要通过显微镜检查，活力是评定精液品质的一个重要指标，是指精子运动的能力，评定方法是直线运动的精子数占总精子数的百分比。公兔的精子活力在0.5级以上方可用于输精；在0.5级以下则受精率很低。不同季节的精子活力差异十分明显，对于长兔毛，7～9月平均活力仅0.2级；12月至次年1月平均活力为0.51级；肉兔普遍比毛兔好。

e. 密度：精子密度是指单位容积内所含有的精子总数。精子密度是决定精液稀释倍数的主要依据，常用的有估测法和计数法两种。

f. 精子的畸形恋：指形态不正常的精子数占总精子数的百分比。畸形精子缺乏受精能力，当精子的畸形率超过20%时，则不宜作输精用。畸形精子是由于精子的生长发育过程受到破坏，饲养不良、采精过频、采精方法错误和处理精液不当等都可引起精子变形。畸形精子种类很多，常见的有弯尾、尾部卷曲的、断尾的、双头的、小头的、有尾无头等。

③精液的稀释。稀释倍数要根据精子的活力、密度来决定，一般为4～10倍，在精液与稀释液温度、酸碱度相同的情况下，将稀释液沿集精瓶内壁慢慢加入精液中，混合均匀后作一次活力检查，若无问题即可输精。

④精液保存。精液采出后最好不振动，因振动会使精液中的CO_2逸出，使精子吸氧增加，活力增强，耗能加快，保存时间缩短。还应避免强光直射，强光会刺激精子加速运动，缩短存活时间。精液稀释后如暂时不用，要进行保存。由于精子运动速度的快慢与温度高低有关，如将温度降到一定程度，可使其运动减弱或停止运动。一般保存的方法有两种：

a. 冷冻保存：用甘油的防冻剂稀释精液，保存在－79℃的CO_2中或－196℃的超低温度液氮中。精子在这种温度下代谢活动停止，可长时间保存。

b. 液态保存：保存时间短，常分为低温和常温两种。低温保存是在0～5℃环境中，可保存几天，保存时应注意稀释后的精液要缓缓地降到5℃。

⑤输精。输精是将精液注入母兔的子宫内，是人工授精技术中最关键一步，通常在排卵处理后的2～5 h内。用经过消毒、稀释液冲洗过的输精器吸取精液0.5～0.8 mL，左手抓住母兔臀部和尾巴使母兔与地面呈60°角，右手翻开阴唇，然后将输精器慢慢插入阴道内。如插入时比较困难，不能硬插，以免伤害生殖道。插入阴道内6～8 cm，并来回扭动以刺激母兔，同时输入精液，最好一边输精一边抽出。然后肌肉注射激素，注射完后用手拍打兔臀部，使阴道收缩而吸入精液。一般每输精一次要更换一根输精管，以防疾病传染或种兔血缘混杂，人工授精结束后，对所有器具都要冲洗干净，并晾干后保存。

(4)家兔人工授精注意事项。

①整个操作过程要严格执行消毒制度；

②采精时假阴道的温度应保持在39～40℃；

③稀释液现配现用。

三、家兔的妊娠诊断与分娩接产技术

(一)妊娠诊断

在配种或人工授精后，及早进行妊娠诊断，对于保胎、减少空怀、增加畜产品和提高繁殖力有重要意义。

妊娠诊断方法有多种，常用的有外部观察法、摸胎法，近年来有孕酮放射免疫法和超声波检查法等。

(1)外部观察法。母兔配种后第5天，将其放到公兔笼中让公兔追逐、爬跨，如果母兔不接受公兔的交配，在公兔笼转或夹着尾巴伏在一角，毫无交配的表现，就有妊娠的可能。

到配种后 16 d 可以再进行一次试情，以便进一步确诊。同时，结合观察母兔食欲比以前增加，比以前好静不好动，毛的色泽变得光亮，体重有较明显的增加，这些都可能是妊娠的征兆。

(2)摸胎法。这是生产上用得最普遍的方法。此法较准确，一般在交配后 10～12 d 即可进行，有经验的人在 8～9 d 即能摸胎确定。具体方法是：饲喂前空腹进行，摸胎者把母兔抓放在桌上或地上，兔头朝向摸胎人的胸部，一手掌向上用拇指和食指做“八”字形，从前向后轻轻顺下腹两旁摸，如腹部柔软如棉，表示为未受孕，如摸到像花生米大小能滑动的肉球，就表明受孕了。

摸胎要温、稳、准、轻。所谓温，即抓兔时动作要轻柔，不可强行抓捕；稳，即稳定情绪，抚摸其被毛，使其安静，停止挣扎后再摸；准，即动作要规范，手型和触摸的位置要准确；轻，触摸时手法要轻，不可将胚胎硬捏，以免胚胎死亡和母兔流产。

注意与子宫瘤和肾脏的区别。子宫瘤大小不一，生长速度一般较慢。体型大而膘情差的兔，肾脏周围脂肪少，肾脏下垂，使初学者容易与 18～20 d 的胚胎混淆。

(3)孕酮水平测定法。孕酮是着床前胚胎存活和维持妊娠的必要激素，在血液、乳汁中均含有。用放射免疫法测量，初步确定以血浆孕酮浓度 7 nμg/mL 为妊娠的判断标准，高于 7 nμg/mL 者为妊娠母兔，低于者即为未孕。最早能判断妊娠的时间是交配(或人工授精)后第 6 天。此法设备要求高。

(二)分娩接产

(1)接产的准备工作。一般在妊娠的第 28 天，将产房进行清理和消毒，里面放些柔软而干燥的垫草，让母兔熟悉环境。冬季和夏季，应做好产房内环境温度的控制工作，给母兔产仔一个适宜的环境。

(2)分娩接产。母兔怀孕到 29～31 d，胎儿发育完全，有母体排出体外的过程，称为分娩。分娩前待产母兔有一些征兆，如腹部膨大、乳房增大、并可从乳头挤出乳汁、外阴部肿胀充血、黏膜潮红湿润、常爱卧在笼里休息，临产前几小时或 1～2 d 开始，食欲减退、厌食、拉毛做窝等。但有的母兔分娩前不拉毛做窝(初产兔较多)。临产时，子宫收缩阵痛，顿足，不安，四爪刨地，排出胎水，仔兔便顺次连同胎衣(胎盘)等一并产出。母兔分娩过程一般需 10～20 min，也有少数母兔产一批仔兔后，间隔数小时再产第二批仔兔。母兔产仔后会感到口渴，因此在产前要准备好充足而清洁的水，否则母兔产后可能因喝不到水而吃掉仔兔，若养成“食仔癖”，很难纠正。产仔结束后，及时清理产仔箱，清点仔兔数量，如果发现仔兔过少，要检查母兔的腹部是否还有仔兔，最后测定窝重和个体重，做好记录。

母兔产仔夜间所占的比例较大，经过长期培育的现代兔种白天分娩的比例也逐渐增多。如果母兔正值白天分娩，可用物品将强光遮挡，防止光线直射母兔。

(3)人工催产。以下情况需要进行人工催产处理：妊娠期超过 32 d 以上，没有分娩迹象；母兔产力不足，不能在正常时间完成分娩；母兔有“食仔癖”，需要在人工监护下产仔；冬季分娩，仔兔有冻死的可能。

人工催产有两种方法：一是激素催产；二是诱导分娩。

a. 激素催产。选用人用催产素(脑垂体后叶素)注射液，每只母兔肌肉注射 3～4 U，正常越 10 min 便可产仔。激素的注射剂量应根据母兔的体型和怀胎的个数灵活掌握。此方法见效快，产程短，要人工护理仔兔。

如遇胎位不正，不能使用此方法。

b. 诱导分娩。通过外力作用于母兔，诱导母兔催产激素的释放和子宫及胎儿的运动，而顺利将胎儿娩出的过程。分为以下四步：

第一步，拔毛。将待产的母兔取出，置于干净而平坦的桌面，左手抓住母兔耳朵及颈部皮肤，将其翻转身体，腹部向上，右手拇指、食指和中指捏住乳头周围的毛，一小撮一小撮地拔出。将乳头周围 2 cm 半径的毛都拔去。

第二步，吮乳。选择产后 5～10 日龄的 8 只以上的仔兔，仔兔发育正常，6 h 内没有吸奶。将待产母兔放入仔兔笼内，保定好待产母兔，让仔兔吮吸待产母兔的乳头 3～5 min，随后将待产母兔取出。

第三步，按摩。将干净的温毛巾敷在待产母兔的腹部，轻轻按摩 1 min，要有节奏地上托腹肌、按摩腹壁和乳头，同时手感母兔腹壁的变化。

第四步，观察和护理。将母兔放入已经准备好的产房内，一般 6～12 min 母兔即可分娩。

诱导分娩的注意事项：一是逼不得已不使用此方法。此方法是对母兔的应激，而且初乳被其他仔兔食用；二是仔兔吮吸待产母兔的时间不能低于 3 min，但是也不能超出 5 min；三是仔兔一定选择 5～10 日龄，此时仔兔吮吸的力量是最有利于待产母兔诱发分娩反应的；四是此方法得当，母兔的分娩比分娩的时间 短，要注意产后护理。

思考与练习

一、简答题

1. 家兔的繁殖规律及特点。

2. 配种准备期，除一般饲养上应注意的事项外，还有哪些？

3. 人工授精在家兔配种中的优点和注意事项。

4. 家兔配种采用人工授精的关键技术要点。

5. 早期进行妊娠诊断的意义。

二、判断题

1. 自然交配是生产中家兔配种的最适宜方法。（　　）

2. 激素进行待产母兔催产时，工作人员要注意母兔体型、体重等因素。（　　）

3. 诱导分娩的方法不能随便使用。（　　）

三、单项选择题

1. 家兔正常妊娠的时间为（　　）。

A. 60 d 左右　　B. 30 d 左右　　C. 50 d 左右　　D. 114 d 左右

2. 家兔的人工授精在刺激排卵后（　　）h 内受胎率最高。

A. 12　　B. 1～2　　C. 2～8　　D. 0.5～1

3. 公兔一般在（　　）季不育。

A. 春　　B. 夏　　C. 秋　　D. 冬

4. 母兔的子宫是(　　)。

A. 单子宫　　B. 双子宫　　C. 双角子宫

5. 母兔的阴道黏膜正值(　　)色时，为配种的最后时段。

A. 粉　　B. 大红　　C. 白　　D. 紫红

6. 冬季，家兔配种的最好在(　　)时间。

A. 中午　　B. 清早　　C. 半夜　　D. 傍晚

7. 母兔生产中，一定要准备充足的(　　)，防止母兔生产完后出现“食仔癖”。

A. 青草　　B. 干草　　C. 饲料　　D. 水

任务三　兔场繁殖计划的制定

【任务介绍】

传统养兔配种模式，家兔随时发情，随时配种，工作强度大，管理繁琐，生产效率低，养殖效果差。借鉴国外养兔先进经验，结合我国国情，制定合适的繁殖计划，可以提高生产效益。

【任务分析】

《动物繁殖》是学习本任务前导课程，在掌握家兔的生殖生理特征的基础上。根据环境因素和家兔品种特征等因素，科学地制定配种计划和确定繁殖模式，做好兔场繁殖工作。

【任务实施】

一、家兔的繁殖模式

传统养兔，母兔的配种模式基本都是什么时候发情，什么时候配种。因此，在一个中等规模的兔场，会出现天天检查，天天配种，天天产仔的现象，不仅工作强度大，技术规范难，管理繁琐，而且养殖效果不理想。我国不断吸取国外养兔的先进经验，结合我国国情，制定出了不同的繁殖模式，以提高生产效益。

繁殖模式，即家兔在繁殖过程中遵循的程序，是生产单位对家兔繁殖周期和繁殖频率控制的总程序以及相应的配套技术。其中核心是繁殖周期的长短，即母兔产后配种时间和仔兔的断奶时间。具体讲，繁殖模式应包括以下内容：兔群 1 年繁殖几胎，胎次如何安排，何时配种，何时断奶，采取什么样的配套技术和生产工艺等。

养殖场可结合各自的生产实际，选择适宜的繁殖模式，最大限度地发挥种兔的生产能力，使养兔的效益最大化。我国常见的种兔繁殖模式如下：

1. 频密式繁殖模式

该模式又称集约化繁殖模式 。母兔产后 3 d 配种(包括分娩的当天)，仔兔 4 周龄内或 4 周龄断奶，繁殖周期是 31～33 d，每年繁殖 8 胎及以上。

2. 半频密式繁殖模式

该模式又称半集约式繁殖模式。在母兔泌乳期进行配种，使泌乳和妊娠同时进行，但要把胎儿发育旺盛期和泌乳高峰期错开。一般在产后 8～15 d 配种，仔兔 4～5 周断奶，繁殖周期为 35～62 d，每年可繁殖 5～6 胎。

3. 延期繁殖模式

母兔产后 31 d 以后配种，一般是在断奶后配种，仔兔 5 周或 5 周龄断奶，繁殖周期在 66～73 d，每年可繁殖 4 胎。

4. 年产 6 胎复合繁殖模式

此繁殖模式对我国中原地区兔场较适合。夏季的高温高湿和冬季缺乏供暖、保暖设备都对繁殖有影响，在这样的情况下，本模式则是充分利用春、秋两个黄金季节，充分利用家兔产后即可发情的生理特点，采用频密模式、半频密模式和延期模式 3 种繁殖手段相结合，在 1 年内繁殖 6 胎的高效繁殖模式。具体流程参见表 3-5。

表 3-5　年产 6 胎复合繁殖模式工作流程　　d

胎次	配种日期	产仔日期	断奶日期	哺乳时间	休养时间
1	2 月上旬	3 月上旬	4 月下旬	30	－28
2	3 月上旬	4 月上旬	5 月上旬	35	－20
3	4 月中旬	5 月中旬	6 月下旬	42	45
4	8 月中旬	9 月中旬	10 月中旬	30	－28
5	9 月中旬	10 月中旬	11 月中旬	35	－20
6	10 月下旬	11 月下旬	翌年 1 月上旬	42	30

注：休养时间是指从仔兔断奶到下次配种的间隔时间。负数表示没有休养时间，采用频密模式或者半频密模式繁殖，泌乳和妊娠的重合时间。

（资料来源：谷子林．獭兔标准化生产技术．北京：金盾出版社，2008）

5. 56 d 繁殖模式

将母兔群分为 8 组，每周配种一组，56 d 的繁殖周期，一年繁殖 6.5 胎，此模式可以固化为每天的工作，降低员工的工作强度，提高管理效果。具体流程参见图 3-1 和表 3-6。

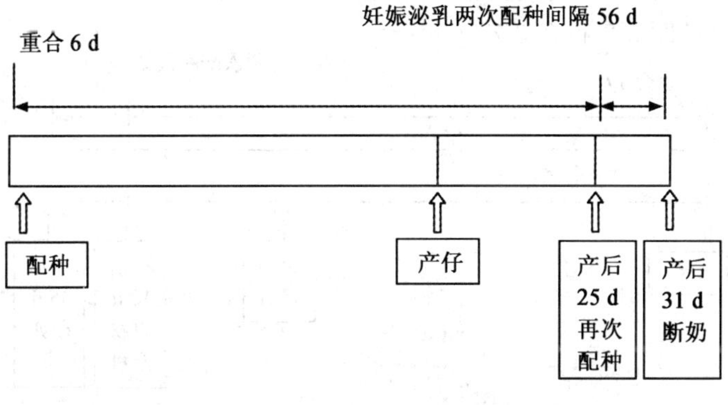

图 3-1　56 d 繁殖模式

（资料来源：谷子林．獭兔标准化生产技术．北京：金盾出版社，2008）

表 3-6　56 d 繁殖模式工作流程

周次	周一	周二	周三	周四	周五	周六	周日
第一周	配种-1						
第二周	配种-2					摸胎-1	
第三周	配种-3					摸胎-2	
第四周	配种-4					摸胎-3	
第五周	配种-5	放产箱-1		接产-1	接产-1	摸胎-4	
第六周	配种-6	放产箱-2		接产-2	接产-2	摸胎-5	
第七周	配种-7	放产箱-3		接产-3	接产-3	摸胎-6	
第八周	配种-8	放产箱-4	撤产箱-1	接产-4	接产-4	摸胎-7	
第九周	配种-1	放产箱-5	撤产箱-2	接产-5	接产-5	摸胎-8	断奶-1
第十周	配种-2	放产箱-6	撤产箱-3	接产-6	接产-6	摸胎-1	断奶-2
第十一周	配种-3	放产箱-7	撤产箱-4	接产-7	接产-7	摸胎-2	断奶-3
第十二周	配种-4	放产箱-8	撤产箱-5	接产-8	接产-8	摸胎-3	断奶-4
第十三周	配种-5	放产箱-1	撤产箱-6	接产-1	接产-1	摸胎-4	断奶-5
第十四周	配种-6	放产箱-2	撤产箱-7	接产-2	接产-2	摸胎-5	断奶-6
第十五周	配种-7	放产箱-3	撤产箱-8	接产-3	接产-3	摸胎-6	断奶-7
第十六周	配种-8	放产箱-4	撤产箱-1	接产-4	接产-4	摸胎-7	断奶-8
第十七周	配种-1	放产箱-5	撤产箱-2	接产-5	接产-5	摸胎-8	断奶-1

（资料来源：谷子林. 獭兔标准化生产技术，2008）

6. 49 d 繁殖模式

将母兔群分为 7 组，每周配种一组，进行轮流繁殖，49 d 一个繁殖周期，1 年繁殖 7.4 胎。分 7 组不是简单将母兔分开，而是每次挑选发情好的配种，集中不发情的先催情再配种。到第二个循环开始(第八批)，每周一配种的兔子不可选择，固定来自产后 18 d 和 14 d 前配种没有受胎的和更新的后备兔。此模式可固化为每天的工作，降低员工的工作强度，提高管理效果。具体流程参见图 3-2 和表 3-7。

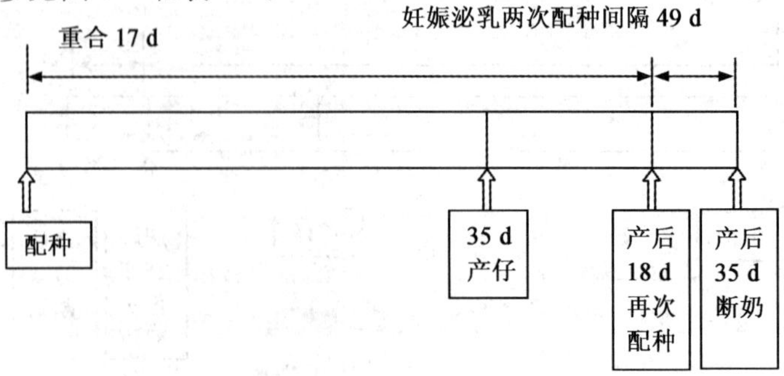

图 3-2　49 d 繁殖模式

（资料来源：谷子林. 獭兔标准化生产技术. 北京：金盾出版社，2008）

表 3-7　49 d 繁殖模式工作流程

周次	周一	周二	周三	周四	周五	周六	周日
第一周	配种-1						休息
第二周	配种-2				催情-3	摸胎-1	
第三周	配种-3				催情-4	摸胎-2	
第四周	配种-4				催情-5	摸胎-3	
第五周	配种-5	放产箱-1	产仔-1	产仔-1	产仔-1 催情-6	摸胎-4	
第六周	配种-6	放产箱-2	产仔-2	产仔-2	产仔-2 催情-7	摸胎-5	
第七周	配种-7	放产箱-3	产仔-3	产仔-3	产仔-3 催情-1	摸胎-6	
第八周	配种-1	放产箱-4 产仔-4	撤产箱-1	产仔-4	产仔-4 催情-2	摸胎-7	

（资料来源：谷子林．獭兔标准化生产技术．北京：金盾出版社，2008）

7．42 d 繁殖模式

将兔群分为 6 组，每周配种一组，进行轮流繁殖，42 d 为一个繁殖周期，1 年繁殖 8.7 胎。此模式采用同期发情→人工授精→妊娠诊断→同期分娩→同期断奶等繁殖技术的配合。与其他家畜不同，家兔在泌乳期进行人工授精，因此，有一段时间母兔可同时哺乳和妊娠，这对母兔的体况和代谢能力都是挑战，此时必须供给母兔充足和较高的营养，但这种高密度的繁殖模式，可以充分发挥母兔的繁殖潜力，同时具有高效益、简单易管理的特点。此模式可固化为每天的工作，降低员工的工作强度，提高管理效果，但要求兔场必须有“全进全出”的现代养殖制度配合，如果条件不允许，至少要在一栋兔舍内将不同批次的母兔分开饲养。此模式是目前生产上应用最广泛高效的繁殖技术。具体流程参见图 3-3 和表 3-8。

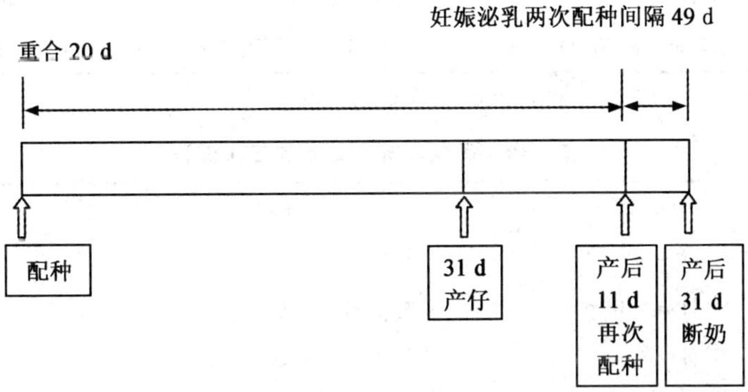

图 3-3　42 d 繁殖模式

（资料来源：谷子林．獭兔标准化生产技术．北京：金盾出版社，2008）

表 3-8　42 d 繁殖模式工作流程

周次	周一	周二	周三	周四	周五	周六	周日
第一周	配种-1						
第二周	配种-2					摸胎-1	
第三周	配种-3					摸胎-2	
第四周	配种-4					摸胎-3	
第五周	配种-5	放产箱-1		接产-1	接产-1	摸胎-4	
第六周	配种-6	放产箱-2		接产-2	接产-2	摸胎-5	
第七周	配种-1	放产箱-3		接产-3	接产-3	摸胎-6	
第八周	配种-2	放产箱-4	撤产箱-1	接产-4	接产-4	摸胎-1	
第九周	配种-3	放产箱-5	撤产箱-2	接产-5	接产-5	摸胎-2	断奶-1
第十周	配种-4	放产箱-6	撤产箱-3	接产-6	接产-6	摸胎-3	断奶-2
第十一周	配种-5	放产箱-1	撤产箱-4	接产-1	接产-1	摸胎-4	断奶-3
第十二周	配种-6	放产箱-2	撤产箱-5	接产-2	接产-2	摸胎-5	断奶-4

（资料来源：谷子林. 獭兔标准化生产技术. 北京：金盾出版社，2008）

二、兔场配种计划的制定

兔场应该根据自身的养殖条件、管理水平、家兔品种等综合因素来制定配种计划。条件好者可多繁殖，差者宜少繁殖。下面以獭兔每年繁殖 4～5 胎为例，制定配种技术。具体流程参见表 3-9 和表 3-10。

表 3-9　獭兔年繁殖 4 胎的工作流程

胎次	配种日期	产仔日期	断奶日期
1	1 月 1 日（孕 30 d）	2 月 1 日（哺乳 30 d）	3 月 2 日（休息 8 d）
2	3 月 10 日（孕 30 d）	4 月 9 日（哺乳 30 d）	5 月 9 日（休息 8 d）
3	5 月 17 日（孕 30 d）	6 月 16 日（哺乳 30 d）	7 月 16 日（休息 90 d）
4	10 月 15 日（孕 30 d）	11 月 14 日（哺乳 40 d）	12 月 24 日（休息 8 d）

（资料来源：谷子林. 獭兔标准化生产技术. 北京：金盾出版社，2008）

表 3-10　獭兔年繁殖 5 胎的工作流程

胎次	配种日期	产仔日期	断奶日期
1	1 月 1 日（孕 30 d）	2 月 1 日（哺乳 30 d）	3 月 2 日（休息 8 d）
2	3 月 10 日（孕 30 d）	4 月 9 日（哺乳 30 d）	5 月 9 日（休息 8 d）
3	5 月 17 日（孕 30 d）	6 月 16 日（哺乳 30 d）	7 月 16 日（休息 35 d）
4	8 月 20 日（孕 30 d）	9 月 19 日（哺乳 30 d）	10 月 19 日（休息 7 d）
5	10 月 25 日（孕 30 d）	11 月 24 日（哺乳 30 d）	12 月 24 日（休息 7 d）

（资料来源：谷子林. 獭兔标准化生产技术. 北京：金盾出版社，2008）

思考与练习

一、简答题

我国目前常见的家兔繁殖模式中，对母兔的体况以及养殖场的饲养管理水平是否存在挑战？如果两者都存在挑战，请简述存在的挑战表现在哪些方面？

二、判断题

1. 半频密式繁殖模式是在母兔泌乳期进行配种，使泌乳和妊娠同时进行。（　　）

2. 年产 6 胎复合繁殖模式比较适合我国北方寒冷地区。（　　）

3. 42 d 繁殖模式是目前生产上应用最广泛高效的繁殖技术。（　　）

三、名词解释

繁殖模式

【项目课外拓展】

家兔地窝繁殖技术

（一）地窝的形势和结构

地窝的建造可以根据兔舍内的条件因地制宜，一般在兔舍前面模拟野兔洞穴，用砖砌一个深为 40～60 cm，长宽为（30～35）cm×25 cm 的窝。窝的一侧为通向母兔笼的开口，隧道坡度为 30°左右，高 14～17 cm，宽为 13～15 cm，出口设在母兔笼底板前侧的一角上；窝的另一侧开口于地下，用砖盖住，整个地窝似“烟袋”。地窝应做好防水防潮处理和保持卫生。可建造成地下式、半地下式和地上式。

（1）地下式：地窝全部建在地下，优点是接触底气好，冬暖夏凉，但是进出口坡度长，占地面积大。

（2）半地下式：地窝一般建设在地下，既可接地气，又可节省占地面积。

（3）地上式：要求尽量模仿地下环境，费用较高。

（二）地窝建造的注意事项

（1）要选择地下水位较低的地方，防止从地下向地窝内渗水。

（2）地窝进出口通道不能过长，过陡，长宽高应适宜。尺寸过大易造成仔、幼兔不集中，温度低，吃不上奶等问题，甚至造成死亡；尺寸过小，母兔难以转身。

（3）地窝及隧道建设不能过深，以便管理和保持卫生。

（4）地窝的开口要开启方便，既要有利于家兔运动，又要便于管理。

（三）地窝饲养的管理

（1）腾空的地窝应彻底清理和消毒，先用火焰彻底燃烧杀菌，再用消毒液喷洒，打开地窝开口，晾晒数天，铺上干净的垫草和兔毛（垫草和兔毛的数量视季节和室内温度而定），方可再次使用；使用过程中应根据兔舍温度变化情况，增减垫草和兔毛的数量。

（2）母兔在产前 4～5 d 放入地窝，关闭开口。

（3）母兔放入地窝后，每天打开地窝检查，发现母兔不进地窝或者不撕毛时，应将母兔驱赶到地窝，如果个别仍然不进入地窝，应将其取出，放入常规产房。

(4)母兔产仔后应及时清理地窝卫生，铺上干净的垫草和兔毛，拿出死胎和病伤胎，清点数量，做好记录。地窝繁殖，仔兔的数量应控制在8只内。

(5)产仔后每天上午检查和清理一次地窝，检查仔、幼兔有无死亡、粪便情况、缠毛情况和精神状态，发现问题及时处理。

(四)地窝繁殖的优点

(1)还原了家兔打洞产仔的自然习性，减少了人为的干扰，为仔、幼兔健康生长创造了条件。试验发现采用地窝繁殖，大大降低了母兔产前不拉毛，哺乳期奶水不足，春、秋、冬三季哺乳时间长等现象的出现；同时解决了仔、幼兔掉出产房而死亡等问题；进而大大提高了断奶仔兔的成活率。

(2)地窝繁殖技术减少了人工，大大提高了劳动生产效率。该技术解决了母兔产仔和哺乳过程中的看护、守候和人工哺乳等问题，使一个技术人员可以管理500只种兔，甚至更多，明显提高了生产效率，降低了养殖成本，对于发展现代养兔有重要意义。

(3)地窝繁殖技术同时也是低碳养殖。地窝内冬暖夏凉，夏天和冬天不用增加额外的设备用于家兔繁殖，同时地窝还使家兔的繁殖不受季节影响。

(五)地窝繁殖需要关注的问题

(1)地窝容易受到母兔粪便的污染，要考虑如何清理和消毒地窝、隧道和兔笼底部。

(2)地窝防潮是大事，如何做到地窝湿度恒定需要养殖人员关注。

Project 4

家兔的饲养管理技术

知识目标：

掌握商品肉兔、商品獭兔、商品毛兔的饲养管理技术。

掌握家兔生产性能的评定指标和方法。

技能目标：

熟悉兔场生产岗位各环节的工作。

能设计不同阶段兔的饲养管理方案。

掌握不同类型兔的饲养管理技术。

优良种群生产性能的充分发挥，离不开良好的饲养管理条件。科学规范的家兔饲养管理技术是兔群优质高产的关键。养殖生产过程中应根据品种、生产目的、生长发育各阶段的生理需要、外界环境条件等，提供合理的饲养管理方法，才能保证兔群体格健壮、产仔数量多、成活率高、生长速度快。

任务一　不同生长阶段兔的饲养管理技术

【任务介绍】

要想养好兔，必须熟练掌握家兔不同生长阶段饲养管理的关键技术；针对家兔不同的生长阶段，供应与生长阶段相对应的全价日粮，满足其营养需要，并且加强日常管理。本任务主要介绍：家兔饲养管理基本要求、家兔常规管理技术（捉兔方法、性别鉴定、去势）、不同阶段家兔的饲养管理等。

【任务分析】

学习本任务要熟悉《动物育种学》《动物营养与饲料》《动物繁殖》课程的基本知识，了解家兔的生物学特性，以及家兔的营养需要和饲养标准，具备基本实验操技能，能进行家兔的饲养管理工作。

【任务实施】

一、家兔的一般饲养管理原则

1. 以青饲料为主，精料为辅

家兔是草食动物，具有草食性动物的消化生理结构，所以应以青饲料为主。实践表明，兔不仅能利用植物茎叶（如树叶、青草）、块根（如胡萝卜、甜菜、土豆）、果菜（如瓜类、果皮、青菜）等饲料，还能对植物中的粗纤维进行消化，消化率为 65%～78%。家兔每天能采食占自身体重 10%～30%的粗饲料。对生长、妊娠、哺乳的家兔，单食饲草满足不了家兔对营养的需求，应科学地补充精料及维生素和矿物质等营养物质。通常精料补充量为 50～150 g/(d・只)，占日粮的 30%左右，哺乳期母兔需要更多，可占到 50%. 而我国的小型的家庭兔场多采取这种以草为主（表 4-1）精料补充的"半草半料"养殖方式。尽管规模化兔场多不补充青饲料及青干草，但其配合饲料中粗饲料必须占有相当比例。

表 4-1　不同体重家兔采食的青草量

项目	体重/g							
	500	1 000	1 500	2 000	2 500	3 000	3 500	4 000
采食青草量/g	153	216	261	293	331	360	380	411
采食量占体重/%	31	22	17	15	13	12	11	10

（资料来源：谷子林. 规模化生态养兔技术）

2. 合理搭配青粗饲料、饲料多样化

家兔生长发育速度快，繁殖力高，体内代谢旺盛，需要充足的营养。因此，家兔饲料的组成应多样化，并根据不同饲料所含的养分进行合理搭配，取长补短，使饲料的营养趋于全面、平衡，这样才能满足家兔对各种营养物质的需要。生产中切忌给家兔饲喂单一的饲料，并尽量做到多样化和合理搭配。

3. 定时定量、少喂勤添

家兔是比较贪食的动物，家兔的饲喂一定要做到定时、定量、少喂勤添，这样可以养成家兔良好的采食和消化习惯，有规律地分泌消化液，便于饲料的消化和吸收，也可以提高饲料的利用率。若不能定时给料，就会打乱进食规律，引起消化机能紊乱，造成消化不良，易患胃肠病，使兔的生长发育滞后，体质衰弱。特别是幼兔，当消化道发炎时，其肠壁成为可渗透的，容易引起中毒。因此，生产中要根据兔的品种、体型大小、季节等情况做好饲料的供给，并合理搭配。

4. 更换饲料逐步过渡

饲料的改变会相应地引起消化系统相应部分发生改变，家兔在饲喂过程中，若突然变化饲料，会导致消化机能失调而出现消化机能紊乱，影响家兔的正常生长发育和繁殖。因此，在改变饲料时，一定要逐渐过渡，并依据两种饲料差别的大小，分为 3～4 个阶段过渡，每个阶段更换 1/4～1/3，时间为 5～7 d，否则会引起家兔采食量下降，甚至拒食或引起消化道疾病。

5. 切实注意饲料品质，认真搞好饲料调制

家兔在饲养过程中，要注意饲料的品质。不喂腐烂变质、有毒的饲料，带露水的草不喂，带泥土的草和料不喂，带虫卵和被粪便污染的饲草和饲料不喂，有异味的饲料不喂，被化学药剂污染的草和料不喂，冰冻的饲料不喂，水洗后和雨后的饲料不能马上喂。不饮污浊水，要喂新鲜、优质的饲料，饮清洁水。对怀孕母兔和仔兔尤其要重视饲料品质，以防引起肠胃炎和母兔流产。要按照各种饲料的不同特点进行合理调制，对青、粗饲料要做到洗净、晾干、切细、拌匀等，提高适口性和家兔的食欲，促进消化，达到有利于家兔的健康和防病的目的。

6. 保证充足的饮水

水是家兔赖以生存的重要因素。生产中应保证家兔有充足的饮水，家兔饮用水的质量应符合相关的国家行业标准。一般幼兔处于生长发育的旺盛时期，饮水量要高于成年兔；妊娠母兔的需水量也很大，尤其在母兔产后一段时间，饮水不足往往会导致母兔残食仔兔。此外，高温季节的需水量是平时的 2 倍以上。冬季最好饮温水。

7. 搞好卫生，保持干燥

家兔是喜清洁爱干燥的动物，其抗病力差，因此，搞好兔舍、兔笼的环境卫生并保持相对干燥十分重要。这样可以减少病原微生物的滋生繁殖，从而有效地预防疾病的发生，为家兔的生长繁殖提供良好的环境条件。为此，要每天打扫兔舍和兔笼，并及时清除粪便，垫草要勤换，保持清洁干燥。用具和笼底板等要勤刷洗并定期消毒。

8. 保持安静，防止惊扰

家兔听觉灵敏，胆小怕惊，日常饲养管理操作时动作要轻，一旦有突然的声响或陌生人、动物出现，立即惊慌不安，在笼内乱窜乱跳，影响家兔的生长、配种、分娩和哺乳。因此，在日

常饲养管理操作时动作要勤，应尽量保持舍内外环境的安静，生产中应防御犬、猫、蛇等敌害的侵袭和陌生人突然闯入兔舍。

9.合理分群，分类管理

为了便于管理，有利于兔的健康，兔场应根据家兔的品种、性别、年龄、生产方向和生产方式等，对兔群实行合理分群，分类管理。对种公兔和繁殖母兔必须实行单笼饲养，繁殖母兔笼应设有产仔室或应用产仔箱；幼兔可根据日龄、体重大小分群饲养，青年兔(肥育兔)可公、母分笼群养。长毛兔必须单笼饲养。肉兔和皮用兔在育肥期可群养，但需注意饲养密度。

10.适当运动，增强体质

应设计一定范围的运动场，通过适当的运动，可以使家兔进行一定的光照，有利于钙、磷的吸收，同时可以增强家兔的抵抗力。每周放出自由运动2～3次，每次运动0.5～1 h，3月龄以上的公、母兔应分开运动，避免混交乱配，同性兔在运动时，要注意防止相互咬打。运动结束时，应将兔放回原笼。

11.仔细观察兔群

家兔在饲养过程中，要求技术人员应每天观察家兔粪便的颜色、气味和形状等的变化，观察兔的精神状态，用“吹毛检查法”，即逆毛向用力吹气，健康者会立即起立逃走，无反应或反应迟钝者为病兔。还应看鼻孔的干洁情况，有分泌物、呼吸次数过多或过少，均说明有呼吸系统疾病。还应观察毛皮健康情况，是否有光泽，有否脱毛或瘤肿等。经常检查牙齿和足底。

12.夏季防暑，冬季防寒，雨季防潮

家兔怕热，舍温超过25℃时家兔食欲降低，影响生长和繁殖。因此，夏季应做好防暑降温工作，将门窗打开通风降温，兔舍周围植树，种植葡萄或其他攀缘植物遮阴。如兔舍温度超过30℃时，可在屋顶或室内洒凉水降温。同时要提供清凉饮水，水内加些食盐，以补充兔体的盐分消耗并有利于兔体的散热。当兔舍温度低于15℃时，兔的正常繁殖就受到影响。因此，冬季要注意防寒保暖，加强兔舍的保温，关闭门窗、铺垫草保温、朝北的窗户挂帘或堵死等。另外，雨季是家兔发病和死亡率高的季节，此时应特别注意舍内干燥，勤打扫兔舍，勤换垫草，不要用水冲地面，下雨时关闭门窗，地面撒生石灰或干草木灰吸潮，晴天时打开门窗通风。

二、家兔的常规管理技术

(一)抓兔(捉兔)方法

在饲养管理家兔时，常需抓兔，抓兔要讲究方法，若方法不对，往往会造成不必要的损失。一是不能抓耳朵。家兔由于耳朵大而竖立，所以初学者往往习惯捉提两耳，但家兔的耳部是软骨，不能呈悬自身的重量，所以抓提过程中会使家兔有疼痛感而挣扎，这样容易造成家兔耳根受伤，两耳垂落。二是不能抓后腿。抓兔时也不能倒拉兔的后腿，兔的后腿发达，善于跳跃，骨质轻脆，单提后腿极易造成骨折和后肢瘫痪，另外，兔子不习惯头部向下，若倒提兔子，极易使其脑部充血，阻碍头部的血液循环，严重时会导致兔子死亡。因此，在捕捉家兔时，应特别镇静，勿使其受惊。首先在兔的头部用右手顺毛按摩，等兔较为安静不再奔跑时，抓住两耳和颈皮，一手托住后躯，使重力倾向托住后躯的手，这样既不伤害兔体，也避免兔抓伤人。抓兔的操作要领如图 4-1、图 4-2 所示。

图 4-1　正确的抓兔姿势

图 4-2　错误的抓兔姿势

(二)性别鉴定

1. 初生仔兔性别鉴定

初生仔兔，可根据初生仔兔阴部孔洞的形状、大小和距离鉴定性别。母兔一般阴孔扁形、较大，大小与肛门相近，距肛门较近。公兔阴孔圆形，略小于肛门，洞口向前，距肛门较远。

当仔兔开眼后，可检查生殖器官。将仔兔轻轻握在左手心，右手拇指、食指及左手拇指分别放在仔兔阴孔上部两侧，轻轻往两侧掰裂，阴孔便呈现特有的形状。呈“O”形上举者为公兔(一船黏膜颜色较淡)，呈两片花瓣状的为母兔(一般黏膜颜色较深红)。

2. 仔幼兔性别鉴定

断乳前后仔兔，仍采用外阴鉴别法。左手抓住兔子的双耳，右手食指和中指夹住尾根，往外翻转用力，大拇指放于外阴前缘，往前下方按压，使外阴黏膜外翻。口部呈圆形上举者为公兔，呈尖叶状裂缝，其下缘接近肛门者为母兔。

3. 青、成年兔性别鉴定

此时公母兔均已性成熟。公兔睾丸已坠落到腹股沟下，阴囊已形成，按压外阴孔，可露阴茎。母兔外阴呈尖叶状，下缘与肛门接近。均比较容易鉴别，但应注意隐睾兔和间性兔。

(三)家兔的去势

凡不留作种用的公兔，或淘汰的成年公兔，为使其性情温顺，便于群养和管理，提高毛皮和肉的质量，均可去势。家兔的去势越早越好，但是 2.5 月龄以前，睾丸仍在腹腔里或腹股沟内，阴囊尚未形成，无法去势。因此，去势一般在 10～12 周龄进行(淘汰的成年公兔除外)。去势方法有以下几种。

1. 阉割法

先将待去势的家兔催眠，将兔子的背朝下头的位置稍低，适当保定，然后顺毛方向抚摸胸腹部、头侧面部、太阳穴部，家兔很快进入睡眠状态，眼睛半睁半闭，斜视，呼吸次数减少。这时阉割一般没有痛感表现。如果手术中间苏醒，可用上述方法继续催眠，手术结束后，使其站立，即刻便会苏醒。阉割时，将睾丸从腹股沟管挤入阴囊并固定，不使睾丸滑动，先用 75%酒精或 2%的碘酒消毒阴囊切口处，再用消过毒的手术刀沿阴囊纵向切开约 1 cm 的开口，随即挤出睾丸，切断精索。用同法取出另一侧睾丸，然后涂上碘酒即可。成年兔去势时，为防止出血过多，切断精索前应用消毒线先行扎紧。如果切口较大，可缝合1～2针。去势后应放入消过毒的笼舍内以防感染伤口。一般经2～3 d即可康复。

2. 结扎法

家兔仰卧保定，先用碘酒消毒阴囊皮肤，将双睾丸分别挤入阴囊紧紧握住，用消毒线或橡皮筋将睾丸连同阴囊一起扎紧，阻断其血液的流通，经10 d左右，睾丸即能枯萎脱落。此法去势，睾丸在萎缩之前会出现几天的水肿期，比较疼痛，影响家兔的采食和增重。

3. 注药法

利用药物可杀死睾丸组织的原理，往睾丸实质注入药物。

(1)碘酊法。先将需去势的公兔保定好，在阴囊纵轴前方用碘酒消毒后，将睾丸挤入阴囊，左手握住并消毒，右手持注射器呈30°角刺入睾丸。每个睾丸注入2%～3%浓度的碘酊，计量视公兔体型大小而定，小型兔为0.3 mL/只，中型兔为0.4 mL/只，大型兔为0.5 mL/只。

(2)氯化钙法。将氯化钙1 g溶于10 mL蒸馏水中，加入0.1 mL甲醛溶液，摇匀过滤后装瓶备用。每个睾丸注射1～2 mL。注意药物应注入睾丸内，切忌注入阴囊内。注射药物后睾丸开始肿胀，3～5 d后自然消肿，7～8 d后睾丸萎缩，公兔丧失性欲。

值得注意的是，商品肉兔的育肥期短，特别是配套系的商品代，仅仅70多天，体重达到2.5 kg即出栏，不宜去势。而去势的公兔主要针对非种用的长毛兔和商品獭兔。

(四)家兔编号

为便于管理和记录，可把种用公、母兔逐只编号。编号的适宜部位是耳内侧，编号的适宜时间是断奶前3～5 d。一般公兔编在左耳，编单号；母兔编在右耳，编双号。编号方法有以下几种。

1. 耳标法

先用铝片制成小标签，上面打好要编的号码，然后用锋利刀片在兔耳内侧上缘无血管处刺穿，将标签穿过小洞口，弯成圆环状固定在耳上扣好。近年来铝耳标已被淘汰，以防伪激光塑料子母扣耳标代替。分为经过激光处理印记(号码)的子扣和带有小孔的母扣两部分。子母扣均为圆形，子扣的中间有一突出的小圆柱体，尖部有箭头状突起。打耳号时，将子扣的箭头状突起刺透耳廓内侧中间偏下的无血管处，并直接穿入母扣的中间小孔内即可。

2. 钳刺法

先将耳号钉插入耳号钳内固定，然后在兔耳内侧血管较少处，用碘酒消毒要刺的部位，待碘酒干后涂上醋墨(用醋研磨的墨或墨汁中加20%～30%的食醋)，再用耳号钳夹住要刺的部位，用力紧压后取下耳号钳，用手揉捏耳壳，使墨汁浸入针孔，数日后即可呈现出蓝色号码，永不褪色。

3. 墨刺法

小规模兔场，无耳号钳的条件下打耳号，可用蘸水笔尖蘸取醋墨直接刺耳号，刺时耳背部垫一块橡胶板，可控制针刺力量和深度。该方法的缺点每个数字或字母是用若干次刺点组成，每刺一下，小兔就要忍受一次疼痛，受到的应激比较严重，效率也非常低。由于手法不同，号码不规范，日后不易辨认。

三、种兔的饲养管理技术

优良兔群生产性能的充分发挥取决于科学的饲养管理技术，是兔群优质、高产、高效的关键。兔场应依据种兔的不同品种、不同生产方向、不同生长发育阶段的生理需求和外界环境条件，提供合理的饲养管理方法，才能保证兔群体质好、产仔多、生长快、产量高、质量好。

（一）种公兔的饲养管理

饲养种公兔的目的在于配种、繁殖，以获得更多的优质后代，它是整个兔群的关键。种公兔饲养管理的好坏，直接影响整个兔群的质量，主要表现在兔群的生产性能、母兔的受胎率和产仔数、仔兔的健康及生长发育等方面。所以，种公兔的饲养管理十分重要，"公兔好，好一坡；母兔好，好一窝"。通过科学的饲养管理，使种公兔发育良好，体质健壮，性欲旺盛，精液品质优良，母兔的配种受胎率高。

1. 种公兔的饲养

(1)注重饲料营养的全价性。种公兔的配种能力，主要取决于精液的数量和质量。而精液质量与种公兔的营养关系密切，特别是蛋白质、维生素和矿物质等营养物质，对保证精液品质有重要作用。日粮中加入动物性蛋白可使精子活力增强，精子密度增加。维生素对精液品质也有显著影响，日粮中维生素缺乏时，精子数目减少，异常精子增多。发育中的幼小公兔日粮中维生素缺乏时，会引起生殖系统发育不全，睾丸组织退化，性成熟推迟。矿物质元素对精液品质也有明显的影响，其中钙缺乏，引起精子发育不全，活力降低，公兔四肢无力；锌对精子成熟具有重要作用，缺乏时精子活力下降，畸形精子增多；磷为核蛋白形成的要素，亦为产生精子所必需，饲粮中配有谷物和糠麸时磷不致缺乏，但应注意钙、磷之比，控制在(1.5～2)∶1。

生产中，全年配种或配种季节应注意保持种公兔的日粮营养水平，每千克日粮消化能水平不低于10.46 MJ，粗蛋白质含量17%，还应适量添加动物性蛋白质如鱼粉、肉粉，以及维生素添加剂等，尤其是维生素A和维生素E的添加水平。如采取季节性配种，非配种期的种公兔需要恢复体力，并保持适当膘情，营养不要过高，蛋白水平应控制在15%左右。每只每日饲喂量应控制在150 g左右，并根据膘情进行适当调整。

(2)注意营养的稳定性。家兔繁殖准备期短，通过优质饲料来改善种公兔的精液品质时，需要提前20 d调整日粮配方才能见效，因此，对种公兔的饲料除注意营养的全价性外，还应注意营养的稳定性或长期性。在配种期，要相应增加饲料用量，提高饲料质量，如种公兔每天配种2次，在饲料中需增加25%～30%的精料，同时可适当增加动物性饲料的比例，如鸡蛋、鱼粉等。

用作种公兔的饲料，可因地制宜，就地取材，但应做到营养价值高，容易消化，适口性好。若喂给容积大、难消化的饲料，必然增加消化道的负担，引起消化不良，从而抑制公兔的性活动。同时还要少喂含碳水化合物多而蛋白质少的饲料，否则，会长得过肥，影响配种能力。种兔饲料中还应适当补加1～2 g食盐。

2. 种公兔的管理

(1)严格选留种公兔。对种公兔自幼就应进行选育。3月龄时进行一次选择，将发育良好、体质健壮、符合品种标准的个体留下，其余的公兔做商品兔处理。达到性成熟时，再进行一次选择，数量上要有15%左右的余量，以便补充。进入使用阶段，不断地淘汰不符合品种要求、体重过大或过小、交配能力差、精液量少且品质较差、有残疾的个体，用青壮年兔代替老年兔。使青年、壮年、老年兔的比例为3∶6∶1。

(2)单笼饲养，防止早配。种公兔性急喜殴斗，母兔的特异气味刺激会造成种公兔不安，致使体力消耗过度。故种公兔应单笼饲养，且与母兔笼保持较远的距离，避免异性刺激而降低配种时的性欲。留种的公兔，从3月龄开始，应一兔一笼，以防早配、滥配和殴斗。

(3)“嫁”母配种。公、母兔配种时，一定要将母兔移到公兔笼中，决不可相反进行配种。因为公兔对环境非常敏感，离开了自己所熟悉的环境或者气味不同都会使之不安，抑制性活动技能，精力不集中，延长配种时间，影响配种效果。

(4)控制配种强度。种公兔的使用要有一定的计划性，严禁使用过度。一般青年公兔(1～2.5岁)，初配时每天配种1次，连续2 d休息1 d；壮年公兔每天可配种2次，连续2 d休息1 d，或每天配种1次，连续3～4 d休息1 d。发现精液品质下降或性欲不强，要及时减少配种次数，若种公兔出现消瘦现象，应停止配种，待其体力和精液品质恢复后再参加配种。换毛期内种公兔营养消耗较多，体质较差，影响配种受胎率，所以换毛期内应减少配种次数或停止配种，并加强饲养管理。患病的种公兔不应参加配种。另外，种公兔的配种时间要合理，在喂料前后30 min之内不宜配种或采精。冬季最好在中午前后配种。春、秋季节上、下午配种均可，夏季高温季节应停止配种。

(5)适当运动。为保证种公兔体质健壮，有条件的兔场最好每天让公兔到运动场运动1～2 h，最少也要每周让公兔到运动场运动3～4次。使种公兔接受阳光照射，起到消毒杀菌的作用，另外可促进钙、磷吸收和血液循环，增强配种能力。

(6)定期检查精液品质。公兔的精液品质在一年中并不一致，一般春季最好，冬季次之，夏、秋两季不良。为提高群体的配种受胎率，也便于后备公兔的选育，每年应最少两次对全群种公兔进行精液品质检查，尤其在夏末秋初必须检测。发现精液品质差的公兔，应及时调整饲养管理，停止配种。

(7)维持舍温，精心管理。种公兔舍内气温最好保持15～25℃。高达30℃需降温，低至10℃需要升温。夏季要做好种公兔舍的防暑降温工作，冬季要做好防寒保温工作。种公兔的笼舍应宽大一些，以利于种公兔自由活动和配种采精活动。定时观察种兔的采食、饮水、活动、精神及粪尿情况，如发现异常情况，应及时处理。坚持每天清扫兔舍粪污及其他污物，定期清洗、消毒兔笼、饲养用具。

(8)做好记录，建立档案。种公兔是繁殖群的核心，也是选留后代重要的参考依据。因此要有详细的配种记录，以便观察每只公兔所产后代的品质，以利于选种选配。建立清晰的血统档案，详尽的繁殖记录，定期分析配种效果，比较后代优劣。

(9)体重的控制。种公兔的体重是评价其优劣的重要指标。种公兔体重过大，会引起脚皮炎的产生，性情懒惰，行动迟缓，反应迟钝，配种能力下降，迟迟不能交配成功，配种需要的时间长。同时体重越大，消耗的营养越多，种用寿命越短，经济效益相对较低。因此，控制种公兔体重是一项技术性很强的工作，需从后备期开始，配种期坚持。常采取限饲的方法，禁止自由采食。

(二)种母兔的饲养管理

种母兔是兔群的基础，根据母兔的生理状况，可分为空怀期、妊娠期和哺乳期三个阶段，各阶段需根据其生理特点，进行科学地饲养管理。

1.空怀期母兔的饲养管理

母兔的空怀期是指从仔兔断奶到再次配种妊娠前这一时期称为空怀期。母兔空怀期的长短取决于繁殖制度，采用频密式和半频密式繁殖制度时，空怀期很短或几乎不存在，而采用分散式繁殖制度的母兔，有一定的空怀期。空怀母兔由于哺乳期消耗了大量养分，身体比较瘦弱，需要多种营养物质来补偿和提高其健康水平。因此，为保证下次正常配种繁殖，在这个阶段，应给以优质的青、粗饲料，并适当补充一定量的精料，及时恢复体况，促使母兔发情，正常进入下一繁殖周期。

空怀期母兔的管理要点是控制和把握配种时间。因此饲养不能过肥或过瘦，对体况较差的母兔，应适当增加精饲料的喂量，日喂精料 50～100 g，同时供给充足的青绿饲料；力争在 2 周内恢复膘情并发情配种。体况较好的母兔，多数是泌乳期仔兔较少或泌乳期未配种和配种未受胎的青壮年母兔。所以应控制喂量，以青粗饲料为主，减少精料，使其保持中等体况，在 1 周内完成配种。

空怀期母兔要注意饲料营养的全面，维生素和微量元素的供给量要充足，配种前 15 d 进行短期优饲。在青饲料缺乏季节要增喂胡萝卜、大麦芽等富含维生素的饲料，可促进发情与提高受胎率。

2.妊娠期母兔的饲养管理

母兔自配种怀胎到分娩的这一段时期称妊娠期。母兔在妊娠期间，除满足自身营养需要外，还要保证胚胎的生长发育、乳腺发育和子宫增长等的需要，要消耗大量的营养物质。因此，要根据妊娠母兔在妊娠期不同阶段的代谢特点进行合理的饲养管理。

(1)加强营养。母兔在妊娠期应给予营养价值较高的饲料。其中富含蛋白质、维生素和矿物质，并逐渐增加饲喂量，直到临产前 3 d 才减少精料喂量，但要多喂优质青饲料。妊娠前期(1～18 d)，营养应全面，营养水平稍高于空怀母兔即可。适当增加饲喂量，每只每日饲喂量应控制在 150～200 g。妊娠后期(19～30 d)，胎儿处于快速生长发育阶段，重量迅速增加，其重量相当于初生重的 90%。因此，需要的营养物质增多，饲养水平应比空怀期母兔高 1～1.5 倍，自由采食不限量。妊娠 28 d 后，胎儿即将产出，此时母兔腹腔容积大，对胃肠压迫的机械作用，影响胃肠运动，同时由于产前反应，特别是营养代谢旺盛，代谢产物往往累积在体内，造成多数母兔食欲降低，有的甚至停食。此时生产中常采用“逗食”的办法，让其采食。可以把料槽内剩余的饲料清除，补充少量的新鲜饲料或给予青饲料和多汁饲料，引诱母兔采食。

(2)做好护理，防流保胎。母兔流产现象一般多发生在妊娠中期(15～20 d)。母兔流产亦如正常分娩一样，衔草拉毛营巢，但产出来未成形的胎儿，多被母兔吃掉。母兔流产的原因主要有机械性、营养性和疾病性 3 种。机械性流产多因捕捉、惊吓、不正确的摸胎、挤压等引起；营养性流产多因营养不全，突然改变饲料，或因饲料霉烂变质，饲料营养不足等引起；疾病性流产多因巴氏杆菌、沙门氏杆菌、密螺旋体感染等引起。为防止流产，生产中不能无故随意捕捉母兔，特别在怀孕后期要倍加小心。若要捕捉，首先要使母兔处于安静情况下，轻拿轻放，防止激怒母兔而挣扎。兔场周围要保持安静，禁止噪声的产生，尤其是爆破音对母兔的刺激是非常大的，往往导致母兔受到惊吓而流产。怀孕 15 d 后，应单笼饲养。兔笼应干燥卫生，空气新鲜、流通，环境安静，冬季不应饮用冰碴水，保证饲料清洁、新鲜，切忌饲喂霉烂变质的饲料和有毒的草料。

(3)做好产前准备工作。一般在产前 3 d(即妊娠 27～28 d)将消毒过的产仔箱放入母兔笼内，垫上软草，让其熟悉环境。对于血配母兔，产前强制断乳。母兔在产前 1～2 d 要拉毛做窝，对于初产母兔产前或产后可人工辅助拉毛。具体方法是：将母兔保定好，腹部向上，将其乳头周围的毛拔下一些，放在产箱里，这样可诱导母兔自已拉毛。对于产前没有拉毛的母兔，可在产后人工辅助拉毛。应该注意的是，无论是在产前还是产后，拉毛面积不可过大，动作要轻，切记不可硬拉而使母兔的皮肤或乳房受伤，也防止对母兔的刺激太强。

母兔分娩多在黎明，一般产仔都很顺利。每 2～3 min 产仔一只，15～30 min 产完。个别母兔产几只休息一会儿。有的甚至会延至第二天再产，这种情况大多是产仔时受惊吓造成的。

母兔有临产表现时，应加强护理，做好接产的准备工作。母兔产前应为其备好一些温开水放在笼内，若准备一定的麸皮淡盐水（含盐量 1%左右）或红糖水更好。母兔产后由于失水、失血过多，腹中空瘪，口渴饥饿，将仔兔掩护好后便出来找水喝，此时如果没有水喝，有可能返回产箱将仔兔吃掉。待母兔分娩完后可将产箱取出，清点仔兔数，扔掉死胎、畸形、弱胎及污物，换上新垫草。检查仔兔是否已经吃过奶，如果仔兔胃内无乳，应在 6 h 内人工辅助哺乳。

冬季应注意观察，防止仔兔产于箱外或由于温度过低而使仔兔受冻致死。

3. 哺乳期母兔的饲养管理

母兔从分娩至仔兔断奶阶段为哺乳期。母兔哺乳期间，需要维持自身的生命活动，还要分泌乳汁。饲养管理的好坏对母兔、仔兔的影响都很大。

哺乳期母兔泌乳量较高，相对体重来讲比牛还高，且乳汁黏稠，干物质含量达 24.6%(表 4-2)，约相当于牛、羊的两倍，仅次于鹿。此期的中心任务是保证哺乳母兔正常泌乳，提高母兔泌乳力和仔兔成活率。

表 4-2　兔乳与牛羊乳干物质含量对比　　%

种类	蛋白质	脂肪	乳糖	灰分
兔乳	10.4	12.2	1.8	2.0
牛乳	3.1	3.5	4.9	0.7
山羊乳	3.1	3.5	4.6	0.8

(1)科学饲喂，加强营养。母兔分娩后 1～3 d，乳汁较少，消化机能尚未恢复，往往食欲不振，消化能力低，加之长时间的妊娠期，体质较弱。因此，产后最初几天不要急于大量喂料，可根据胃肠功能恢复情况酌情加料。当食欲降低时，可补充一定的青饲料，添加一些助消化的药物，如酵母、多酶片等。前 3 d 喂料最控制在 100～150 g，最多不超过 200 g。5 d 以后喂量逐渐过渡到自由采食。

随着时间的延长，母兔泌乳量逐渐增加，要分泌大量乳汁，每天都要消耗大量的营养物质。因此，哺乳母兔的日粮必须营养全面，富含蛋白质、维生素和矿物质，在自由采食颗粒料的同时要适当补喂青绿多汁饲料。

(2)保证清洁卫生的饮水。为保证哺乳母兔泌乳的需要,应充分满足水的需求量,在保证自由饮水的条件下,确保水的质量和卫生清洁,冬季应饮温水。

(3)注意保健。防止乳房炎发生,以确保母兔健康和预防仔兔黄尿病发生,提高仔兔成活率,促进仔兔生长发育。产后1周内是母兔乳房炎发生的集中期,应经常检查母兔的乳房、乳头,了解泌乳情况,如发现乳房有硬块、红肿,应及时进行治疗。对于乳房炎多发的兔场,可在母兔的妊娠前期注射葡萄球菌疫苗,也可在产后连续3 d口服复方新诺明,每兔每天一片,分两次服用。每天用碘伏涂擦乳头,在产前3 d降低精饲料供给量,产仔3～5 d以后再逐渐恢复精饲料供给量,以避免由于产仔初期泌乳过剩引发乳房炎。保持环境、笼舍及其用具的清洁卫生,尤其是产箱、垫草和踏板的卫生和干燥,经常检查维修产仔箱、兔笼,减少乳房、乳头被擦伤和刮伤的机会,防止锐利物体刺伤。

(4)加强管理。母兔哺乳时要保持安静,以防止产生吊乳和影响正常哺乳。实行母仔分养定时哺乳的管理方法,既可保证母兔和仔兔充分休息,对预防母兔乳房炎和仔兔肠炎亦十分有利。做到定时观察种兔的采食、饮水、活动、精神及粪尿情况,并做好相应的记录,如发现异常情况,应及时处理。有的母兔无故不哺喂仔兔,有的母兔因为人用手触摸了仔兔而不再喂奶。一旦将其放入产箱便挣扎着逃出。发生拒哺的可用手多次抚摸其被毛,让其熟悉饲养人员的气味,并使之安静下来,将其放在产箱里,在人的监护和保定下给仔兔喂奶,经过几天后即可调教成功。如果因为母兔患了乳房炎、缺乳,或因环境嘈杂,母兔曾在喂奶时受到惊吓而发生的拒哺,应有针对性地予以防治。坚持每天清扫兔舍粪污及其他污物,定期清洗、消毒兔笼、饲养用具,保持环境和兔舍的卫生,不随意捉捕、吼吓、追打母兔,不在母兔哺乳时随意挪动产仔箱或将母兔赶跑,母兔在场时不拨弄仔兔。

哺乳母兔饲养管理的好坏,一般可根据仔兔生长和粪便情况进行辨别。母兔管理良好,泌乳充足,仔兔吃饱后腹部胀圆,肤色红润,产仔箱内清洁、干燥,很少有仔兔粪尿。

四、幼仔兔、后备兔的饲养管理技术

(一)仔兔的饲养管理

从出生至断奶这段时期的小兔称为仔兔。胎儿期的仔兔在母体子宫内发育,营养由母体供给,环境恒定;出生后,环境发生急剧变化,仔兔4日龄才有细绒毛长出,8日龄耳朵张开,10～12日龄睁眼。这一阶段的仔兔由于机体生长发育尚未完全,对环境的调节机能很差,适应能力弱,抵抗力差。

按照仔兔的生长发育特点,可将仔兔期分为三个时期,即睡眠期、开眼期和追乳期。

1.仔兔睡眠期的饲养管理

仔兔从出生至开眼的时期,称为睡眠期,即从出生至12日龄这段时期。此阶段的饲养管理重点是让仔兔早吃奶、吃足奶,防止兽害及其他意外伤亡,避免黄尿病、脓胞病的发生,避免冻死。

(1)早吃奶,吃足奶。母兔分娩后1～3 d内所分泌的乳汁称为初乳。初乳营养成分含量明显高于常乳,是初生仔兔唯一的营养来源。初乳中还含有一定量的免疫球蛋白,仔兔出生后,在产生主动免疫之前,只能通过初乳来提供免疫抗体。

生产中，为保证仔兔尽早吃到初乳，在产后 6 h 内需进行哺乳检查，通过观察仔兔在产仔箱内的状态了解母兔的哺乳情况。吃饱奶的仔兔，在毛窝中安睡不动，腹部圆胀，肤色红润，绒毛光亮，身上没有皱褶，用手触摸时会立即有反应，但不会大动，手一离开即安睡。未吃饱奶的仔兔，不能安静，在产箱内乱爬，腹部较小，皮肤干燥发暗，皱褶多，绒毛无光，用手触摸时上窜，吱吱乱叫。发现未吃饱奶时，若母兔有奶，可强制哺乳。其方法是将母兔固定在巢箱内，使其保持安静，将仔兔分别安放在母兔的每个乳头旁，嘴顶母兔乳头，让其自由吮乳，每日强制 1～2 次，连续 3～5 d，母兔便会自动喂乳。

(2)调整仔兔。母兔一般有 4 对乳头，可带仔 7～8 只，若母兔产仔过多，产后患病不能哺乳，产后乳汁不足，会造成仔兔营养缺乏，发育迟缓，体质衰弱，易患病死亡；少产的母兔泌乳量过剩，个别乳房没有仔兔吸吮，为此，应采取调整仔兔的措施。其方法一：将仔兔从巢箱内拿出，按体重大小、强弱分成两组，然后分别放在两个产箱内，轮换进行饲养。方法二：可采用寄养办法，选择分娩时间相近的母兔，产期相差不超过 3 d，将仔兔放入保姆兔的产箱内，和其他仔兔混在一起，经 1～2 h 后，一窝仔兔的气味基本相近，保姆兔一般不会拒绝。

如母兔患病、死亡或缺乳，又找不到保姆兔的情况下，可采用人工哺乳的办法。哺乳工具可选用小眼药瓶、玻璃滴管、注射器等，在管端嘴上接一段细橡皮管(气门芯)即可。人工哺乳要掌握好乳汁的温度、浓度和给量。一般选用新鲜的牛奶或稀释的羊奶，饲喂前应将乳汁煮沸消毒，冷却至 37～38℃时喂给。最初加入 1～1.5 倍的水，1 周后加 1/3 的水，半个月后喂全乳，随着仔兔的生长，营养不足时，再加入 2%～5%奶粉；喂乳时，将仔兔仰面握在左手，右手平握哺乳器，将哺乳器嘴放入仔兔口中，使仔兔自己吮吸，不要人为强行灌喂。每次喂量以吃饱为限，每天喂 2 次。乳汁浓度可通过观察仔兔的粪、尿情况来判断，尿多，说明乳汁太稀，尿少，说明乳汁太稠，需做调整。

(3)防止"吊乳"。"吊乳"是指母兔在给仔兔喂奶期间，由于受到内、外环境的惊吓干扰，或母兔乳汁少，仔兔吃不饱而用力咬吸乳头刺痛母兔的情况下，使母兔突然跳出，将仔兔带出产箱的现象。当仔兔吊出箱外后，母兔无法将仔兔叼回产箱，容易受冻，滚落入粪沟，或被踏死。所以，平时要注意兔场的安静，加强兔群管理，当发现有吊乳出巢的仔兔时，应马上将仔兔送回巢内，并查明原因，及时采取措施。若发现吊在巢外的仔兔受冻发凉时，应马上用手托住仔兔的颈部和臀部，将受冻仔兔浸入 40℃的温水浴中，露出口鼻呼吸，只要抢救及时，措施得法，几分钟后便可使被救仔兔复活，待皮肤红润后用干毛巾吸干仔兔身体上的水分放回原巢箱内即可。

(4)保温防寒。刚出生的仔兔裸体无毛，4 d 后才开始长出绒绒细毛，体温调节能力很差，对外界环境的适应性差。所以，产箱内的温度要保持在 30℃以上，若早春、晚秋仍有繁殖活动，特别是冬季，需采取保温措施(表 4-3)。产箱内要有充足的垫毛和盖毛，母兔拉毛少，要人工给以补加。仔兔撒尿多时会使垫草垫毛潮湿，对仔兔是极为不利的，应及时更换。

表 4-3　不同日龄家兔适宜的舍内温度

日龄	1～3	4～9	10～20	20～30	45 以上	成年
温度/℃	35	32～30	30～25	25～20	21～18	25～15

(5)谨防兽害，降低死亡率。出生 1 周之内的仔兔很容易受到鼠害、猫害、蛇害等，特别

是鼠害对睡眠期仔兔的危害最大。据调查，生产中鼠害造成仔兔死亡率占仔兔总死亡率的可达 70%左右。半封闭式和开放式兔舍更要防鼠害，笼舍要做得严密，使老鼠、猫等动物不能出入。

(6)搞好卫生，预防疾病。仔兔开食后，粪便增多，必须坚持每天清扫，定期消毒，产仔箱要勤换垫草，保持清洁干燥。潮湿的产仔箱不利于保温，更易引发疾病。要严格纠正母兔在产箱内排泄的恶习。仔兔与母兔最好分开饲养，每天定时哺乳，使仔兔吃食均匀，减少接触母兔粪便的机会。仔兔断奶前，及时做好饲喂用具及栏舍的清扫、消毒工作，保证断奶仔兔有良好的环境。

仔兔生后 1 周内易感染黄尿症，该病是仔兔的一种急性肠炎。多发生在仔兔 5 日龄之后到开食前后。由于此期仔兔全部吃乳，无其他固体饲料，或仔兔吃了患乳房炎母兔的乳汁后引起的，乳汁中含有葡萄球菌，仔兔吃下后引起急性肠炎，排出黄色腥臭的稀粪，尿液也是黄色的。患病仔兔体质弱，皮肤灰色，死亡率高，耐受过的仔兔，体型较小，不健壮，发育迟缓。预防黄尿病的关键是预防母兔乳房炎的发生，搞好窝箱卫生。

2. 仔兔开眼期和追乳期的饲养管理

仔兔出生后 12 d 左右，眼睛已能睁开一条缝，到 14 d 眼睛全部睁开为睁眼期。少数仔兔眼睛被一些分泌物黏住，需用脱脂棉蘸上温水或用 2%～3%硼酸溶液轻轻擦敷，就可以睁开。仔兔开眼后，精神非常振奋，在产箱内往返蹦跳，表现异常活跃，数日后便可跳出产箱，这种现象称为出巢。仔兔出巢时间的迟早与母乳多少有关，母乳多的晚出巢，母乳少的早出巢。此时由于仔兔体重越来越大，母乳已不能满足其营养需要，每次哺乳仔兔都感到吃不饱，追着母兔要吃奶，所以称为追乳期。

母乳在不能满足仔兔营养需要时，仔兔逐渐就追到产箱外，开始吃一些植物性饲料。此时仔兔消化道功能尚不健全，对饲料品质和饲养条件要求较高，稍有疏忽就会导致仔兔发生消化道疾病而死亡。为了提高哺乳期仔兔成活率，此期仔兔的饲养管理应重点放在仔兔的补料、断奶和疾病的预防上。

(1)适时开食补料。仔兔开食的时间与母兔的泌乳量和产仔个数有关，泌乳力高的母兔，仔兔开食时间晚，相反泌乳力低或产仔数多的母兔，仔兔开食时间早。一般仔兔在出生 16 日龄后就有啃舔行为，补料最好在 17～18 d 进行，最晚不能超过 20 d。

补料要求营养全面，适口性好，易消化，以全价配合料为好。配方一：玉米 25%、豆饼 15%、炒大豆 5%、鱼粉 3%、麸皮 30%、苜蓿粉 20%、骨粉 2%、食盐 0.5%。另加赖氨酸 0.1%、蛋氨酸 0.2%。配方二：玉米 20%、豆饼 20%、麸皮 37%、草粉 20%、骨粉 2%、食盐 0.5%。另加赖氨酸 0.1%、蛋氨酸 0.2%。

仔兔补料方法一般采用隔离补料法，其次是随母补料法。隔离补料需建造仔兔笼，将 17～18 日龄的仔兔同母兔分开饲养，白天将仔兔抓到补食笼内，在笼门设置专用料槽和水槽，定时补喂，夜晚再把仔兔放回母兔笼内。隔离补料的好处是一方面减少了仔兔与母兔的接触时间，相对减少了一些传染病(如球虫、呼吸道病、肠炎等)的危害，另一方面减少了仔兔追乳母兔的时间，使母兔得到充足的休息和体力恢复，母乳量也因母兔体质的增强而增加。小规模养兔户或散养户，因笼具、设备等条件差，多采用随母补料法，仔兔与母兔同槽吃料，应在母兔笼内另放置料槽和水槽，要投喂营养较高的统一饲料。

仔兔的胃肠容积小，消化力弱，每次采食的饲料少，应少喂多餐，开始每天投料 6 次，至断奶时减少到4～5次，即与幼兔喂料相吻合。采用随母兔同槽补料的仔兔，应在补料后及时将料槽取出，以防仔兔在槽内拉尿，造成饲料浪费或诱发疾病。对于饲喂颗粒饲料的养兔场，在防止仔兔进入料槽的前提下，可以减少补料次数。

仔兔采食量随着日龄和体重的增加而增加。一般17～18日龄时，每只每天采食3～5 g，25～30日龄时采食量增加到40～50 g。

(2)适时断奶。根据目前的养兔实际情况来看，一般为40～42 d。据调查，断奶越早，仔兔的死产率越高，延长哺乳时间，可提高成活率。30 d断奶，仔兔成活率仅为60%；40 d断奶时，成活率为80%；45 d断奶，成活率为88%；60 d断奶时成活率可达92%。之所以出现断奶较早而死亡率较高的现象，主要原因在于泌乳母兔的营养不良，仔兔没有得到足够的母乳，以及补料不当，导致仔兔断奶前发育不良所致。但规模化养殖，要求提高繁殖率和生产效率。若在42 d以后断奶，严重影响了母兔繁殖潜力的挖掘，也极大地限制了养兔效益的提高。

在养兔生产中，断奶方法分为一次性断奶和分批断奶两种方法。

①一次性断奶法。将全窝仔兔在断奶日一次性与母兔分离。此方法适合饲养条件较好，仔兔生长发育良好，体型均匀的兔场。如果断奶时母兔的乳汁仍然较多，断奶后母兔要控制精饲料喂量，补充青饲料和干草，经过2～3 d的时间，母兔便停止泌乳。

②分批断奶法。如果全窝体质强弱不一，生长发育不均匀，可采用分批断奶法。即先将体质强的分开，体弱者继续哺乳，经数日后，视情况再行断奶。

目前，大多数规模化兔场均采取一次性断奶方法。

(3)定时检查。每天检查仔兔的发育情况。生长正常的仔兔，肤色红润，腹部饱满，安睡不动；反之，肤色灰暗，两耳苍白，腹瘪皮皱，乱爬乱窜，时时发出叫声，全窝仔兔个体差异大，有的拉稀，有的便秘。出现这种情况应及时采取措施，适当增加仔兔营养，加强缺乳母兔的饲养，多喂青绿多汁饲料，提高泌乳量。发现死兔，应及时检出，查明原因，立即控制。

(4)预防疾病。仔兔在吃奶期间死亡率较高。除了因饲养管理不当和人为因素(如：寒冷、受惊而吊奶、饥饿等)死亡以外，很多是由于疾病所致。预防常见病的发生应从饲料入手，从卫生抓起，做好场区和兔舍的消毒、仔兔的免疫接种，工作人员、外来人员进入场区及生产区等的消毒防疫工作，对患病的仔兔进行早期隔离、药物治疗等来提高仔兔的成活率。

(二)幼兔的饲养管理

从断奶至3月龄的小兔称为幼兔。断奶是家兔一生中生理上的第二次大转折，如管理不善，极易引起疾病甚至死亡。这个阶段幼兔的特点是生长发育快，营养需求旺盛，抗病力差。幼兔期是死亡率最高的时期，多出现在断奶后2～4周。导致其死亡的主要原因：一是各种应激反应；二是营养不良，体弱多病，发育受阻，抗病力下降；三是饲养管理不当，造成死亡。因此，要提高幼兔的成活率，必须实施精细管理。

1.幼兔的饲养

(1)过好断奶关。由于环境和饲料的改变，仔兔从断奶向幼兔的过渡非常关键。如果处理不好，在断奶后2周左右增重缓慢，停止生长或减重，甚至发病死亡。因此，断奶后最好原笼原窝在一起，即采取移母留仔法。若笼位紧张，需要调整笼子，同胞兄妹不可分开。肥育期实行小群笼养，切不可一兔一笼，或打破窝别和年龄，实行大群饲养。这样，会使刚断奶的仔兔产生孤独感、生疏感和恐惧感。

(2)逐渐过渡饲喂饲料。幼兔断奶1～2周内继续饲喂断奶前的饲料，2周左右全部过渡到使用幼兔颗粒料，以防因突然变料而导致消化系统疾病。断奶幼兔的饲料应营养全面、易消化，适口性好。高能量、低蛋白质、低脂肪的饲制对幼兔不利，日粮中粗纤维的含量不能低于12%。

(3)控制青绿饲料的饲喂量。水分含量高的饲草料要少喂或不喂，带泥的青饲料要洗净晾干后饲喂，喷洒农药时间段和带露水的草不能喂。另外，为保证消化道pH稳定，禁喂酸碱过大的饲料和药品。霉烂变质的要禁喂。

(4)定时定量饲喂。断乳后的幼兔前3周只需喂八九成饱，否则易产生腹胀与消化不良等。投料时间宜早上早投，晚上晚投。饲喂幼兔一般使用人工颗粒饲料，饲喂要定时定量，少吃多餐，一般以每天喂3～4次为宜，保证幼兔吃饱、吃好，健康成长。

2.幼兔的管理

(1)减缓应激。从仔兔到幼兔，兔舍的环境发生了很大的变化，如断奶、饲料的更换、笼舍、舍内温度、湿度和免疫等，都可引起应激反应。仔兔断奶后的第1～2周，应尽量做到饲料、环境、管理的不变，减轻幼兔的应激反应。

(2)加强检疫。每天早晨，通过细心观察幼兔的精神状态、采食情况和粪便等，判断其健康状况。若发现幼兔食欲下降、精神萎靡、目光呆滞、粪便不正常等现象，应及时隔离饲养，分析原因，并采取相应的措施，做到有病早发现、早隔离、早处理。要养成勤观察，只要接近幼兔时就留意观察兔子、兔笼、饲槽、水槽、粪尿状态、地面卫生、门窗的好习惯。

(3)搞好卫生，减少疾病。幼兔期最易暴发球虫病、腹泻和肠炎、呼吸道疾病(以巴氏杆菌病和波氏杆菌为主)及兔瘟等多种疾病。球虫病是幼兔阶段的主要疾病，全年均发，我国南部温暖高湿地区更为严重。应采取药物预防、卫生管理工作相结合，并要求在饲料的合理搭配、粗纤维含量的控制、饮食卫生和环境卫生方面进行监管。预防呼吸道疾病主要从三个方面进行预防和控制。第一，搞好兔舍卫生和保证通风换气，降低兔舍湿度和有害气体含量，给兔子提供良好的生活环境。这一点是基础，是关键。第二，在疾病的多发季节适时进行药物预防，把疾病消灭在萌芽状态。定期注射疫苗，最好注射巴氏杆菌-波氏杆菌二联苗，单一疫苗的效果甚微。第三，对于鼻炎严重的种兔，要主动淘汰，减少隐患。兔瘟只有注射疫苗才可控制。小兔在35～40日龄首免(根据每个兔场的具体母源抗体情况决定首免时间)，20 d后加强免疫一次即可。

(三)后备兔的饲养管理

后备兔又称青年兔或育成兔。是指3月龄至初配阶段留作种用的未成年兔。此期的兔消化系统已发育完全，食欲强，采食量大，对粗纤维的消化利用率高，体质健壮，抗病力强，生长快，尤其是肌肉和骨骼发达，性情活跃，已达到或接近性成熟，死亡率低，是家兔一生中最好饲养的阶段。

1.后备兔的饲养

(1)饲料营养的全价性。后备兔具有生长发育快(尤其是骨骼和肌肉)、体内代谢旺盛、采食量大等特点。饲料中要保证一定量的蛋白质(15%～16%)，满足维生素和矿物质等营养物质的供应，尤其是维生素A、维生素D、维生素E以促进其骨骼和生殖系统的发育，形成强健的体质。4月龄后，脂肪的沉积能力增强，为防止过于肥胖，应适当控制能量饲料，多喂青饲料，提高粗纤维的含量，可达17%以上。为了充分发挥生长后备种兔的潜力，要采取前促后控的策略，后期不能使其体重无限生长，保持一定膘情，防止过肥。一般控制初配体重达到该品种成年标准体重的70%以上即可，一般大型品种的体重控制在5 kg以内，中型品种的体重控制在4 kg以内。当达到标准体重后，每天投总喂料量的85%左右，限制饲养。

(2)粗饲料加配合精料。为了控制后备兔体重，可根据后备兔膘情适当限制精料比例，增加优质青饲料和干青草的喂量，在保证生长发育营养需要的前提下，降低饲料成本。日粮构成可按75～100 g精料补充料(颗粒料)，加500 g青饲料搭配；适当限制能量饲料，尤其在4月龄之后，以防后备兔长得过肥。兔场饲养工作时间安排见表4-4。

表4-4 兔场饲养工作时间

工作内容	夏季	冬季
检查兔群	6:00—6:30	7:00—7:30
投料量	7:00—7:30	8:00—8:30
清扫	9:00—9:30	9:30—10:00
配种、称重	10:00—10:30	10:00—10:30
投仔兔料	10:30—11:00	10:30—11:00
投青粗料	11:00—11:30	11:00—11:30
洗刷等杂务	15:00—16:00	15:30—16:00
复配，饲喂仔幼兔	16:00—16:30	16:00—16:30
投精料	17:00—18:00	17:00—18:00
喂野草	22:00—22:30	22:00—22:30
夜间巡查	经常进行	经常进行

资料来源：任文社，董仲生.家兔生产与疾病防治.北京：中国农业出版社，2010。

2.后备兔的管理

(1)选种鉴定。对4月龄公、母兔要进行一次综合鉴定，将符合种用要求的后备兔编入种兔群，次等的编入商品兔群，劣等兔及时淘汰。

(2)单笼饲养。一兔一笼，公母兔的笼位应相互远离，以防早配、滥配或相互干扰。

(3)加强运动。后备兔要经常运动，通过太阳的光照，可促进骨骼的生长发育，提高后备兔的体质。

(4)控制初配期。家兔的初配期过早过晚都不好，应根据其品种、用途、生长发育状况和季节等而定。正常情况下，公母兔体重达到该品种标准体重的70%就可以进行初次配种，或者小型品种达到4～5月龄，体重2.0 kg以上；中型品种5～6月龄，体重3.0 kg以上；大型品种7～8月龄，体重4.0 kg以上，就可开始配种繁殖。一般公兔的初配年龄比母兔晚1个月左右。对编入种兔群的后备公兔，从6月龄开始训练配种，一般每周交配1次，以促进早熟，增强性欲。

(5)及时去势。4月龄的毛用公兔如不留种，需及时去势，便于管理，还可提高生产性能。商品獭兔较少进行去势，商品肉兔不去势。

(6)及时预防接种。后备兔代谢旺盛，抗病力强，一般疾病很少，但对兔瘟比较敏感，极易感染发病，死亡率高达80％～100％。因此，生产中应适时接种疫苗，预防疾病的发生。

五、不同季节家兔的饲养管理技术

家兔的生长发育和生产性能与外界环境条件紧密联系，不同的环境条件对家兔的影响是不同的。因此，必须根据各地的季节特点，依据家兔的生活习性、生理特点，采取科学的饲养管理方法，才能确保家兔健康。

1.春季

春季气温回升，气候适宜，饲草较为丰富，家兔经过一个冬季的饲养，身体比较瘦弱，又处于季节性换毛期，应提高兔的日粮营养水平。

(1)加强营养。开春时，兔的体质较弱，随着气温渐升，青绿饲料萌发，应及时供足青绿饲料。不饲喂带泥浆水和堆积发热的青饲料，不喂霉烂变质的饲料(如烂菜叶)，雨后所收集的青草要晾干再喂。为增强兔的抗病力，可在饲料中拌入一定量的大蒜和抗生素药物等，以减少和避免拉稀。对换毛期的家兔，应给予新鲜幼嫩的青饲料，并适当给予蛋白质含量较高的饲料，以满足家兔的生长需要。

(2)搞好兔舍卫生。兔舍要清洁干燥，做到勤打扫、勤清理、勤洗刷、勤消毒，使笼舍内无积粪、无臭味、无污物。经常保持舍内干燥卫生，通风良好，环境安静。

(3)加强管理，搞好防疫。春季气温变化大，是疫病流行的主要季节，要保持舍温的相对稳定，以防感冒，消化道疾病发生，要做好兔瘟、大肠杆菌、兔出血性败血症、巴氏杆菌、球虫病等传染病的预防和免疫接种工作。同时应定期在饲料中加入一定的驱虫药物进行驱虫。

(4)加强观察。每天都要观察兔群的健康状况，发现不健康的兔子，要及时隔离，病死兔应及时销毁，并做好笼舍的清理、消毒工作。

(5)抓好春繁。春季是家兔繁殖的黄金季节，对无冬季繁殖条件的兔场或农户，可适当实行频密繁殖，力争春繁两胎，对不发情的母兔可实施人工催情。

2.夏季

在我国，夏季多数地区气温高、降雨多、湿度大。家兔由于汗腺不发达，常因炎热影响而食欲减退，抗病力降低。所以，夏季会给对家兔的饲养带来一定困难，应注意防暑降温。

(1)防暑降温。兔舍应阴凉通风，避免阳光直射在兔笼上，笼内温度高于28℃时，打开门窗，使空气流通。笼内温度高于33℃时，应及时在地面泼水降温。露天兔场要及早搭好凉棚或种植瓜类、葡萄等攀缘植物。达35℃时，需用水帘降温。对价值高的种兔，应安装空调。

(2)调整喂料时间，确保兔群营养需求。夏季中午炎热，家兔食欲不振。因此，应遵照少喂勤添的原则，适当调整饲喂时间。每天喂料要做到早餐早喂，晚餐晚喂，中餐多喂青绿饲料。为防消化道疾病，饮水中可加0.01％高锰酸钾，0.01％～0.02％稀碘及0.05％～0.1％食盐。

(3)搞好卫生。笼舍要勤打扫，及时清除舍内的粪尿和污物，防止蚊蝇滋生。食槽每天清洗，保持干燥卫生。同时建立健全消毒制度，定期更换消毒剂以确保消毒效果，多雨天气，在地面撒石灰、草木灰等吸潮吸臭，每周对兔舍、兔笼、粪道、粪池消毒一次，每月进行一次环境消毒。

(4)加强疾病预防。夏季因兔体消瘦，抵抗力减弱，特别容易暴发球虫病，常常导致幼兔的大批死亡。预防球虫病除投喂药物(如氯苯胍、球虫宁、克球粉、敌菌净等)外，最好实行母仔分养、定时哺乳、大小分群，减少相互感染。

3.秋季

秋季气候干燥，温度适宜，饲料充足，营养丰富，是繁殖家兔的好季节。但秋季早晚温差大，容易引起仔、幼兔感冒、肺炎等疾病，成年兔又将进入换毛期。因此，要抓好其饲养管理，保证养兔产业高产高效的发展。

(1)抓好配种繁殖。秋季出生的仔兔发育良好，体质健壮，成活率高，但因日照时间渐短，配种受胎率较低。因此，在入秋前应加强饲养管理，注意补充人工光照，使家兔尽快恢复体质，提高配种受胎率。

(2)实行科学饲养。根据家兔的年龄，按饲养标准配制饲料，适当提高蛋白质水平，降低能量饲料，要求饲料营养丰富，适口性好容易消化。保证家兔每天有充足的青饲料如青草、青菜等。秋季正值兔的换毛期，营养消耗较多，体质较为虚弱，食欲较差。因此，对种兔必须加强饲养，多喂青绿饲料，适当增加蛋白质较高的精料和富含维生素与矿物质的饲料，并加喂夜草，供给清洁充足的饮水，以便尽快恢复体力和膘情。严禁饲喂带露水或霜后的草与树叶等，以防引起胃肠炎等疾病。

(3)精心管理。秋季气温变化大，幼兔易患感冒、肺炎、肠炎等疾病，严重者会造成死亡。同时秋季湿度较大，兔舍应搞好通风，保持干燥和防潮，可在舍内撒一些石灰或草木灰。经常清洗饲槽、食槽和笼底板，搞好清洁卫生。常用3%～5%来苏儿定期消毒圈舍内外。定期注射兔瘟、兔巴氏杆菌苗。定期在饲料中加球虫素、氯苯胍精粉等饲喂，搞好球虫病的预防。每天坚持观察兔群，以便及时发现问题，做好无病早防、有病早治。

(4)抓好饲料贮备。秋末饲草丰盛，雨水减少，宜制青贮料和青干草。农作物相继收获，精饲料价格较低，是贮备饲草、饲料的大好时机。若采收过晚，则茎叶老化，粗纤维含量增加，可消化养分降低，影响其饲用价值。

(5)做好疾病预防。秋季是疾病多发季节，应做好兔瘟、巴氏杆菌病的疫苗接种，还要防止球虫病。对兔群每周要进行健康检查一次。在每天的饲养过程中，饲养人员要细心注意观察家兔的活动、眼神、耳色、食欲、饮水、呼吸、毛色、鼻翼及粪便等情况；检查心跳、体温等。发现可疑病兔，应及时采取隔离治疗。以增强兔的抗病能力。对病死兔的尸体，剖检后要进行深埋或销毁，严禁食用。

4.冬季

冬季气温较低，日照时间短，青饲料较少，日温差较大，给养兔带来一定困难。冬季饲养管理的重点是做好防寒保温和冬繁冬养工作。

(1)注意保温。家兔怕热不怕冷，但气温太低会影响家兔的生产性能。一般保持10℃以上的舍温，骤然降温天气也不宜低于6℃，更不能忽冷忽热。忌贼风，仔兔和幼兔不能单笼饲养。严寒地区，有条件时可适当给兔舍增温。

(2)抓好冬繁。冬季仔幼兔的疾病少，成活率高，只要做好产仔箱的保温工作，即可获得较好的效果。尤其是商品獭兔冬春季节兔皮市场行情较好，价值较高。

(3)满足营养需要。冬季气温较低，热量消耗大，各种日龄的兔，日粮的给量，要比其他季节增加20%～30%，并提高能量饲料的比例，冬季青饲料少，应坚持喂一定量的青绿多汁饲料，如胡萝卜、白菜叶等，以补充维生素。不能饲喂冰冻的饲料，冬季喂干饲料应当调制后再喂。同时要注意饮水，在低温下以饮温水为宜。冬季夜长，晚上要增喂一次。

(4)注意卫生。适当通风，以防呼吸道疾病。冬季也是疥癣及皮肤霉菌病的多发季节，要严加防治。产仔箱要保持清洁、干燥、保温。搞好环境卫生，加强饲养管理，发现病兔及时隔离治疗。

(5)适量运动。冬季家兔普遍缺乏运动及光照，可在正午天气晴朗的日子，将兔放至避风向阳处自由活动1～2 h，以增强兔的体质，提高机体抗病力。冬季兔的常见病主要有感冒、便秘、腹泻、疥癣等。应以预防为主，在日粮中添加一些葱、姜、蒜及预防性药物，提高养殖效益。

思考与练习

一、填空题

1.家兔的饲养方式主要有三种，分别是________、________和________。

2.家兔的饲喂方法有三种，分别是________、________和________。

3.饲养种公兔时，不仅要注意饲粮营养的________，还应注意饲粮营养的________。

4.按照仔兔的生长发育特点，可将仔兔期分为________、________和________。

5.仔兔的补饲方法有两种，一种是________，另一种是________。

6.仔兔的断奶方法有两种，分别是________和________。

二、简答题

1.简述种公兔在饲养管理上应当掌握的原则。

2.简述空怀母兔的饲养管理要点。

3.简述妊娠母兔的饲养管理要点。

4.简述哺乳母兔的饲养管理要点。

5.简述吊乳发生的原因及预防措施。

6.简述调剂与寄养仔兔的方法及注意事项。

7.如何给仔兔进行科学的补饲？

8.如何给仔兔进行断奶？

9.简述幼兔的管理要点。

10.简述后备兔的饲养管理要点。

11.简述家兔四季饲养管理的技术要点。

12.为什么生产中提倡“母仔分养、定时哺乳”的管理方法？

任务二　不同类型兔的饲养管理技术

【任务介绍】

优质的兔产品(兔肉、兔毛、兔皮)离不开科学养殖技术。饲养管理精细化、营养水平全价化是获得优质兔产品的保障。本任务主要介绍肉用兔、獭兔、毛用兔饲养管理技术。并将这些技术应用于兔生产,提高兔场经济效益。

【任务分析】

学习本任务要密切联系《动物营养与饲料》等课程,了解家兔的生物学特性,掌握家兔的营养需要和饲养标准,熟悉家兔饲料原料的选择及日粮配制方法。针对不同类型的兔进行饲养管理。

【任务实施】

一、商品肉兔的饲养管理技术

兔是一种节粮型动物,养殖肉兔比饲养耗粮型的畜禽利润空间高。商品肉兔的育肥一般分为两种情况,一是专门的肉兔品种或其杂交种,以及专门的肉兔配套系断奶育肥至2.5～3月龄体重达到2.0～2.5 kg出栏;二是种兔的淘汰兔在出栏前的短时间内育肥,迅速增加产肉量和改善肉的品质。

(一)选择优良品种和杂交组合

(1)选用优良品种。优良品种的种兔能生产出更多的幼兔。种兔的繁殖期一般为4～5年,而最佳的利用年限为1～2年。生产中应选生长速度快的大型或中型品种进行育肥,如塞北兔、哈白兔、新西兰兔、加利福尼亚兔等进行纯种繁育,其后代直接用于育肥。

(2)采用经济杂交。用良种公兔和本地母兔或优良的中型品种进行交配,充分发挥优良种兔和本地品种或中型品种的优良特性,使其优良性状稳定地遗传给后代。如弗朗德兔♂×太行山兔♀,塞北兔♂×新西兰兔♀,也可选用三个品种进行轮回杂交。

(3)建立配套系。配套系的育肥性能和效果比经济杂交更好,是目前生产商品兔的最佳形式,配套系的建立能迅速地将遗传改良成果转化为生产力,充分利用杂交优势,生产高品质的商品肉兔。目前,比较理想的肉兔配套系有法国的伊普吕(HYPLUS)配套系、伊拉(HYLA)配套系和德国的奇卡(ZIKA)配套系等。

(二)抓断奶体重,过好断乳关

凡是断奶体重大的仔兔,育肥期的增重就快,就容易抵抗断奶的应激。而断奶体重越小,断奶后就越难养,育肥增重就越慢。因此,要求仔兔断奶时的体重,中型兔500 g以上,大型兔600 g以上。这就要提高母兔的泌乳力,抓好仔兔的补料,调整仔兔体重和母兔所哺育的仔兔数。仔兔断乳后进入育肥期,环境和饲料的过渡很重要。如果处理不好,在断乳后2周左右可能大批发病、死亡,并造成增重缓慢,甚至停止生长或减重。断乳后,最好原笼原窝饲养，即采取移母留仔法。断乳后 1～2 周内饲喂断乳前的饲料，以后逐渐过渡到育肥料。否则，突然改变饲料，2～3 d 出现消化系统疾病。

(三)满足营养需要，保证充足饮水

肉兔育肥的前提是充分满足其生长的营养需要，除了满足肥育兔对蛋白质、能量、粗纤维等主要营养的需要外，维生素、微量元素及氢基酸添加剂的合理使用，对于提高肥育性能有举足轻重的作用。不同的饲料形态对育肥也有一定影响，一般来说，颗粒饲料可提高增重 8%～13%，饲料利用率可提高 5%以上。让兔自由采食.可保持较高的生长速度。

水对于育肥兔是不可缺少的营养。饮水量与气温、采食量呈正相关。保证饮水是促进育肥不可缺少的环节，饮水过程中注意水的质量，保证其符合畜禽饮用水标准。防止水源被污染，定期检测水中的大肠杆菌数量。尤其是使用开放式饮水器的兔场更应重视饮水卫生。

(四)加强管理、防控疾病

肥育效果的好坏，在很大程度上取决于为其提供的环境条件，主要是指温度、湿度、密度、通风和光照等。温度过高过低都不利于肉兔的生长，应控制在 15～20℃，湿度应控制在 55%～65%。舍内光线以能看到食物和饮水为度，保持安静。

育肥期常发疾病有球虫病、腹泻和肠炎、巴氏杆菌病和兔瘟等。球虫病是育肥期的主要疾病，尤以 6～8 月份多发，应采取药物预防、加强饲养管理和搞好卫生工作相结合；腹泻和肠炎主要是在饲料的合理搭配，粗纤维的含量、搞好饮食卫生和环境卫生；预防巴氏杆菌病一方面搞好兔舍的卫生和通风换气，加强饲养管理，另一方面在疾病的多发季节适时进行药物预防；再就是定期注射疫苗；兔瘟只有注射疫苗才可控制。断乳后，每只皮下注射 1 mL，一次即可出栏。

(五)适时出栏

出栏时间应根据品种、季节、体重和兔群表现而定。自由采食全价配合颗粒饲料，70～90 日龄，体重达到 2.0～2.5 kg 即可出栏。体重达到 2.0 kg 后，饲料转化率降低，增重成本增加。在国际市场上，根据胴体重量进行分级，特级(1.5 kg 以上)胴体的价格最高，需要活兔体重达 2.5 kg 以上。因此，要根据市场需求，找到经济平衡点，适时出栏。

二、商品獭兔的饲养管理技术

獭兔毛皮是獭兔生产的主要产品。其毛皮质量取决于皮毛的成熟度和换毛时期。

(一)前促后控，调整营养水平

1.前促

獭兔的生长和毛囊的分化存在明显的阶段性。3 月龄以前，无论是身体的生长还是毛囊的分化，都相当强烈。而且体重增长越快，毛囊分化越快。因此，加强种兔的饲养管理，获得高品质的仔兔；仔兔期加强母兔的管理，及时补饲，获得优质断奶兔；为幼兔提供优质日粮，多吃快长，促进早期生长发育。一般要求仔兔 30 d 断乳重 500 g 以上，3 月龄体重达到 2 000 g 以上，即可实现 5 月龄有理想的皮板面积和被毛质量。

2.后控

如果仅仅考虑体重和皮板面积，一般在良好的饲养条件下 3 月龄可达到一级皮的面积，但皮板厚度、韧性和强度不足，被毛的强度和长度比较差，皮张利用价值低。如果商品獭兔在整个肥育期全程高营养，有利于前期的增重和被毛密度的增加，但后期出现营养过剩现象（如皮下脂肪沉积）。因此，3月龄后可根据情况适当控制。一般有两种控制方法：一是控质法，即控制饲料的质量，使其营养水平降低，如能量降低10%，粗蛋白质降低1%～1.5%，仍然自由采食；二是控量法，即控制喂料量，每天投喂相当于自由采食量的80%～90%饲料，而饲养标准和饲料配方与前期相同。控制的目标是在不同的季节，均将第二次年龄性换毛结束时的体重控制在2 750 g左右。如此，可以节省饲料，降低饲养成本，而且皮张质量好，皮下不会有多余的脂肪和结缔组织。

（二）防控吃毛

商品獭兔的经济效益主要是皮，被毛平齐无缺损是兔皮品质的第一指标，一旦出现吃毛、叼毛，造成被毛缺损，兔皮就不值钱，由几十元一张降为几元一张。饲料营养不平衡，缺少含硫氨基酸、维生素、微量元素等可引起吃毛。饲养密度大、拥挤等应激因素也可引起吃毛。可以自己吃自身的被毛，也可互相吃其他兔的被毛。相邻兔笼间隔网孔隙太大，躺卧时被毛穿过孔隙进入相邻兔笼，相邻的兔就会通过孔隙啃咬叼吃。皮肤真菌病、螨病以及其他皮肤疾病，因皮肤瘙痒而啃咬，导致掉毛。饲喂商品獭兔全价平衡饲料，降低商品獭兔饲养密度，最好采取单笼饲养，相邻兔笼的隔网使用密网，或加隔板或采用双层隔网，两层隔网间留有3 cm左右的间隔可有效防控叼毛、吃毛。有的兔场将兔笼隔为50 cm深、15～17 cm宽的小笼位。用窄笼限制獭兔回头，减少吃自身被毛；也避免了被啃毛、抓伤、刮伤和咬伤。如由于皮肤真菌病、螨病以及其他皮疾病引起，应先治疗相应疾病。

（三）适时出栏

出栏时间根据季节、体重和兔群表现而定。在正常情况下，3～3.5月龄第一次年龄性换毛结束时，被毛光润并呈标准色泽，此时体重已达2～2.5 kg，应可取皮，但此时皮板面积、皮板质地、被毛密度、被毛长度等还不能达到优质皮标准，不能做毛领，售价比较低。由于饲养时间短，饲养成本也比较低，也能取得一定的经济效益。

5～6月龄第一次换毛后达到2.5～3 kg，此时不仅毛皮品质优良，而且皮张而积大，被毛密长而丰厚，可达到优质皮标准，做毛领，售价最高，但由于饲养期较长，行情不好或饲料成本比较高时经济效益也受影响。如果在第二次年龄性换毛后没能及时取皮，可能会出现下一次季节性换毛，需要等被毛再一次脱换基本完成后才能取皮，会延长几十天的饲养期，大大增加饲养成本，降低经济效益。

不同的地区、不同的季节、不同的品系和不同的个体，尤其是不同的营养水平，被毛的脱换规律和速度不同。因此，在出栏前，一定要进行活体验毛，认真检查被毛的脱换和毛绒状态，以被毛质量为标准，时间服从质量，确定出栏时间，并且了解市场行情变化，以最合理的经济效益为判断出栏的依据。

（四）预防皮肤病

皮肤真菌病、螨病及其他皮肤疾病对皮毛质量影响极大，需严加防控。其他疾病参考商品肉兔。

（五）獭兔活体验毛

商品獭兔生长发育到约150日龄（冬天135日龄、夏天175日龄）完成第二次换毛，是取皮的最佳时机。提早或推后取的皮张，品质大幅度下降。獭兔活体验毛是多出特级、一级皮张的保障。

不同的地区、不同的季节、不同的品系和不同的个体，尤其是不同的营养水平，被毛的脱换规律和速度不同。活体验毛，要认真检查被毛的脱换和毛绒状态，以被毛质量为标准，确定出栏时间，并且了解市场行情变化，以最佳经济效益为判断出栏的依据。方法如下。

1.看皮毛的光洁平整度

一只手拽住兔的双耳将其拎起，另一只手将兔毛顺向、逆向反复抹平，然后前后左右观察，看看有无凹凸不平的地方；之后一只手拽住兔的双耳将其向前拎起，另一只手将兔腹部向后托起，使兔背部向上、腹部向下、头部向前，尾部向后，高度比检验者面部稍低，然后前后左右逆毛观察，看有无凹凸不平的地方，判断被毛平整度，也观察被毛粗毛率。

被毛不平整的兔皮，加工为成品前，需要以被毛最矮处为准剪平，常导致皮张的等级下降。因此，平整度是验皮的关键项目，出现不平整的残次毛应缓宰取皮。常见不平整的残次毛有龟盖皮、松针皮、鸡啄皮、癣癞皮、换季皮、黏结皮、缠结皮、孕兔皮、旋毛等。

2.摸被毛检查弹性与厚实度

用于捏摸皮毛，感受被毛的厚度、密度、长度、细度；兔皮的厚度，尤以背腹部的弹性厚实度为要。4月龄以下的兔皮薄、柔软而缺乏韧性；老龄兔皮厚、不柔和、缺乏弹性，5～12月龄的兔皮厚度最适合(1.72～2.08 mm)，柔韧而有弹性。

3.吹被毛观察被毛密度

垂直于皮肤吹开被毛，形成漩涡中心，根据漩涡中心露出皮肤的面积大小来估测其密度。以不露皮肤或露皮总面积不超过4 mm^2 为极好，其密度一般在3万根/cm^2 左右；不超过8 mm^2，(约大头针头大小)为良好，其密度一般在2万根/cm^2 左右；不超过12 mm^2(约火柴头大小)为合格，其密度一般在1.5万根/cm^2 左右。如条件许可，用卡尺测量更加确切。

母兔被毛密度略高于公兔。从不同部位看，以臀部被毛密度最大，背部次之.肩部最差。

4.捕被毛观测微毛长度

将手指分开，横向捕入兔背部、腹部等部位的皮毛，观察被毛长度。如毛尖露出指缝且高于手指，被毛较长为1.8～2.0 cm，达到优良兔皮品质，可以取皮；如果毛尖没能露出指缝，手指外露，被毛较短，长度在1.8 cm以下，达不到优良兔皮品质，售价较低，应缓宰取皮。必要时可手拔兔毛量其长度。

5.掂量体重判断个体大小

在进行以上四项指标观测的同时，用手掂量估计体重大小，一般体重与皮板面积呈正相关，体重越大，皮板面积也越大，通常体重在2.75 kg以上的兔皮能够达到商品皮质量要求。必要时可称量。

总之，必须具备皮毛光洁平顺、厚实的獭兔才能宰杀取皮。否则，被毛不平，空疏粗糙，体质瘦小，所取的皮达不到等级要求，影响品质和效益。

三、商品毛兔的饲养管理技术

商品毛兔饲养管理的核心是提高产毛量和毛的品质，加工高档的兔毛服饰。由于幼兔至种兔等各阶段都可产毛，因此，商品毛兔饲养就包含了毛兔的各生产阶段。

(一)商品毛兔的饲养

饲养商品毛兔的目的是生产量多质优的兔毛，而兔毛产量是由兔毛生长速度(即兔毛长度)、兔毛密度和产毛有效面积定的。因此，应围绕个体大小、兔毛长短、密度高低等方面加强饲养。

1. 抓早期增重、控制最终体重

商品毛兔的营养需要量随采毛和毛的生长周期、外界环境以及生理状态的不同而变化。特别是加强早期的营养可促进毛囊的分化，提高被毛密度，同时增加体重和皮的表面积，这是养好毛兔的关键措施。一般掌握断奶至 3 月龄时期以较高营养水平的饲料饲喂，日粮消化能 10.46 MJ/kg、粗蛋白质 16.8%～17%、蛋氨酸 0.7%。

尽管体重越大产毛面积越大，产毛量越多，但是体重并非越大越好，过大的体重产毛效率低，即用于产毛的营养与维持营养的比例小，剪毛利用时间短。体重一般应控制在 4～4.5 kg，营养水平采取前促后控的原则。一般掌握能量降低 5%，粗蛋白质降低 1%，保持蛋氢酸水平不变的原则；或采取控制采食量的办法，即提供自由采食量的 85%～90%，而营养水平保持不变。

2. 营养的全面性和阶段性

毛兔的产毛效率很高，高产毛兔的年产毛量可占其体重的 40%以上，远远大于其他产毛动物(如绵羊)。产毛需要较高水平的蛋白质和必需氨基酸，尤其是含硫氨基酸。据估算，毛兔每产毛 1 000 g，相当于肉兔产肉 7 000 g 消耗的蛋白质。同时，其他营养(如能量、纤维素、矿物质和维生素等)必须保持平衡。

毛兔剪毛前后环境发生了很大的变化，因而营养要求要适应这种变化的需要。尤其是在较寒冷的季节，剪毛后突然失去了厚厚的保温层，维持体温需要较多的能量。同时，剪毛刺激兔毛生长，需要大量的优质蛋白质。因此，在剪毛后 3 周内，饲料中的能量和蛋白质水平要适当提高，饲喂量也应有所增加，或采取自由采食的疗法，以促进兔毛生长，为了提高产毛量和兔毛品质，可在饲料中添加含硫物质和促进兔毛生长的生理活性物质，如稀土添加剂、松针粉、蚕沙、硫黄、胆碱、甜菜碱等。

(二)商品毛兔的管理

1. 保持适宜温度，防止高温影响

长毛兔最适宜的环境温度是 14～16℃，如果不考虑饲料消耗的问题，环境温度还可以再低一些，但不能低于 10℃，特别是剪毛后 1 周内。有条件的兔场可把繁殖兔养在有空调设备的兔舍内。

2. 保证笼具质量、单笼饲养

毛兔的被毛生长很快，长度可达到 10 cm 以上，很容易被刮落或污染，影响产量和质量，因此笼壁、底板应光滑。铁网笼具易缠挂兔毛，诱发毛球病，消毒困难，一般不用于毛兔的饲养：为了防止毛兔之间相互接触而诱发食毛症，应一兔一笼，采取单笼饲养。

3. 及时梳毛

兔毛生长到一定长度后，会缠结成毡块，降低毛的等级，影响经济价值。被毛密度较低的毛兔，缠结更严重。梳毛是确保兔毛质量的日常工作。梳下来的毛也可以利用。梳毛没有固定的时间，主要根据毛兔的品种和兔毛生长状况确定。只要发现兔毛有缠结的现象，应及时梳理。梳理时的力度要适当，以防脱毛。

幼兔断奶后即应开始梳毛，每隔10～15 d梳理一次。成年兔在每次采毛后的第2个月即应梳毛，每10 d左右梳理一次，直至下次采毛。

梳毛的方法：将兔放采毛台或小桌子上，左手轻抓兔的双耳，右手持梳自顺毛方向插入，朝逆毛方向掩起。梳理不通时要用手轻轻扯开，不可强拉。梳毛的顺序是先颈后及两肩，再梳背部、体侧、臀部、尾部及后腿，然后提起两耳梳前胸和腹部，再梳大腿两侧和脚部，最后整理额、颊和耳毛。

4. 适时采毛

兔毛生长有一定的规律性，剪毛刺激了皮肤毛球，使血液循环加快，毛纤维生长加速。据测定，剪毛后1～3周，每周兔毛增5.1 mm；3～6周为4.7 mm；7～9周为4.1 mm；9～11周为3.7 mm。增加剪毛次数可以提高产毛量。剪毛过频，毛的品质下降，并且促使兔体早衰。一般南方较温暖地区每年剪毛5次，养毛期为73 d；北部地区可剪毛4次或2年9次。成年兔一年可剪4～5次毛。一年剪4次毛时，优质毛比例较高，一年剪5次毛时，兔毛产量可提高，但特级、一级毛相对较少。为了提高兔毛质量和毛纤维的直径，可采取拔毛的方式采毛，在较寒冷地区冬天尤为适用。

繁殖母兔在配种前1～2 d剪毛，剪毛间隔时间为33～68 d。剪毛的第2 d配种，一般认为，剪毛是最好的催情方法。

种公兔每隔6周剪毛一次（不考虑毛的价值），使被毛比重夏季不超过3～4 cm，冬季不超过5 cm。产毛量低于500 g的品种，被毛还可再长一些。

5. 剪好头刀毛

断奶后，在2月龄时进行第一次剪毛，俗称"头刀毛"。体质健壮的幼兔，剪毛后采食量增加，生长发育加快；体质弱的幼兔，头刀毛适当延后。断奶后立即剪毛，往往带来不良后果，甚至引起死亡。幼兔第一次采毛以剪毛为好，拔毛易损伤皮肤，影响成年后毛的密度及长度。

6. 剪毛期管理

剪毛应选择晴朗的天气进行。气温低时，剪毛后应适当增温和保温，适当用抗应激物质，如维生素C或复合维生素；为了预防消化道疾病，可在饮水中加入微生态制剂；预防感冒可添加一定的抗感冒药物（以中药为佳）；对于有疥癣病的兔场，剪毛后注射伊维菌素。剪毛后的幼兔要加强护理，精心喂养，冬春剪毛后，适当防寒保暖。

7. 重视防病

兔舍要定期消毒，切断疾病传播途径。特别注意预防直接损害毛皮的疾病。如毛癣症、兔痘、兔螨病、真菌病、脱毛症、兔虱、皮下脓肿、湿性皮炎等，一旦发现，立即隔离处理。

思考与练习

一、填空题

1. 兔毛制品具有________、________、________和________的特点。

2. 不同类型的家兔被毛的脱换形式不同。标准毛兔和狐狸毛兔________，安哥拉毛兔________。

3. 常见的商品肉兔品种有________、________、________和________。

4. 常见的商品獭兔品种有________、________和________。

二、选择题

1. 普通家兔毛纤维长 3～3.5 cm，长毛兔纤维长 6～10 cm，而獭兔的毛纤维长度仅(　　) cm。

A. 0.1～0.8　　B. 1.3～2.2　　C. 2.5～3

2. 獭兔与其他家兔一样，在正常情况下排出两种粪便。一种是硬粪，在白天排出，一种是(　　)粪，在夜间排出。

A. 黄粪　　B. 黑粪　　C. 软粪

3. 獭兔的选配方法，目前生产中最常用的有同型选配、异形选配和(　　)选配三种。

A. 个体　　B. 群体　　C. 亲缘

4. 獭兔性情没用明显的季节性，并且(　　)。

A. 很规律　　B. 很不规律　　C. 季节性强

三、简答题

1. 简述肉兔的生物学特性。

2. 简述商品獭兔的饲养管理要点。

3. 简述商品毛兔的饲养管理要点。

任务三　家兔生产性能的评定

【任务介绍】

该任务通过对家兔肥育、产毛、产皮、繁殖等生产性能的评定，介绍了各评定相关指标和评价方法。并根据这些评定指标衡量和评价家兔生产水平，科学指导家兔生产。

【任务分析】

学习本任务要熟悉家兔饲养管理的基本知识，了解家兔生产性能评定的相关指标，初步具备相关实验操作技能。

【任务实施】

一、家兔肥育性能的评定

(一)生长发育的评定

家兔的各种生产性能及其特征都是通过生长发育表现出来的。家兔的生长发育是对其生产性能的预测，也是对生产性能表现的直接评定。

生长是指家兔的整体或身体各部位的增大和增重。如身长从 30 cm 增长到 60 cm，或体重从 3 kg 增长到 5 kg 等。发育则是指家兔体形变化和身体内部各种机能逐步达到完善的过程。譬如，仔兔和成年兔体形上最大的差异在于头部和身体的比例，仔兔头大身短，成年兔头小身长。在生理机能上，诸如消化机能、生殖机能和抗病机能等都是随着年龄增长而逐渐成熟并趋于完善。所以生长和发育是有着密切联系的。

1. 生长发育阶段的划分

根据家兔生长发育的特点，可以划分为五个阶段。

(1)哺乳期。指从仔兔出生至断乳为止的阶段。该阶段仔兔的相对生长速度是一生中最高的时期，通常会测定这一阶段的相对生长速度。

$$相对生长速度=\frac{期末体重-期初体重}{期初体重}\times 100\%$$

例如，仔兔初生重一般为 55 g，45 日龄断奶体重可达到 800 g，其相对生长速度为 1 354.6%。

(2)幼年期。指断乳后到性成熟前(90 日龄)的阶段。此阶段是家兔一生中绝对生长最快的时期。

(3)青年期。指从家兔的性成熟逐渐趋向于生理成熟的一个阶段。其年龄范围一般指 3 月龄到初配阶段。

(4)成年期。指各种生理机能都发育成熟的时期。一般指初配到 3 岁这一阶段。该阶段家兔的性机能和生理都已发育成熟，代谢也趋于稳定，是种用价值最佳的时期。

(5)老年期。指处于 3 岁以上的阶段。此阶段家兔的新陈代谢逐渐降低，各组织器官的机能衰退，生产性能也开始下降。

2. 生长发育的评定方法

(1)体重和体尺测量。

①体重测定。家兔的体重测定应在早晨饲喂之前进行，这样可以避免采食量对体重造成的误差。有条件的兔场，应称取初生重、断乳重、3 月龄重、4 月龄重、6 月龄重、8 月龄重、10 月龄重和 1 岁时的体重。满 1 岁后，一年称重一次。毛用型家兔的体重一般在剪毛后立即称重。

②体尺测量。体尺测量的项目因目的不同而有一定的差异，一般情况下，直测量体长和胸围。若要研究家兔的生长发育规律，或某一品种的详细特征，需测量家兔的体长、头长、头宽、耳宽、耳长、肩高、腰高、腰宽、胸围、上脯长和胫长等。

体长：指从鼻端至坐骨端的直线长度。用来表示家兔体躯长度的发育情况。

胸围：指在肩胛后缘绕胸廓一周的周径。用皮尺测量，说明了胸部的容积，用来表示胸部发育的重要指标。

(2)生长的计算。

①累积生长。指在不同时期对家兔测得的体重和体尺数据，都是代表兔在测定前的生长发育累积的结果，故称之为累积生长。

②绝对生长。指某一时期内的生长速度，一般常用平均日增重来表示。

$$G=\frac{W_1-W_0}{t}$$

其中，G 为平均日增重，W_0 为期初体重，W_1 为期末体重，t 为期初到期末的天数。

③相对生长。表示生长强度的一种计算方法。当两只家兔的绝对生长相等时,并不等于它们的生长强度也是一致的。如某一个月内,一只体重 1.5 kg 的兔日增重为 30 g/d,另一体重 2 kg 兔的日增重也是 30 g/d,虽然它们的绝对增重速度相同,但个体较小的兔的生长强度应该较大。

$$R(\text{相对生长})=\frac{W_1-W_0}{W_0}\times 100\%$$

其中,R 为相对生长,W_0 为期初体重,W_1 为期末体重。

(二)肥育性能的评定

1.生长速度

一般用累积生长或平均日增重来表示,特别是用屠宰前的体重或从断奶到宰前期间的平均日增重来评定。

2.饲料消耗比

饲料消耗比是指从断奶到屠宰前每增加 1 kg 体重需要消耗饲料的千克数。

3.胴体重

家兔的胴体重可分全净膛重和半净膛重。全净膛重是指家兔屠宰后,除去血、毛皮、内脏、头和脚的胴体重。半净膛重是保留心、肝、肾等可食用的内脏的胴体重。

4.屠宰率

屠宰率是指胴体重占屠宰前活重(宰前停食 12 h 以上的活重)的百分率。即:

$$\text{屠宰率}=\frac{\text{胴体重}}{\text{屠宰前空腹活重}}\times 100\%$$

通常情况下,屠宰率是以全净膛胴体重来计算的,若要以半净膛计算,须注明。

二、家兔产毛性能的评定

产毛性能是评价毛用兔的重要生产指标,包括产毛量、产毛率和兔毛品质等。

(一)产毛量

毛用兔的产毛量可用年产毛量和单次产毛量两种方式表示。在评定毛用兔的产毛量时,大多采用年产毛量。年产毛量是指这一年的 1 月 1 日起至 12 月 31 日所剪毛的总和,或以某一日为起点,满 365 d 为止所剪毛的总和。生产中一般以第三次剪毛的产毛量评定毛用兔的产毛性能。

第三次剪毛量×年剪毛次数算作青年兔的年产毛量,这种年产毛量称为估测年产毛量。

(二)产毛率

产毛率是指单位体重的产毛效率。产毛率的评定是为了得到体型适度大,被毛密度和毛的生产性能都表现良好的个体,而不是单纯追求产毛率而忽略了体型,否则会导致兔群体型变小,产毛量下降。

$$\text{产毛率}=\frac{\text{单次剪毛量}}{\text{剪毛后的体重}}\times 100\%$$

(三)兔毛品质

兔毛是高级纺织原料,它的品质必须符合毛纺工业的需要。兔毛品质受毛纤维的长度、细度、强度、伸度、弹性、吸湿性,以及粗毛率和结块率等因素影响。一般兔毛大多都能符合毛纺工业的要求。因此,兔毛品质的评价一般都涉及毛纤维长度、粗毛率和结块率等三项。近年来,采用优质毛率来评定兔毛品质。优质毛率是指计算某兔所剪下来的毛中特级毛和一级毛所占的百分比,即:

$$\text{优质毛率}=\frac{\text{特级毛重量}+\text{一级毛重量}}{\text{一次采毛量}}\times 100\%$$

优质毛率越高,反映了该兔的毛品质越好。

三、家兔产皮性能的评定

(一)皮张面积

皮张面积是指自颈部中央至尾根的直线长与腰部中间宽度的乘积,用 m^2 或 cm^2 表示。皮张面积的大小关系到商品的利用价值,在品质相同的情况下,皮张面积越大,毛皮性能越好,利用价值越高。在獭兔皮的商业分级标准中,要求甲级皮的全皮面积在 1 100 cm^2 以上,乙级皮全皮面积在 935 cm^2 以上,丙级皮全皮面积须在 770 cm^2 以上。要达到甲级皮的规格,獭兔活重需达到 2.75～3.0 kg。

(二)被毛长度

被毛长度是指单根毛纤维的自然长度,以 cm 为单位,精确到 0.01 cm。被毛长度是评定獭兔毛皮质量的重要指标之一,要求被毛长度应符合品种特征,均匀一致。在鉴定时,用左手按压皮板头部,右手按皮板下方,用力一抖,观察皮毛表面是否平整和长短一致。如果皮毛还未长齐,即可看出表面凹凸不平,品质较次。每个部位测量 500 根,分别计算枪毛和绒毛长度的平均值。据测定,獭兔的被毛长度是 1.77～2.11 cm。

(三)被毛密度

被毛密度是指单位皮肤面积内所含有的兔毛纤维根数,与毛皮的保暖性能有很大关系。被毛密度越大,毛皮品质越好。现场测定被毛密度的方法是,逆毛方向吹开被毛,形成旋涡中心,根据旋涡中心露出皮肤的面积大小来确定其密度。以不露皮肤或露皮面积不超过 4 mm^2 为极好,不超过 8 mm^2(约火柴头大小)为良好,不超过 12 mm^2(约大头针头大小)为合格。据测定,獭兔被毛密度每平方厘米为 16 000～38 000 根,母兔被毛密度略高于公兔。从不同部位看,则以臀部被毛密度最大,背部次之,肩部最差。

(四)被毛细度

被毛细度指单根兔毛纤维的直径,以 μm 为单位,精确到 0.1 μm。测定方法是在体表的代表区域(一般为背中和体侧)取样,对毛样处理后用显微镜或显微投影仪进行测定,每个毛样测量 100 根,要测定两个毛样,计算其平均值。据测定,獭兔的被毛细度为 16.0～18.0 μm。

(五)平整度

被毛平整度是指全身的被毛长度是否一致。准确测定时可将体表分成几个部分(一般3～4个),每个部分采取500根毛样,分别计算枪毛突出于绒毛表面的长度,以评定不同部位被毛的平整度。生产中一般通过肉眼观察,看被毛是否有高低不平之处,是否有外露的枪毛等。

(六)粗毛率

粗毛率是指被毛纤维中粗毛量占总毛量的百分率。具体测定方法是在体表部位取一小撮毛样,在纤维测定板上分别计数细毛和粗毛的数量,然后计算粗毛占总毛数的百分率。计数的毛纤维总数不应低于500根。不同部位被毛纤维的粗毛率不同,研究表明,腹部粗毛率最高,臀部最低,与被毛密度正好相反。

四、家兔繁殖性能的评定

繁殖性能是指家兔繁殖和哺育后代的能力,起着扩大生产的作用。目前用于表示繁殖性能的指标有产仔数、断乳仔兔数、仔兔成活率、初生窝重、21日龄窝重和断乳窝重等项目。

(一)产仔数

包括总产仔数和产活仔数。总产仔数是指母兔一窝所产的仔兔总数,包括所产的死兔,都计算在内的产仔总数,它在一定程度上体现了母兔产仔的潜在能力。产活仔数是指产下活的仔兔总数。

(二)断乳仔兔数和仔兔成活率

断乳仔兔数是指断乳时所存活的仔兔数,其中包括替别的母兔带乳的仔兔数,而寄养出去的仔兔数则不计算在内。

仔兔成活率是指断乳时仔兔数占开始哺乳时的仔兔数的百分比。

$$仔兔成活率=\frac{断奶时仔兔数}{开始带奶时仔兔数}\times 100\%$$

(三)窝重

家兔的窝重可分为初生窝重、21日龄窝重和断乳窝重。

1.初生窝重

初生窝重是指整窝仔兔出生后在未吮乳之前的体重。主要用来表明整窝仔兔在胚胎期的生长发育情况。

2.断乳窝重

断乳窝重是整窝仔兔在断乳时的重量。它既反映了断乳仔兔的存活数,又反映了仔兔在吮乳期内的生长情况,因而它是母兔哺育性能的总的指标。

3.21日龄窝重

21日龄窝重是用来表示母兔泌乳性能的指标。21日龄窝重大,表明母兔的泌乳性能好。相反,表明母兔的母乳性能差。21日龄窝重与仔兔断奶后的生长速度存在一定程度的相关,所以,它不仅是衡量母兔泌乳性能好坏的指标,也是预测仔兔在后期生长发育的指标。

思考与练习

一、填空题

1. 评定毛兔产毛性能的生产指标包括________、________、________和________等。

2. 评定肉兔产肉性能的生产指标包括________、________、________和________。

3. 评定家兔繁殖性能的生产指标包括________、________、________、________和________等。

4. 评定皮兔产皮性能的生产指标包括________、________、________、________、________、________、________和________。

【项目课外拓展】

一、无公害肉兔养殖技术

肉兔的无公害养殖主要体现在肉兔的安全生产，兔肉不受污染，成为绿色食品。

(一)肉兔品种选择

肉兔品种有伊拉兔、布列塔尼亚兔、齐卡兔、新西兰兔、加利福尼亚兔、大耳白等。在引种的时候，种兔应来自有种兔生产经营许可证的种兔场，种兔应生产发育正常，健康无病；引进的种兔应隔离 30 d，经观察无病后，方可进入生产群；不要从疫区引兔；肉兔场要逐渐做到自繁自养。

(二)无公害标准饲养场舍建造

1. 场地选择

既要考虑肉兔的生活习性，又要考虑建场地点的自然和社会条件(地势高燥平坦，水源清洁卫生，通风良好，采光充足，兔场周围 1 km 无大型化工厂、皮革厂、肉品加工厂、屠宰场或其他畜牧场污染源)。

2. 建筑布局

一个结构完整的兔场，把它分成生产区、生活区、隔离及粪便尸体处理区等。隔离及粪便尸体处理区应符合兽医和公共卫生的要求。为了加强兔舍自然通风，以降低兔舍温度和湿度，纵墙应与夏季主导风向垂直；生产区四周应设围墙，凡需进入生产区的人员和车辆均需严格消毒；场区四周及各个区域之间应设置较好的绿化地带，有条件的地方可设防风林。

3. 兔舍环境

(1)温度。初生仔兔为 30～32℃，成年兔为 10～25℃。

(2)湿度。兔舍内相对湿度以 60%～65%为宜。

(3)通风。可调节温、湿度和排出有害气体，有效减少呼吸道疾病。夏天以 0.4 m/s、冬天以 0.2 m/s 为适宜空气流速。

(4)绿化。有美观、净化空气作用。

(5)噪声。保持兔舍周围安静。

(6)有害气体。及时排出有害气体,减少其对兔体的侵害,加强通风换气,搞好卫生。

(三)无公害饲料的配制

1. 常用饲料

(1)青绿饲料。有野草、蔬菜、树叶等,喂时要有草架,防止粪尿污染,保持新鲜、清洁,防止霉烂变质,保证无污染,无毒。

(2)粗饲料。有秸秆、干草等,防止发霉,可以进行氨化和碱化处理。

(3)精饲料。有作物的子实,饼粕类、糠麸类,配料时应多样化、合理搭配。精饲料以生喂为好,注意避免高温、高湿,防止发霉变质(黄曲霉毒性很大)。

(4)动物性饲料。为确保兔肉产品的安全,一般不用畜禽躯体、内脏、肉骨粉等,可用鱼粉、蚕蛹粉、蚯蚓等。

(5)添加剂饲料。可用氨基酸添加剂、微量元素添加剂、维生素添加剂、生长促进剂(喹乙醇、土霉素、锌杆菌呋等)、驱虫保健剂(氯苯胍、磺胺二甲嘧啶、微生态制剂)。

2. 无公害饲料配方

配合饲料从感官上应无发霉、结块及异味。汞、铅、砷等毒物含量在允许的范围内。

(1)幼兔饲料配方:干草粉30%,玉米19%,小麦19%,豆饼13%,麦麸15%,鱼粉2%,酵母粉1%,骨粉0.5%,食盐0.5%。

(2)生长育肥兔饲料配方:干草粉30%,秸秆粉10%,玉米16%,小麦16%,麦豉9%,豆饼14%,鱼粉2%,饲料酵母1%,骨粉1.5%,食盐0.5%。

(3)种兔饲料配方:混合干草35%,玉米粉35%,豆粉10%,麦麸12.5%,鱼粉5%,骨粉2%,食盐0.5%。

(四)饲养管理技术

1. 青粗饲料为主,精料为辅

所存饲料很少或者根本没被农药和化肥污染。又适合于肉兔的草食本能。

2. 调制饲料注意品质

肉兔对饲料选择比较严格,凡被践踏、污染的草料,霉烂、变质的饲料,一般拒食。因此,喂的饲料必须清洁、新鲜,并做好加工、调制。清除有毒、带刺、被污染和霉变部分。为了消炎健胃,在饲料中可加入适量大蒜、洋葱、韭菜等。

3. 定时定量,少给勤添

兔场应制订出喂兔日程,并保持稳定,不要忽早忽迟,也不能饥饱不均,注意先草后料;做到早餐早,晚餐晚,中餐精而少。

4. 保持安静

注意卫生。日常进兔舍或接近兔笼时要轻手轻脚,保持安静环境,更要防止狗、猫、鼠、蛇等侵袭,还要注意防潮湿。

5. 分群管理,适当运动

当幼兔长到2.5~3月龄时要及时分群管理,最好是笼养,每笼由3~4只逐步改为1~2只。

(五)科学的卫生防疫

在防疫药剂选择上要严格执行国家标准,杜绝有毒有害物质残留污染,保证兔肉产品无害。

1. 搞好环境卫生

及时清除舍内外的各种污染物、粪尿；兔舍、兔笼、用具等必须定期进行消毒，选择消毒药时，要选择对人和兔安全，对设备没有破坏性，没有毒性残留的消毒剂；如 2%的火碱或 3%的来苏儿溶液，每 2～3 周对周围环境消毒 1 次，每月对场内污水池、排粪坑、下水道出口消毒 1 次；妥善处理病兔、病畜的尸体；饮水要使用井水或自来水。

2. 按免疫程序接种

(1)仔、幼兔免疫力建立。25～30 日龄进行大肠杆菌疫苗注射；30～35 日龄巴氏、波氏杆菌病二联苗注射；40～45 日龄兔瘟疫苗注射；50～55 日龄魏氏梭菌疫苗注射；60～65 日龄兔瘟或其他含兔瘟的联苗注射。

(2)青、成年兔免疫程序。每年 2 次或 3 次定期防疫。各种疫苗注射间隔 3～5 d。

3. 不使用违禁药

药物的使用中，不能使用国家规定的违禁药。如玉米赤霉素、呋喃喹酮(痢特灵)、甲硝唑、氯霉素、杆菌呋、氯丙嗪、敌百虫等；允许使用的抗生素、抗寄生虫药，如氨苄西林钠、盐酸土霉素、链霉素、庆大霉素、氯苯胍、伊维菌素等。

【项目小结】

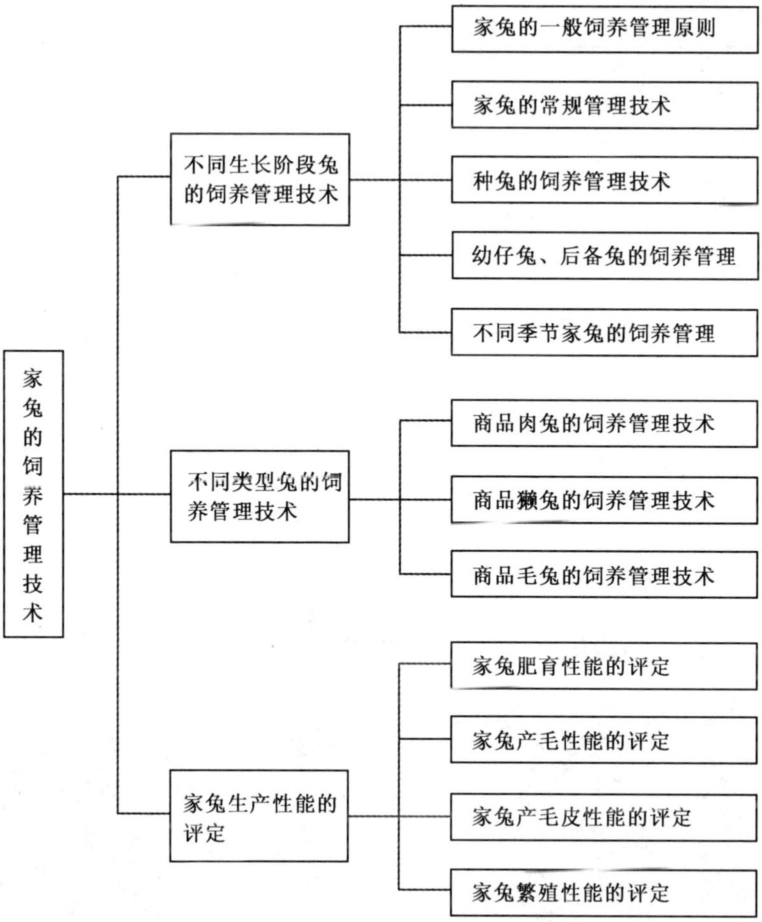

Project 5

兔场的环境控制与防疫

知识目标：

掌握兔场基本环境因素。

掌握兔场卫生防疫基本措施。

了解无害化处理方法以及常见兔病的诊断与防治方法。

技能目标：

掌握兔场环境监测和评价的方法。

掌握兔场的防疫方法和常规的免疫程序。

清洁卫生的兔场环境，是家兔养殖的关键环节。兔场环境包括作用于兔体的一切物理性、化学性、生物性和社会性环境。兔场环境是影响兔生产性能和健康状况的重要因素之一。了解环境对家兔机体健康的影响规律，科学地加以调控，可最大限度地减少环境给兔生产带来的不良影响，提高家兔生产力。

任务一　兔场卫生与环境控制

【任务介绍】

该任务主要介绍兔场的物理性环境（包括地势、土壤、温度、湿度、兔舍、笼具、尘埃、光照、噪声等），化学性环境（包括空气、有害气体、水等），生物性环境（包括草、料、微生物等），社会性环境（包括饲养、管理以及与敌害和其他家畜的关系等）以及它们对兔生产的影响。兔粪必须通过肥料化、饲料化、资源化途径做无害化处理，以免污染环境。

【任务分析】

学习本任务要求熟悉畜禽环境卫生基础知识，了解环境因素对家兔的影响。在此基础上，营造符合兔养殖生产所要求的环境条件，确保兔场、兔舍、笼具等清洁卫生，安全可靠，严防疾病传播。结合环境卫生专业知识，搞好兔场粪便、污水的处理。

【任务实施】

一、兔场的环境控制

（一）环境对家兔生产的影响

环境是指家兔生活的外界环境，包括作用于兔体的一切物理性、化学性、生物性和社会性环境。物理性环境包括地势、土壤、温度、湿度、兔舍、笼具、尘埃、光照、噪声等；化学性环境包括空气、有害气体、水等；生物性环境包括草、料、微生物等；社会性环境包括饲养、管理以及与敌害和其他家畜的关系等。

家兔的生活环境是影响兔生产性能和健康状况的重要因素。了解环境对兔健康和生产的影响规律，从而科学地加以调控，可以最大限度地减少环境的不良影响，提高兔群的生产力。

1. 温度

兔是恒温动物，为了维持正常体温，必须随时调节兔体与环境的散热和兔体自身的产热。气温越高，体内产热越难向外散发，这时不得不减少产热，从而引起食欲下降、消化不良、繁殖障碍等；气温越低，则需增加自身的产热，这不仅会消耗较多的营养物质，影响生长发育，还可能引起抵抗力下降，进而患病。兔最适宜的生活温度为，仔兔 28～32℃，幼兔 20～25℃，成兔 10～25℃。成兔在适宜的温度范围内生活，才能处于最佳的生理状态并表现出良好的经济性能，其临界温度为 5～30℃。而高温环境比低温环境更为不利，如果环境温度超过 30℃，连续几天可使兔的繁殖力下降，公兔精液品质恶化，母兔难孕，胚胎早期死亡率增加；如果环境温度超过 35℃，将出现虚脱，甚至死亡。

2. 湿度

湿度就是空气潮湿的程度，兔最适宜的相对湿度为60%～65%，一般不应低于50%或高于70%。潮湿的环境有利于病原微生物的健康，容易引起感冒、腹泻、疥癣、湿疹等；过于干燥的环境则可能会引起呼吸道黏膜干裂，也会引起细菌、病毒等的感染。湿度对兔产生的更多的影响往往是伴随着温度的变化，比如高温高湿会抑制散热，易引起中暑；低温高湿会增加散热，使兔感到寒冷，特别是对幼兔影响更大，仔兔甚至能够导致死亡。

3. 通风

通风对兔的生长发育和繁殖没有直接影响，而是通过加强兔只体内水分的蒸发和热量的散失，间接影响兔的热能和水分代谢。对于高度密集的饲养环境极为重要。通风可以调节舍内的湿度，有利于保持兔舍的干燥环境；在高温时增加通风，有利于兔体散热。相反，在低温高湿时增加通风，会使兔只产生寒冷的感觉，并引起相应的不良反应。通风除了可以排出舍内过多的水汽、维持适宜的温度外，还可以清除空气中的微生物、灰尘以及舍内产生的氨气、硫化氢、二氧化碳的等有害气体和臭味。兔舍的换气量一般要求每公斤兔活重为2～3 m^3/h，夏季炎热时换气量增加到3～4 m^3/h，冬季换气量可减少至1～2 m^3/h。兔对气流敏感，吹向兔的气流速度不应超过50 cm/s，冬季寒冷时不应超过20 cm/s，并保持兔舍各部位的气流均匀。

4. 光照

光照对兔体的生理机能具有重要的调节作用，尤其对繁殖和育肥等有明显的影响。繁殖母兔每日光照14～16 h，有利于正常的发情、妊娠和分娩；公兔每日光照8～12 h，过长将引起睾丸重量减轻、精子数减少。育肥兔应减少光照强度和减少光照时间，每日光照以10～12 h为宜，光照强会引起精神兴奋从而减少休息时间，并能增加甲状腺的分泌，提高代谢率，进而影响增重和饲料利用率。仔兔和幼兔需要光照则更少，一般每日光照8 h，且弱光即可。冬季日照时间短时，可以补充人工光照，光照强度一般为20lx。

5. 噪音

一般认为声音强度在80 dB以上就属于噪音。噪音对兔极为有害，会使交感神经兴奋，脉搏和呼吸增强，血压上升，胃收缩受抑制，胃液酸性降低，血糖升高，白细胞和嗜中性粒细胞的比例上升，淋巴细胞和嗜酸性粒细胞的比例降低，血中肾上腺素增加。因此，噪音影响可引起妊娠母兔流产，或胚胎死亡增多，哺乳母兔拒绝哺乳，或残食仔兔；重则引起腰椎骨折、僵直、痉挛，甚至死亡。最好将噪音控制在40～45 dB。

6. 有害气体

在半开放或开放的兔舍内，空气流动性大，舍内空气成分与外界差别不大；在封闭式兔舍内，若通风不良，舍内会聚集较高浓度的由粪尿、垫草、饲料等散发出的氨气、硫化氢、二氧化碳等有害气体，危害兔只健康。如1 m^3 空气中含氨10 cm^3 可使眼泪、鼻涕和口涎显著增加，50 cm^3 可使呼吸频率减慢、流泪和鼻塞。还可以导致慢性中毒，使体质变弱、易发病，采食量、增重及生产力下降；重则可引起呼吸中枢麻痹，窒息死亡。一般兔舍有害气体的允许浓度标准为，氨小于30 mL/m^3，硫化氢小于10 mL/m^3，二氧化碳小于3 500 mL/m^3。

7. 尘埃

空气中的尘埃主要是由于打扫地面、投饲干草或粉料等产生的。尘埃落在黏膜上，可引起结膜炎、呼吸道炎症；落在皮肤上，会阻塞皮脂腺和汗腺，使皮质变脆易损，皮肤散热功能下降，体温调节能力受到破坏，导致进一步的危害。最好将尘埃控制在 $10^3 \sim 10^6$ 粒/m^3。为了减少空气中的尘埃量，可以在兔场周围种植保护林带，场内适当植树，保证通风良好。

8. 地势

兔场选址的地势高低对兔生产有重要影响。地势低洼，或背阳、峡谷等地方，会造成排水不良、湿度大，从而引起病原微生物多且繁殖迅速，兔只易患病。因此，一般选择地势高燥处，向阳背风，稍有缓坡，坡度以3%左右较好；面积宽敞，地下水位低，要在2 m以下，排水良好的地方。

9. 土壤

土壤的透气性、吸湿性、毛细管特性、抗压性及土壤的化学成分，都直接或间接地影响兔的生产性能。透气透水性不良、吸湿性大的土壤(如黏土类)，当受粪尿等有机物污染后，在厌氧条件下分解产生如氨、硫化氢等有害气体，不断污染空气、土壤、水源，这是造成兔疾病的直接因素。兔场用地土壤以沙壤土最好，沙壤土透气性、透水性良好，持水性小，雨后不会泥泞，易于保持适当干燥；同时，沙壤土的导热性小，热容量较大，土壤温度比较稳定。

10. 水源

兔场的需水量很大，如兔的饮水、清洁卫生用水以及生活用水等，因此首先水源要充足。同时，水质要清洁无异味，不含有毒物质和过量的无机盐，必须要符合畜禽饮用水的标准(GB 5749 的要求)。水井边 3～5 m 内不得倾倒污水、垃圾和其他污染物。遭受污染的水源，不仅会导致兔患病，含某些化学元素过多的水源，甚至可以造成某些地方性疾病的发生和流行。

11. 社会关系

社会关系是指兔场与周围环境的关系，如居民区、交通道路、电力供应等。兔场排放的有害气体和排泄物，对大气和环境有一定的影响，因此兔场须建在居民区之外，500 m 以上的距离，还应处在居民区下风向，地势低于居民区。同时，兔场也不能受到周围环境的污染，应远离工厂、屠宰场、动物市场等污染严重的地方。兔场的交通既要方便又要避开噪音干扰，一般要求远离交通干线 300 m 以上，离一般公路 100 m 以上。兔场要考虑供电方便，以满足照明及生产、生活用电，还应自备电源，以备停电应急之用。

(二)兔场环境的调控

1. 温度的调控

(1)增温。地处寒冷地区的兔场进行冬繁，可以采用锅炉或空气预热装置等集中产热，再通过管道将热水、蒸汽或热空气送往兔舍；也可以在兔舍中单独安装供热设备，如锅炉、热风、电热器、保温伞、散热板、红外线灯、火炉、火墙等，也有用电褥子垫于产箱下增温使兔的冬繁成活率明显提高；还有的地区有温泉，水温高达 80℃，这种天然热源用来供热，十分经济。另外，设立单独的供暖育仔间、产房等，也是有效而经济的方式之一。

(2)降温。

隔热：在夏季，太阳辐射较强，必须注意兔舍结构的隔热，特别是对屋顶或笼顶要采用隔热装置。兔舍墙壁应为浅色，最好为白色，可以减少太阳对兔舍的热辐射。

遮阳：可以加宽屋檐、搭凉棚、植树、挂窗帘、设置遮阳板等。但有时会与舍内采光和通风有一定的矛盾，应全面考虑，妥善处理。

通风：可以采用开窗靠自然风力、舍内外温差加强对流散热，来达到通风散热的目的。

当自然通风不能满足要求时，可以利用机械通风。多采用风机送风，根据气温、兔舍大小、饲养密度，确定风机型号和送风方式，但应注意不要垂直吹兔体，否则会刺激引起感冒。

洒水：水的蒸发可以达到降温的目的，利用地下水或经冷却的水喷洒，降温效果更好。一般，水温比气温低 15～17℃时，可使气温降低 3～5℃。

喷雾：通过喷雾器将低温水在舍内呈雾状喷出进行降温。笼内也可以放置湿砖、湿木头等来达到降温的目的。但这几种方法只能在室内空气干燥、通风良好的情况下使用。

空调：通过制冷设备使空气降温，一般用氨或氟作为制冷剂，以电为动力。此方法耗费较高，且要求兔舍保温隔热性能良好。

绿化：兔场周围种植树木、攀缘植物、牧草或饲料作物等，覆盖地面、墙面，是缓和太阳辐射、降低环境温度、净化空气、改善小气候的主要措施。绿化搞得好的兔场，夏季可降温 3～5℃。

此外，降低饲养密度、供给充足饮水、控制配种、降低碳水化合物的饲喂量等科学的饲养管理方法，都起到一定的散热与降温作用。

2. 湿度的调控

舍内温度高、湿度大、闷气时要多开门窗通风，天气冷、下大雨、刮大风时关好门窗，防止雨水浸入舍内；舍内地面最好做成水泥地面，防止水汽蒸发在兔舍内；饮水盆或自动饮水器要固定好，避免被拱翻或损坏，弄湿兔舍；在梅雨季节或连日下雨时，空气湿度很大，可在舍内地面撒干草木灰或生石灰等吸潮。

3. 通风的调控

自然通风：适用于小规模的兔场，兔群密度不大的情况下实施有效。主要靠打开门窗或修建开放式、半开放式兔舍，达到通风换气的目的。排气孔的面积为舍内地面面积的 2%～3%，进气孔为 3%～5%；每平方米饲养活重不超过 20～30 kg。

机械通风：又称动力学通风，适用于机械化、自动化程度较高的大型兔场。机械通风又分为正压通风、负压通风和联合通风。

正压通风：是指风机将舍外新鲜空气强制送入舍内，使舍内压力增高，舍内污浊空气经风口或内管自然排走的换气方式。其优点是可以对进入的空气进行加热、冷却或过滤等预处理，有效地保证舍内适宜的温湿状况和清洁的空气环境；其缺点是造价高，管理费用也很大。

负压通风：又叫排气式通风，是通过风机抽出舍内污浊空气，使舍内气压相对低于舍外，新鲜空气通过进气口或进气管流入舍内而形成舍内外空气的交换。这种通风比较简单，投资少，管理费用低，因此被多数兔场采用。

联合通风：即同时用风机进行送气和排气，适用于兔舍跨度和长度均较大的规模兔场。

4. 光照的调控

兔舍采光一般采用自然光照为主，人工光照为辅。窗户的采光面积与兔舍地面面积之比一般为 1∶10；光线入射角不低于 30°；窗户下缘距离地面高度一般为 80～100 cm；窗户与窗户之间的间距宜小，一般可以在兔舍的一侧墙壁设一长形通窗。人工光照作为补充，以保证舍内每天所需的光照，其强度以 4 W/m² 为宜；一般用 25～40 W 白炽灯或 40 W 日光灯；灯泡或日光灯距离地面 2 m 左右；灯泡之间的距离是其高度的 1.5 倍。此外，在人工光照时最好设置可调变压器，使电灯在开关时有渐明渐暗的过程，以使兔适应。

5. 噪声的调控

噪声的来源主要有三方面：一是外界传入的声音；二是舍内机械操作产生的声音；三是兔自身产生的采食、走动、争斗等声音。为了减少噪声，建造兔场一定要远离高噪声区，如公路、铁路、工矿企业等，尽可能避免外界噪声的干扰；饲养管理操作要轻、稳，尽量保持兔舍的安静。

6. 有害气体的调控

通风是控制有害气体的关键措施，应根据兔场所在地区的气候、季节、饲养密度等严格控制通风量和风速。先测定舍内温度、湿度，再确定风速，控制空气流量。兔体附近风速不得超过 0.5 m/s。此外，还需要及时清除舍内的粪尿，减少内水管、饮水器的泄露，经常保持笼底网的清洁干燥，也可以有效地控制有害气体。

二、兔场的环境监测与评价

(一)兔场的环境监测

兔场的环境监测分析是以兔场的环境为对象，运用物理的、化学的和生物的技术手段，对其中的污染物及其有关的组成成分进行定性、定量和系统地综合分析。

1. 空气环境监测

温湿度：用干湿球温度表、自记温湿度计，按 9 点布局测试，每日观测时间为 8 时、14 时、20 时，将 8 时的观测值乘 2 后与其他次数值相加除以 4 作为日平均值，记录兔舍温湿度变化。

风速：采样点设置同上，打开指示器的风向、风速开关，观测风速指针摆动的平均位置，小数位补零，记入观测簿相应栏中。风速小的时候，把风速开关拨在“20”档，读 0～20 m/s 标尺刻度；风速大时，把风速开关拨在“40”档，读 0～40 m/s 标尺刻度。

照度：采样点设置同上，每日在日落后换纸，上纸时使纸上 10 时线对准筒口的白线，14 时线对准筒底的白线，纸上两个圆孔对准两个进光孔，压纸夹交叉处向上，将纸压紧，盖好筒盖。按照暗筒式日照计法，记录并计算。日照百分率＝(日照时数/可照时数)×100%，取整数。

噪声：采样点设置同上，测点距离墙面和其他主要反射面不小于 1 m，距离地面 1.2～1.5 m，距离窗户约 1.5 m。分别在昼间和夜间进行测量，在规定的测量时间内，每次每个测点测量 10 min 的连续等效 A 声级，做算术平均运算。

细菌总数：每舍采样不少于 3 个，分别沿兔舍对角线中笼位等高处的中央和两侧各设一个检测点，于日出前后、中午、日落前后取 2 个营养琼脂平皿在空气中暴露 10 min，37℃培养 24 h。连续测 3 d，数出菌落数，求 3 d 平均值：细菌总数(个/L)＝ 5 000×培养后平皿上菌落数/(平皿面积×暴露时间)。

大肠菌群：采样点设置同上，在测点上放置中国蓝琼脂培养基，空气中暴露 20 min，然后在 37℃恒温培养 24 h，观察并计数平板上的菌落数，连测 3 d，取平均值。

尘埃数：采样点设置同上，将透明胶带贴在载玻片背后，用缝衣针在透明胶带上画出 20 mm×20 mm 的方格，再分成 2 mm×2 mm 的小方格 100 格。在载玻片正面均匀地涂上薄薄一层凡士林，放置于采样点。连续测 3 d，取平均值。

PM_{10}(可吸入颗粒物,空气动力学当量直径≤10μm 的颗粒物):采样点设置同上,采样器入口距离地面高度不得低于 1.5 m。将已经称重的滤膜用镊子放入洁净采样夹内的滤网上,滤膜毛面应朝进气方向。将滤膜牢固压紧至不漏气。采样结束后,用镊子取出,将有尘面对折两次,放入样品盒或纸袋,并做好采样记录。用重量法进行测定,连测 3 d,取平均值。

TSP(总悬浮颗粒物,空气动力学当量直径≤100μm 的颗粒物):采样点设置同上,打开采样头顶盖,取出滤膜夹,用清洁干布擦去采样头内及滤膜夹的灰尘,将已编号并称量过的滤膜绒向上,放在滤膜支持网上,放上滤膜夹,对正,拧紧,使不漏气,启动采样,用重量法进行测定,连测 3 d,取平均值。

氨浓度:采样点设置同上,早饲前用大气采样器采集 5 L 空气,纳氏试剂分光光度法测定,连测 3 d,取平均值。

硫化氢浓度:采样点设置同上,用短节胶管依次将取样阀、干燥管和碱洗瓶连接,打开弹簧夹,缓缓打开取样阀,让其排放样品气体,同时用洁净干燥的注射器取样。用气体样品冲洗注射器 4~5 次后正式取样。取样时应让瓶内的气体压力将注射器芯子推到所需刻度,取好后立即注入(吸入)已抽真空的锥形瓶中,用碘量法进行测定硫化氢含量,并记录取样点的环境温度和大气压力,连测 3 d,取平均值。

二氧化硫浓度:采样点设置同上,量取 5 mL 四氯汞钾吸收液于多孔玻璃吸收管内,通过塑料管连接在采样器上,在各采样点以 0.5 L/min 流量采气 10~20 L,用四氯汞盐吸收——副玫瑰苯胺分光光度法测定,连测 3 d,取平均值。

二氧化碳浓度:采样点设置同上,取一个吸收管(事先应充氮或冲入经钠石灰处理的空气)加入 50 mL 氢氧化钡吸收液,以 0.3 L/min 流量,采样 5~10 min,采样前后,吸收管的进、出气口均用乳胶管连接以免空气进入。用定量滴定法测定,连测 3 d,取平均值。

恶臭:采样点设置同上,用真空排气处理系统将采样瓶排气至瓶内压力接近 -1.0×10^5 Pa,采样时打开采样瓶塞,使样品气体充入采样瓶内至常压后盖好瓶塞,避光运回实验室,24 h 内用三点比较式臭袋法测定,连测 3 d,取平均值。

2. 水源质量监测

色度:将样品在容积至少为 1 L 的玻璃瓶内,在采样后立即检测或贮存在暗处,并避免温度变化以及与空气接触。将样品倒入 250 mL 量筒中,静置 15 min,倾取上层液体作为试料,用铂钴比色法进行测定。

浑浊度:取 50 mL 水样,摇匀,置于比色管内,用散射法——福尔马肼标准进行测定,根据散射式浑浊度仪所显示的浑浊度读数判定。

臭和味:取 100 mL 水样,置于 250 mL 三角瓶中,振摇后从瓶口嗅水的气味,用适当词句描述,并按六级记录其强度;与此同时,取少量水放入口中,不要吞咽,尝尝水的味道,加以描述,并按六级记录强度,水味检测只适用于对人体健康无害的水样。

总硬度:吸取 50 mL 水样(硬度过高的水样,可取适量水样,用纯水稀释至 50 mL;硬度过低的水样,可取 100 mL),置于 150 mL 锥形瓶中,用乙二胺四乙酸二钠滴定法测定并计算水总硬度(以碳酸钙计)。

pH:将酸度计校准后,先用蒸馏水认真冲洗电极,再用水样冲洗,然后将电极浸入样品中,小心摇动或进行搅拌使其均匀,静置,待读数稳定时记下 pH。

溶解性总固体：将蒸发皿洗净，放在(105±3)℃烘箱内 30 min，取出，于干燥器内冷却 30 min，在分析天平上称量，再次烘烤、称量，直至恒定质量(两次称量相差不超过 0.000 4 g)。将水样上清液用滤器过滤，用无分度吸管吸取过滤水样 100 mL 于蒸发皿中，将蒸发皿置于水浴上蒸干，再移入烘箱内 1 h 后取出，干燥器内冷却 30 min，称量，再次烘烤、称量，直至恒定质量。计算获得水中溶解性总固体的质量浓度。

硫酸盐：吸取 50 mL 水样于 100 mL 烧杯中(若水样中硫酸盐浓度超过 40 mg/L，取适量水样并稀释至 50 mL)，用硫酸钡比浊法进行测量和计算。

细菌总数：无菌取样 1 mL，注入 15 mL 融化并冷却到 45℃的营养琼脂平皿中，立即摇匀，冷却凝固后，翻转平板，置于 37℃恒温培养箱中经 24 h 培养后，对所生长的细菌菌落的总数进行计数。

总大肠菌群：在 2 个各装有已灭菌 50 mL 三倍浓缩乳糖蛋白胨培养液的大试管中无菌操作各加入水样 100 mL；在 10 支装有已灭菌 5 mL 三倍浓缩乳糖蛋白胨培养液的试管中，无菌操作各加入水样 10 mL，混匀后置于 37℃恒温箱培养 24 h，将产酸产气及只产酸的试管，分别接种于伊红美蓝培养基上，再置于 37℃恒温箱培养 24 h，挑取特征性菌落进行涂片、革兰氏染色、镜检。挑取革兰氏阴性无芽孢杆菌菌落 1～3 个，再接种于普通浓度乳糖蛋白胨培养液中，置于 37℃恒温箱培养 24 h，有产酸产气者则证实有大肠杆菌群存在。

铅：取水样加入 5 mL 硝酸，在电热板上加热消解，确保样品不沸腾，蒸至 10 mL 左右，加入 5 mL 硝酸和 2 mL 高氯酸，继续消解，蒸至 1 mL 左右，取下冷却，加水溶解残渣，通过中速滤纸(预先用酸洗)滤入 100 mL 容量瓶中，用水稀释至标线，选择 283.3 nm 波长用原子吸收分光光度法测量，记录吸光度。

铬(六价)：取适量水样于 150 mL 烧杯中，加水至 50 mL，滴加氢氧化钠溶液，调节溶液 pH 为 7～8。在不断搅拌下，滴加氢氧化锌共沉淀剂至溶液 pH 为 8～9。将此溶液转移至 100 mL 容量瓶中，用水稀释至标线。用慢速滤纸干过滤，弃去 10～20 mL 初滤液，取其中 50 mL，用二苯碳酰二肼分光光度法测定。

(二)兔场的环境评价

1. 空气质量评价

空气环境影响评价技术程序大致可分为四个阶段：准备阶段、现场调查和测试阶段、影响评价预测阶段和报告书编写阶段。这四个阶段中，第一、二阶段是整个评价工作的基础，主要包括踏勘现场、了解工程设计、编写评价大纲、收集获取和分析处理各种基础资料及数据。第三阶段是评价工作的关键，主要是对空气环境质量现状进行评价；根据排放源的特性，选定、建立和验证空气扩散模式，进而对各类情况(不同排放工况、不同气象条件)下空气污染浓度作出定量预测，按照相应的空气环境质量标准(目标值)，对预测结果作出正确评价和分析。第四阶段是整个评价工作的重点，因为空气评价的主要工作成果最终都集中体现在报告书编写的质量上。在编写环境影响报告书时，应对建设项目的可行性提出建议，提出改善和减免环境污染的防治措施。

兔场空气环境质量基本指标和限值见表 5-1。

表 5-1　兔场空气环境质量　　mg/m³

项目	缓冲区	场区	舍区
氨	2	5	30
硫化氢	1	2	10
二氧化碳	380	750	3 500
PM_{10}	0.5	1	1～4
TPS	1	2	3～8
恶臭(稀释倍数)	40	50	70

注:表中数据皆为日均值。

兔场生态环境质量基本指标和限值见表 5-2。

表 5-2　兔场生态环境质量

项目	标准值
温度/℃	5～30
相对湿度/%	50～70
风速/(m/s)	≤0.5
照度/lx	20
细菌总数/(个/m³)	25 000
噪声/dB	40～45
粪便清理	日清理

2. 水源质量评价

地面水环境影响评价的工作程序分成三个阶段:编写评价大纲、预测与评价建设项目的环境影响和编写环保工作小结、提出环保措施建议。

兔场饮用水质量基本指标和限值见表 5-3。

表 5-3　兔场饮用水质量

项目	标准值
色/度	≤30
浑浊度/度	≤20
嗅和味	不得有异臭、异味
总硬度/(mg/L)	≤600
pH	5.5～8.5
溶解性总固体/(mg/L)	≤3 000
硫酸盐/(mg/L)	≤500
细菌总数/(个/L)	200
总大肠菌群/(个/L)	3
铅/(mg/L)	0.01
铬/(mg/L)	0.05

其中，嗅气和尝味需以适当的文字加以描述，记录强度等级见表5-4。

表5-4　嗅和味的强度等级

等级	强度	说明
0	无	无任何嗅和味
1	微弱	一般饮用者甚难察觉，但臭、味敏感者可以发觉
2	弱	一般饮用者刚能察觉
3	明显	已能明显察觉
4	强	已有很显著的嗅味
5	很强	有强烈的恶臭或异味

三、兔场粪污无害化处理技术

(一)兔粪肥料

兔粪为长圆形、色黑、质硬，其中氮、磷、钾三要素的含量较其他动物粪便为高，是动物粪尿中肥效最高的有机肥料。兔尿液中尿素含量很高，兔粪中氨、钾、磷等均可新鲜使用，都能被植物吸收利用。但粪中的蛋白质等未消化的有机物质，要经过腐熟后转变成氨或铵离子植物才能吸收。

兔粪的处理方法，一种是把清理出来的粪尿、垫料等污物堆放在一起，积攒一定数量之后稍加修整，覆盖一层泥土封闭，使里面的微生物大量繁殖、增温、腐熟；另一种方法可将每天清理出来的兔粪尿及污物堆放在固定的粪坑内，待粪坑堆满后，在上面用泥土覆盖严密，使其发酵、腐熟，15～20 d后，便可开封使用。

经过生物发酵腐熟的兔粪便，所含有的多种有害微生物及虫卵可被高温杀死，既可达到消毒的要求，又能提高肥效，减少氨的挥发。兔粪中残存而未消化的粗纤维，虽然没有肥分，但对改良土壤结构具有一定的作用。兔粪用作底肥肥效高，肥力长。

目前，我国各地使用兔粪尿液喷施农作物，不仅用量省，肥效快，而且增产效果也比较显著。兔粪液的制造方法较多，比较科学的方法是将兔粪放在缸内加水密封，经过15 d后自然发酵，促其分解，然后用箩筐、麻袋或纱布加以过滤，过滤后装入缸中密封待用。这种方法能减少氮的挥发，有利于保持肥分。

兔粪既是发展农业生产的很好肥源，又可作为养鱼及某些畜禽的补充饲料。

(二)兔粪饲料

兔粪营养丰富，特别是软粪，富含蛋白质、维生素和碳水化合物，如经适当处理可取代部分能量、蛋白饲料，一般用量占日粮的20%左右，可用于养鱼、养猪等。

饲料用兔粪的处理方法主要采用人工干燥、氧化发酵和乳酸发酵等。人工干燥是利用高温或日光暴晒，使兔粪含水量降至10%～30%，不仅保存粪内的有机物质，且能抑制各种病原微生物；氧化发酵就是在有氧条件下，利用需氧微生物产生发酵作用；乳酸发酵是将兔粪拌以麸皮或米糠，然后加入少量乳酸菌，密闭产热抑制其他微生物。兔粪可与其他能量饲料混合压制成颗粒饲料。

(三)规模养殖场粪便无害化处理系统组成

1.粪便预处理棚

新鲜粪便含水量高,发酵困难,发酵前需经过预处理。预处理棚为敞开结构,四周不设墙体,自然通风,顶瓦最好是透明的,可充分利用阳光,四周开槽流雨水,如图 5-1 所示。

图 5-1　粪便预处理棚

2.粪便发酵棚

发酵棚可用钢瓦结构、砖柱瓦结构,规格为长 100 m,宽 50 m,高 3.15～4 m。发酵车间四面墙体可以是开放式,或用砖块砌成半截墙体,如图 5-2 所示。

图 5-2　粪便发酵棚

3. 鲜粪便输送装置

养殖场需将固体新鲜粪便运送到粪便预处理棚，采取的方法有，人工手推车运送和索道运送，如图 5-3 所示。

图 5-3　鲜粪便输送装置

4. 沼气池

较大的沼气池建设多为全混凝土浇筑结构（图 5-4），或为市售塑胶沼气池，一般建设 2～3 个沼气池。沼气池建设还应选择低地势，能形成液体自然流动。另外，还应注意防止漏气和雨水进入。

图 5-4　沼气池

5. 沼液输送管道和储液池

在沼气池到储液池之间按地势铺设专门的自流管道，发酵完成沼液自流到储液池里存放，如图 5-5 所示。

图 5-5　储液池

6. 粪便固、液分离装置

养殖场粪便排污在设计时采取固、液分离设计，在每一个舍内外墙下安放专门的管道用作分离排放液体粪便，通过专用液粪管道中粪便，自流到调节池，调节池进口处设置闸栅，以清除液粪中较大的异物，液粪在调节池集中后，送入沼气池。

(四)粪污无害化处理技术

1. 肥料化技术

(1)土地还原法。粪便还田是我国传统农业的重要环节，在改良土壤、提高农作物产量方面起着重要的作用。土壤在获得肥料的同时净化粪便，节省了粪便的处理费用。凡是周围有农田的养殖场，都宜尽最大可能将粪便及污水就地用于农田，以较低的投入达到较高的生态、社会和经济效益。但是，粪便作为有机肥直接施用，其最大的障碍是含水量高、有恶臭，而且氨的大量挥发造成肥效降低，病原微生物还会对环境构成威胁。土壤的自净能力有限，施用过多粪便容易造成污染；鲜粪在土壤里发酵产热及其分解物对农作物生长发育都有不利影响，所以施用量受到很大的限制。鲜粪的利用，还受季节的影响，淡季往往没法及时、充分地利用，需要在施用前进行必要的堆制处理。

(2)腐熟堆肥法。堆肥发酵处理是目前粪便处理与利用较为传统可行的方法，运用堆肥技术，可以在较短的时间内使粪便减量、脱水、无害，取得较好的处理效果。粪便经过堆放发酵，利用自身产生的温度来杀死虫卵和病原菌。传统的堆肥方法占地面积大、发酵时间长、无害化程度及肥力低，限制了粪便的使用，不适合大、中型养殖场的要求。高温堆肥处理是利用混合机将粪便和添加物质按一定比例进行混合，控制微生物活动所需的水分、酸碱度、碳氮比、空气、温度等各种环境条件，在有氧条件下，借助嗜氧微生物的作用，分解粪便及垫草中各种有机物，使堆料升温、除臭、降水，在短时间内达到矿质化和腐殖化的目的。高温堆肥处理主要受碳氮比、含水率、温度、供氧量、pH 等几方面因素的影响。高温堆肥集有机和元机物质、微生物及微量元素于一体，发酵时间短、营养全面、肥效持久，并且处理设备占地面积小，管理方便，生产成本低，预期效益好。

(3)生物处理法。通过应用微生物无害化活菌制剂发酵技术处理粪便是比较科学、理想、经济实用的方法，所产生的无害化生物有机肥是一种重要的肥料资源。用于生产生物有机肥的菌种应具备对固体有机物发酵的性能，即能通过发酵作用使有机废弃物腐熟、除臭和干燥。目前，用于固体有机废物发酵的菌种主要有丝状真菌、担子菌、酵母菌和放线菌，也可采用光合细菌与上述的一些菌种制成发酵剂用于固体有机废弃物的发酵。此方法一般要求粪便中的有机质含量在30%以上，最好在50%～70%；碳氮比为(30～35)∶1，腐熟后达到(15～20)∶1；pH 6～7.5；水分含量控制在50%左右为宜，在有些加菌发酵方法中可调节到30%～70%。如果在发酵后进行干燥、粉碎，加入一定配比的无机氮、磷、钾肥料，复混造粒就制成了另一种新型的生物有机复合肥。生产微生物有机肥料的方法有平地堆置发酵法、发酵槽发酵法、塔式发酵厢发酵法等。粪便通过生物发酵处理后消除了病菌、虫卵等有害微生物，使环境得到改善和净化。生物有机肥含有益微生物菌群，根系促生效果好、肥效高，同时富含有机、无机养分及生理活性物质，体积小、便于施用、安全无公害，能满足规模化生产和使用要求。

2. 饲料化技术

粪便资源的饲料化，是粪便综合利用的重要途径。粪便含有大量未消化的蛋白质、B族维生素、矿物质元素、粗脂肪和一定数量的碳水化合物，特别是粗蛋白质含量较高，经过加工处理后可成为较好的饲料资源。

(1)自然干燥。日光干燥是最简单的粪便处理方法。将新鲜的粪便(或掺入一定比例的米糠后)摊在水泥地面或塑料布上，经常翻动，使其自然干燥，之后粉碎加入其他饲料中饲喂。这种干燥方法成本低，但受季节及天气影响较大，效率不理想，对环境的污染较为严重。

(2)高温干燥。粪便中水分含量较高，为70%～75%；有条件的养殖场可通过高温快速干燥机进行间接加热(500～700℃)，在短时间(12 s)内使其水分含量降到13%以下。此法干燥快速、灭菌彻底，但养分损失较大、成本也高。

(3)低温干燥。将粪便运到有搅拌机械和气体蒸发的干燥车间，装入低温干燥机中，使水分含量降到13%以下，便于贮存和利用。

(4)自然发酵。将新鲜粪便与干草、麸皮或碎大麦按一定比例混合均匀，水分控制在50%左右，装入青贮窖内密封发酵，温度保持在5℃以上，20～40 d后开窖喂用，或者装入饲料池中密封发酵后饲喂。

(5)堆积发酵。首先将新鲜粪便收集起来，然后倒入缸内，用水泡开、搅动，待沉淀后除去上层杂质和下部泥沙；取中层纯粪，沥干水分。每10 kg粪加酵母片15～20 g，糖钙片15～20片，土霉素5～6片，堆积发酵5～6 h，用来饲喂其他动物。

(6)塑料袋发酵。塑料袋发酵是将粪便晾晒至七成干，每100 kg粪便掺入10～20 kg的麸皮或米糠，搅拌均匀后装入塑料袋中密封发酵，温度控制在60℃左右，夏季发酵1 d，春秋季发酵2 d，发酵标准以能嗅到酒糟香为宜。发酵的粪便可掺60%～75%的其他饲料饲喂，如需长期保存，可将发酵好的粪便晾干(水分<70%)，装袋保存。

(7)青贮。青贮方法是处理粪便较为简便、有效、完善的方法。只要有足够的水分(40%～60%)和可溶性碳水化合物，即可与作物的残体、饲草、作物秸秆或其他粗饲料一起青贮。青贮时，粪便与饲草或其他粗饲料搭配比例最好是1∶1。粗纤维的消化率可通过添加氢氧化钠、氢氧化钾、氢氧化铵等碱性物质来提高。青贮法可提高粪便的适口性和吸收率，防止蛋白质损失。还可将部分非蛋白质转化成蛋白质。故青贮粪便比干粪营养价值高，青贮又可有效地杀灭细菌。

(8)生物分解法。利用蝇蛆、蚯蚓和蜗牛等低等动物分解粪便,达到既提供动物蛋白质又能处理粪便的目的。此法比较经济,生态效益显著。蝇蛆、蚯蚓和蜗牛都是营养价值很高的动物性蛋白质饲料。先将粪便与饲料残渣混合堆沤腐熟,达到蚯蚓产卵、孵化、生长所需的理化指标,然后按适当厚度将腐熟料平铺于地,放入蚯蚓让其繁殖。被蚯蚓利用过的粪便和饲料残渣叫蚓粪,富含无机养分,是理想的盆花和园林种植肥,还可用作养殖业的辅助饲料。而作为优质蛋白饲料的蚯蚓本身,则是养鸡、养鸭、养鱼、养家畜的极好饲料,有益于禽业和渔业的发展。

3.能源化技术

制作沼气粪便中含有大量的能量,利用发酵沼气不仅可使粪便中的能量转化成可燃气体,还可避免粪尿的肥分损失。养殖场若有沼气,可用其取暖或给幼仔保暖,工作人员洗澡,也可用沼气烘干粪便;而沼液和沼渣可用来灌溉农田和果园,提高农作物的产量,是一种"养殖—沼气—果菜粮"的绿色生态农业模式。这种方法体现了物质与能量多层次循环利用技术,实现了畜牧业无废物、无污染生产,具有明显的经济、社会和环境效益。

发酵初期,粪尿中的有机物可被沼气池中的好气性微生物分解。在氧气不足的环境中,厌气性微生物开始活动,发酵过程可分为成酸阶段、沼气和二氧化碳的生成阶段。使粪便产生沼气的条件,首先是保持无氧环境;其次是需要充足的有机物,以保证沼气菌等各种微生物正常生长和大量繁殖;第三是有机物中碳氮比适当,碳氮比一般以25∶1时产气系数较高。第四是沼气菌的活动温度,沼气菌生存温度范围为8～70℃,以35℃最活跃,此时产气快且量大,发酵期约为1个月;第五是沼气池发酵物pH保持在6.7～7.2时产气量最高。粪便经沼气发酵,其残渣中约95%的寄生虫卵被杀死,钩端螺旋体、大肠杆菌等全部或大部被杀死,同时,残渣中还保留了大部分养分,可作为饲料或肥料进行多层次利用。

沼气的产生需要较高的环境温度,往往在冬季需要沼气的时候因温度低、产生沼气少,而不能满足需要。制作沼气仅适用于温度较高的地区,而在较寒冷的北方,如果制作沼气,冬天要采取其他的辅助升温措施,以增加产气量。

此外,干粪便直接燃烧可以产热,该方法适合于草原地区粪便的处理。对于集约化养殖场来说,所产生的大量粪便,其含水量高,干燥起来很困难,必须进行转化才能用作燃料。

思考与练习

一、填空题

1.环境是指兔生活的外界环境,包括作用于兔体的一切________、________、________和社会性环境。

2.仔兔最适宜的生活温度为________℃。

3.一般兔舍有害气体的允许浓度标准为,氨小于________,硫化氢小于________,二氧化碳小于________。

4.给兔场环境降温的几种主要方法包括,遮阳、________、________、________、________、绿化等。

5.兔场环境的调控包括________的调控、________的调控、________的调控、________的调控、________的调控和有害气体的调控。

6. 空气环境影响评价技术程序大致可分为四个阶段：________、________、________以及报告书编写阶段。

7. 饲料用兔粪的处理方法有________、________和________等。

二、判断题

1. 兔的生活环境是影响兔生产性能和健康状况的重要因素之一。(　　)

2. 低温对兔无特殊影响，不会影响幼兔或者仔兔。(　　)

三、选择题

1. 如果兔的饲养环境温度过高，连续几天超过 35℃，则容易发生(　　)。

A. 繁殖能力下降　　B. 公兔精液品质恶化

C. 母兔难孕　　D. 虚脱或死亡

2. 兔舍的换气量一般要求每千克活重为(　　)m^3/h。

A. 2～3　　B. 7～8　　C. 1～2　　D. 5～6

3. 哪种不属于兔场的噪声来源(　　)。

A. 外界传入的声音　　B. 舍内机械操作产生的声音

C. 兔自身产生的采食、走动、争斗等声音　　D. 以上答案均不正确

4. 兔粪中哪种要素的含量不比其他动物粪便为高(　　)。

A. 镁　　B. 氮　　C. 磷　　D. 钾

5. 粪污无害化处理技术不包括(　　)。

A. 生物处理法　　B. 腐熟堆肥法

C. 土地还原法　　D. 生物分解法

四、简答题

1. 简述何为兔场的环境监测，主要包括哪些方面。

2. 简述噪声对兔的影响有哪些？

3. 简述兔场环境通风调控的方法有哪些？

4. 简述腐熟堆肥法粪污无害化处理的过程是什么？

任务二　兔场的卫生保健

【任务介绍】

兔场的卫生防疫工作是确保兔场安全生产的重要环节，本任务主要介绍兔的免疫程序；疫苗的选择、保存和运输；兔只的免疫接种方法等。兔场必须坚持“预防为主，防重于治”的原则，采用综合性防疫措施，切断传染病的传播途径，从而健全兔场防疫体系。

【任务分析】

学习本任务要熟悉动物免疫、生物制品学等相关基本知识，按照兔的免疫程序，科学地选择疫苗，对兔群进行免疫和药物保健，提高兔群体质和抗病能力，预防传染病、寄生虫病的发生和蔓延。

【任务实施】

一、兔场免疫与疫源控制

1.兔场防疫体系的建立

(1)养兔业及疫病流行的特点。集约化程度高,兔只接触频繁,容易引起传染病的发生和流行;品种良种化,兔子流动性大,使得疫病易传播;兔喜欢干燥,爱清洁,密集化饲养不利健康。

(2)养兔业防疫体系建立的基本原则。坚持预防为主,防重于治的原则;确立疫病的多因论观点,采用综合性防疫措施;切断传染病的流行环节;制定兽医保健防疫计划。

2.兔场综合防疫体系的基本内容

(1)消除传染源。

①坚持自繁自养。兔场或养兔专业户应选养健康的良种公兔和母兔,自行繁殖仔兔,防止引进种兔时带入兔病,造成疫病的传播。在自行繁殖时,必须注意防止近亲繁殖,可利用杂种一代的杂种优势,提高兔的品质和生产性能,增强对疾病的抵抗力。

②防止引种带入疫病。兔场和养兔户引种时,要从非疫区购买。购买前须经当地兽医部门检疫,购入兔全身消毒和驱虫后方可引入。引进后仍应继续隔离观察至少一个月,进一步确认健康后,再并群饲养。在隔离期间,还应驱除体内、外寄生虫和补种疫苗。另外,兔场使用的饲料和用具也要从安全地区购入,不要随意购买,严防带入各种传染源,造成疫病的发生与流行。

③及时扑灭传染源。具有典型症状、类似症状或其他特殊检查阳性的病兔是危险性最大的传染源,应选择不易散播病原体、消毒处理方便的场所或房舍进行隔离,严密消毒,加强卫生和护理工作,有专人看管和进行治疗,没有治疗价值或不能治疗的兔,由兽医根据有关规定进行扑杀和无害化处理;未发现任何症状,但与患病动物及其污染的环境有过明显接触的可疑病兔,有可能处在潜伏期,并有排菌的危险,应在消毒后另选地方将其隔离、看管,限制其活动,详加观察,有条件时应立即进行紧急免疫接种或预防性治疗,出现症状则按患病动物处理;疫区内其他易感动物属于假定健康兔,应严格隔离饲养,加强防疫消毒和相应的保护措施,立即进行紧急免疫接种,必要时根据实际情况分散喂养或转移至偏僻场所。

(2)切断传播途径。

①做好日常卫生与消毒工作。消毒是综合性预防措施中的重要一环。病兔的分泌物、排泄物和被病兔粪便、血液及分泌物污染的土壤、场地、兔舍、兔笼、用具和饲养人员的衣服、鞋、帽等都要进行彻底消毒。常用的消毒方法:a.机械性清除,清扫、洗刷、通风等清除病原体是最普通、最常用的方法,随着舍内粪便、垫草、饲料残渣等污物被清除,85%的病原体也被清除。b.物理消毒法,阳光是天然的消毒剂,其光谱中的紫外线有较强的杀菌能力,阳光的灼热和蒸发水分引起的干燥亦有杀菌作用,同时,人工紫外线照射也常用于房舍的消毒,通常照射3 h可杀灭80%~90%的病原体;高温是最彻底的消毒方法之一,包括火焰烧灼及烘烤、煮沸和蒸汽消毒,其中煮沸1~2 h可以消灭所有的病原微生物。c.化学消毒法,常用化学药品溶液进行消毒,选择化学消毒剂时则应考虑对病原体消毒力强、对人和动物毒性小、不损害被消毒物体、易溶于水、在环境中比较稳定、廉价易得、使用方便等因素。如兔舍

可选用2%热火碱水、30%热草木灰水、20%漂白粉水或20%石灰乳等，运动场可选3%来苏儿、2%福尔马林溶液、0.5%过氧乙酸或0.2%农乐等，木质用具可选用2%火碱溶液、0.1%新洁尔灭、0.1%消毒净、0.5%过氧乙酸、1/300菌毒敌溶液或1/200消毒灵等，金属用具可选用0.1%新洁尔灭、0.1%洗必泰、0.1%消毒净或0.5%过氧乙酸等，毛皮可选用1%石炭酸溶液浸泡或福尔马林熏蒸等。d.生物热消毒，主要用于污染的粪便、垃圾等的无害化处理。

②控制活的传播媒介。老鼠、蚊、蝇和其他吸血昆虫是病原微生物的携带者和传播者，因此要做好驱蚊、灭鼠、灭蝇、防犬猫等工作。灭鼠药如安妥，其用量是食饵的2%～3%，磷化锌用量是食饵的3%～5%；灭蚊、蝇、虻、蚤、蜱等吸血昆虫药，如2%敌百虫溶液、0.5%敌敌畏溶液等。

③有计划地进行药物预防。应用药物预防疾病是重要的防疫措施之一，尤其在某些疫病流行季节之前或流行初期，应用安全、价廉、有效的药物加入饲料、饮水或添加剂进行群体预防和治疗，可以收到明显的效果。但要注意防止产生耐药性，影响药物的防治效果，可通过做药敏试验，选择有高敏感性的药物用于防治。比如，将磺胺二甲嘧啶按0.4%～0.5%的量混入饲料，每日内服2次，或以0.2%的浓度饮水，连饮3周；或用强力霉素每千克体重5～10 mg，每日内服2次，可减少支气管败血波氏杆菌病、巴氏杆菌病及球虫病的发生。再如，在仔兔开食或断奶期间，可用球痢灵，每千克体重50 mg，每日内服2次，连用5 d；或氯苯胍，每千克饲料中加150 mg，断奶开始连喂45 d；或氯吡多，每千克饲料中加200 mg，连用4周，可预防球虫病、滴虫病及其他细菌感染。

④做好隔离封锁工作。当暴发急性传染病时，除严格隔离患病动物之外，还应采取划区封锁的措施。所谓封锁，就是切断或限制疫区与周围地区的一切自由的日常交通、交流或来往，它是为了防止疫病扩散而对疫区或其他动物群采取的划区隔离、扑杀、销毁、消毒和紧急免疫接种等的强制性措施。

(3)提高家兔抗病力，消除易感动物。

①依据家兔的生物学特性，进行科学地饲养管理。

仔兔：兔出生后的前3周称仔兔，此时以母乳为主，要特别注意母兔泌乳的品质和数量，细致观察仔兔每天能否吃饱，如果母兔乳汁不足，会引起仔兔营养不足，而使仔兔生长缓慢，发育不良。产箱要冬暖夏凉、清洁、干燥、舒适，箱壁要光滑，以免造成母兔、仔兔外伤。垫料宜短、柔软。经常注意检查母兔乳房，以防仔兔食入患有乳房炎母兔的乳汁而发病。仔兔15日龄进入睁眼期，并开始吃料。此时应单独给仔兔喂易消化、适口性好的饲料，并补充清洁的饮水，开始喂料一定要少，严防采食过量引起消化不良。同时要每天清除笼具中的粪尿，保持清洁干燥，定期消毒，防止发生球虫病等。仔兔进入断奶期后，由以吃奶为主过渡到以饲料为主，此时期是影响仔兔成活率的关键。因此，除加强管理，注意卫生外，应喂给营养丰富、易消化的饲料，并逐步达到正常的日粮标准。

幼兔：3周龄以上、3月龄以下为幼兔。此期家兔发育快，采食量大，机体代谢旺盛，需要喂给富含蛋白质又易消化的饲料，严禁喂给腐败变质的饲料。对于幼兔喜爱吃的幼嫩青草，一定要限量喂给，逐渐增加，防止一次采食过量导致消化不良。根据幼兔的日龄和体质强弱，分群饲养。注意夏季的通风降温，冬季的保暖防寒，雨季的防潮，以及兔舍、兔笼与用具的清洁卫生。

青年兔：3～6月龄的兔为青年兔。此时公、母兔应分开饲养，防止早配。公兔单笼饲养,以防相互殴斗咬伤。青年兔代谢旺盛,采食量大,应喂给优质干草与青绿多汁饲料,适当补充蛋白质饲料。

怀孕母兔:要保证孕兔有足够的营养,严禁喂给劣质的饲料。怀孕中后期,严禁捕捉、剪毛,避免各种异常响声和惊扰刺激。有沙门氏菌病引起流产的兔场,在母兔怀孕初期应接种沙门氏菌灭活苗进行预防。产前要对产房、兔笼、产箱进行彻底消毒,产后及时除去污物与粪尿,喂给清洁饮水及鲜嫩易消化的青绿饲料。产后 2～3 d 内应减少精料喂量,以防因幼兔吃奶量少而导致乳房炎的发生。

哺乳母兔:母兔的哺乳期一般为 28～42 d。此期除保持兔舍、兔笼清洁干燥,环境安静,饲料新鲜、易消化、营养丰富全面、适口性强外,还应根据母兔产后天数、食欲、哺乳仔兔数及乳汁的质与量,决定饲喂量。泌乳量高的母兔,要防止乳汁蓄积而导致乳房炎;泌乳量少的母兔,要防止仔兔咬破乳头而引起感染性乳房炎。

种公兔:种公兔要一笼一兔,以防止互相咬斗。公兔笼与母兔笼要保持较远的距离,以免异性气味的刺激,造成公兔不安,消耗精力,影响性欲。兔笼底板要光滑,经常消毒,保持清洁,防止发生生殖器官疾病。种公兔在春季换毛季节,体质较差个体,最好停止配种。配种前必须检查公、母兔外生殖器,以防因配种而受到感染。配种期间成年公兔每日可以交配 1～2 次,连续 2 d,休息 1 d。配种要按计划进行,防止兔群品质退化。

②制定合理的免疫程序,加强免疫。免疫接种是预防和控制家兔传染病的一项极为重要的措施,免疫接种就是用人工的方法,把疫苗或菌苗等引入家兔体内,从而激发兔体产生特异性抵抗力,使易感的家兔转化为有抵抗力的家兔,以避免传染病的发生和流行。免疫接种应按一定的免疫程序进行。不同地区、不同类型的养兔场的免疫程序不同。一般来说,免疫程序的制定首先要考虑当地疾病流行的情况及严重程度,据此才能决定需要接种何种疫苗,达到什么样的免疫水平。首次免疫时间的确定,除了考虑疾病流行情况外,主要取决于母源抗体的水平。

③搞好饲养管理工作。如兔腹泻病多见于断奶后的幼兔,因为此期由仔兔到幼兔发生了几种变化,即由完全吃奶到以吃奶为主,吃食为辅,又到吃食为主,最后到完全吃食的几个阶段。此时如果饲养管理不当,容易造成菌群失调,肠道机能紊乱,易引起肠炎、腹泻,甚至死亡。如果在此期间加强科学管理,加强营养,精心护理,逐渐给予合适、全价、过渡性饲料,幼兔则会安全渡过这一关,不发病,健康成长。

④严格控制使用抗生素药物 抗生素在一些细菌性疾病的治疗中起过良好的作用,长期使用或超量使用会造成机体内正常菌群的失调。治疗疾病过程中,可用可不用的抗生素,坚决不用。窄谱抗生素能治的病,不用广谱抗生素,用一种抗生素能治好的病不用两种。不少养殖户广谱、新药、超大剂量、多种药物一齐下,想尽可能把所有的"病原菌"全部消灭。其结果事与愿违,非但没有治好病,反而造成机体内微生物平衡失调,免疫功能下降。

⑤应用微生态制剂调节体内常在菌的平衡。兽医临床上常见微生态制剂有生物兽药、饲用微生物添加剂、生菌素、益生素、肠痢生、低聚木糖与枯草芽孢杆菌的混合物等。应用微生态制剂能调节体内菌群,促进体内正常菌的生长,抑制病原菌的生长,减少疾病的发生。应用微生态制剂能刺激机体免疫系统,促进免疫细胞产生促分裂因子,促进吞噬细胞的吞噬能力,从而提高机体免疫力。应用微生态制剂调节机体胃肠功能,帮助营养物质的消化吸收。应用微生态制剂能纠正微生态失调,促进有益菌平衡,促进机体康复。

二、兔场免疫

兔的免疫接种是根据免疫学原理，给兔注射疫苗，使机体自身产生特异性抗体，以达到预防和控制疾病的目的。在养兔生产过程中，免疫接种是一种较为有效的防病方法，广泛应用于养兔生产中，对兔疾病的防控起到极其重要的作用。

1.疫苗的选择

选择有批文，正规厂家生产的疫苗。当前疫苗市场欠规范，有些疫苗甚至没有批号，鱼龙混杂。要辨别真假，不能只图便宜。用了劣质疫苗，不仅无免疫效果，而且贻误了免疫时机，造成安全隐患，增加养殖风险。

正规厂家通过农业部 GMP 认证，生产的疫苗有正式批准文号。疫苗抗原含量充足，免疫保护率高，免疫保护持久，安全性好。非正规厂家生产的疫苗抗原含量低、性能不稳定，注射后，免疫保护时间较短，甚至不产生抗体，达不到免疫效果。

同时，要选择适合自己兔场的疫苗。每个兔场的生产情况与疾病发生情况都有所不同，各兔场要根据自己兔场的生产需要，合理制定免疫程序，按计划进行免疫接种；切忌过度接种，给兔只造成不良影响。

2.疫苗的运输与保存

兔用疫苗是灭活苗，要求在 2～8℃温度条件下保存。疫苗运输与气温有很大关系：在高温和冷冻的天气条件下，一定要有保温设施如保温瓶、保温箱、冷藏车等，避免高温、阳光照射、冻结和碰撞。在运输时要尽量缩短运输时间，采取防震减压措施，以保障疫苗的质量。

如果将疫苗置于高温环境或处于冻结状态中，很快会降低抗原效价，甚至失去免疫作用。有的养殖户反映打了疫苗不管用，可能是因为在运输贮藏环节出现了问题，导致疫苗在使用之前就已经失效了。

3.免疫接种

这是一项细致而繁杂的工作，大致可以分以下几个步骤：

①免疫接种前的准备。要根据兔场的养兔数量制定科学合理的免疫接种计划或免疫接种程序；按免疫接种程序有计划地进行免疫。

用具的准备与消毒：所用的注射器、消毒棉球、针头等要经过严格的消毒后备用。

检查接种兔群的健康状况：对于病、弱、残、怀孕后期的兔只，均不应接种。

检查疫苗的外观质量：如发现疫苗瓶破损、瓶盖封闭不严或松动、无标签或标签不完整、超过有效期、色泽改变、发生变质等情况时，一律不得使用。在使用前详细阅读使用说明书，了解疫苗的用途、用法、用量和注意事项等。

为了减少接种疫苗时对兔的应激，疫苗在使用前从冰箱中取出，置于室温下(22℃)2 h 左右，或放入 35℃预温 1 h，待疫苗接近兔体温时使用。

使用前，将疫苗瓶轻轻振摇，使其混合均匀；然后将注射器针头内的水分排净，用 75%的消毒棉球消毒疫苗瓶塞，将注射针头刺入疫苗瓶液面下吸取疫苗，吸出的疫苗不可注回瓶内，以免造成污染。

②免疫接种的方法。兔的接种方法一般为皮下注射法。选择皮薄、毛少、皮下血管少的

耳后颈部作为注射点。

有单人操作和双人操作两种:双人操作时,一人用一只手抓住要免疫兔的头及双耳,另一只手抓住兔的臀部皮肤保定,另一人持注射器,注射部位用75%的酒精棉球消毒后,用左手将皮肤挟起皱褶呈三角形,右手持注射器将针头沿三角形基部刺入皮下,推动注射器活塞,将疫苗徐徐注入。一人操作时,左手将兔的双耳握在手中以固定兔只,以食指和拇指挟起颈部皮肤,挟起皱褶呈三角形,右手用棉球消毒皮肤后,持注射器将针头刺入三角形基部皮下,推动注射器活塞,将疫苗缓缓注入。

在注射疫苗时,如果针头在皮内,注射时会感到有阻力,同时注射部位会形成一个圆丘突出于皮肤表面,此时要注意调整针头进深,使其到达皮下。注射完毕后,快速拔出针头。

③免疫接种后的工作。清理接种时所用的用具及疫苗,将用过的用具清洗净、消毒后备用;用过的疫苗瓶、棉球等废弃物应消毒后深埋;填写免疫接种登记表,做好相关记录工作。

观察免疫后兔只的饮食、精神、大小便等情况有无异常,常有一过性的减食现象,其他不良反应不多见;有条件的兔场可做免疫监测,以了解免疫的效果。

④免疫接种时的注意事项。疫苗开启后应立即用完,没有用完的疫苗应做废弃处理,不可留作下次再用。

一次吸不完的瓶内疫苗,瓶塞上应固定一个消毒针头,专供吸取疫苗用;吸取疫苗后不要拔出针头,用酒精棉球包裹,以便再次吸取疫苗。禁止用给兔只注射过的针头吸取疫苗,以免疫苗被污染。

注射器、针头,大小要适中,以便于操作,所用针头原则上越细越好,以不堵针为好,一般以8号短针头为宜。

接种时要求无菌操作:最好每只一个针头。重复使用时,应注射一只消毒一次,农户养殖兔只数量较少时,可一户换一个针头;若是养兔场接种时,应可50~100只更换一个针头。若是有疫情紧急接种时,应一兔一个针头,严格按照无菌操作,防止相互感染。

注意接种剂量要准确,严格按照疫苗使用说明书规定的接种剂量接种,不得随意增减。在接种后5 d内,尽量不对接种兔只使用抗生素或抗病毒药物,以防免疫受到干扰,达不到免疫效果。

注射时应细心观察注射情况,防止针头穿透皮肤将疫苗注射到体外,造成打飞针现象。也不可将疫苗注入肌肉或其他组织器官内,以免引起不必要的损失。

免疫接种在使用联合疫苗时,可一针防二病或三病,大大提高了工作效率,但在安全性和免疫效果方面,要多苗不如单苗效果理想。使用联合疫苗时,建议最多只可用二联,若用三联苗时,兔瘟应重新单独接种。

免疫接种一定要在兔群正常饲养状态下进行,接种疫苗时动作要轻柔,以减少对兔的应激。在换料、运输、兔转群等不稳定情况时,不要接种疫苗。如在病理状态下免疫接种,会影响接种效果,严重会导致兔死亡。

对数量较大的兔群免疫接种时,可先以少量兔只试验,无不良反应时再做大群免疫接种。

免疫接种次数并非越多越好。有的养殖户为了加强免疫接种的效果,一年会给兔只打多次兔瘟疫苗,认为次数越多越保险,其实这是一个认识的误区。多次免疫会造成兔体的免疫机能紊乱,出现免疫麻痹现象,导致免疫失败。

综上所述,兔免疫接种只有按照科学规范进行操作,才能达到理想的免疫效果;如果某一环节发生失误,都有可能导致免疫失败。

4.兔场免疫程序

常见兔用疫苗品种有:

①兔出血症(兔瘟)疫苗。当前使用兔出血症组织灭活苗。断乳日龄以上的兔,每兔皮下注射 1 mL,7 d 左右产生免疫力,免疫期为 6 个月,每兔每年注射 2 次。未曾免疫过的兔群,初生 20～30 日龄的仔兔可进行第一次预防注射,经免疫过的兔群,初生仔兔应在 45 日龄左右进行预防注射。发生疫情时可用组织灭活苗紧急注射,3～7 d 内能有效地控制疫情。

②兔黏液瘤病疫苗。用黏液瘤兔肾细胞弱毒苗,按使用说明规定的剂量加生理盐水稀释。断乳日龄以上的兔,每兔皮下或肌内注射 1 mL,4 d 后产生免疫力,免疫期为 1 年。使用肖扑氏纤维瘤病毒疫苗预防注射方法同上。

③兔痘疫苗。兔群受到兔痘流行威胁时,可用牛痘疫苗作紧急预防接种,使用方法按瓶签说明。

④兔巴氏杆菌病菌苗。兔巴氏杆菌灭活苗,30 日龄以上的兔,每兔皮下或肌内注射 1 mL,间隔 14 d 后,再注射 1 mL,免疫期为 6 个月,每兔每年注射 4 次。还可使用巴氏杆菌与兔瘟二联苗注射,断乳日龄以上的兔,每兔皮下或肌内注射 1 mL,7 d 产生免疫力,免疫期为半年,每兔每年注射 2 次。

⑤兔波氏杆菌病菌苗。用支气管败血波氏杆菌灭活苗,怀孕兔在产前 2～3 周,或配种时;断乳前 1 周的仔兔、青年兔、成年兔,每兔皮下或肌内注射 1 mL,7 d 后产生免疫力,免疫期为 6 个月,每兔每年注射两次。或用兔波氏杆菌与巴氏杆菌二联苗,仔兔断乳前 1 周,怀孕兔妊娠后 1 周,其他青年兔、成年兔每兔皮下或肌内注射 1 mL,7 日产生免疫力,免疫期为半年,每兔每年注射 2 次。

⑥兔魏氏梭菌病菌苗。兔魏氏梭菌灭活苗,30 日龄以上的兔,每兔皮下或肌内注射 1 mL,间隔 14 日,再注射 1 mL,免疫期为 6 个月,每兔每年注射 4 次。也可用魏氏梭菌与巴氏杆菌二联苗预防注射,20～30 日龄仔兔,每兔皮下或肌内注射 1 mL;30 日龄以上的兔,每兔皮下或肌内注射 2 mL,7 d 后产生免疫力,免疫期为半年,每兔每年注射 2 次。

⑦兔伪结核病菌苗。兔伪结核耶新氏杆菌多价灭活苗,断乳前 1 周的仔兔、青年兔、成年兔,每兔皮下或肌内注射 1 mL,7 d 后产生免疫力,免疫期为半年,每兔每年注射 2 次。

⑧兔沙门氏杆菌病菌苗。兔沙门氏杆菌灭活苗,断乳前 1 周的仔兔,怀孕前或怀孕初期的母兔以及其他青年兔、成年兔,每兔皮下或肌内注射 1 mL,7 d 后产生免疫力,免疫期为半年,每兔每年注射 2 次。

⑨兔绿脓假单胞菌病菌苗。绿脓假单胞菌多价灭活苗,每兔皮下或肌内注射 1 mL,7 d 后产生免疫力,免疫期为半年,每兔每年注射 2 次。也可用假单胞菌、巴氏杆菌与波氏杆菌三联苗,仔兔断乳前 1 周,怀孕兔妊娠后 1 周及其他兔,每兔皮下或肌内注射 1.5 mL,7 d 后产生免疫力,免疫期为半年,每兔每年注射 2 次。

⑩兔大肠杆菌病菌苗。兔大肠杆菌火活苗,20～30 日龄的仔兔,肌内注射 1 mL,7 d 后产生免疫力,免疫期为 4 个月。

参考免疫程序：

18～25 日龄皮下注射兔大肠杆菌多价灭活苗，1 mL/只，预防兔大肠杆菌病。

26～35 日龄皮下注射兔多杀性巴氏杆菌灭活苗，1.2 mL/只，预防兔巴氏杆菌病。

36～45 日龄皮下注射兔病毒性出血症(兔瘟)灭活疫苗，1.2 mL/只，预防兔病毒性出血症(兔瘟)。

46～60 日龄皮下注射兔产气荚膜梭菌病灭活疫苗，2 mL/只，预防兔魏氏梭菌病。

70 日龄皮下注射兔病毒性出血症、多杀性巴氏杆菌病二联灭活疫苗，1.5 mL/只，加强预防兔病毒性出血症及多杀性巴氏杆菌病。

繁殖种兔每 4 个月接种免疫一次，每次皮下注射兔病毒性出血症、多杀性巴氏杆菌病二联灭活疫苗，2 mL/只；大肠杆菌多价灭活疫苗，1.5 mL/只；兔产气荚膜梭菌病灭活疫苗，2 mL/只。每注射一种疫苗需间隔 5～7 d。

当发生疫情时，发生疫情的场、户和周围受威胁的场、户均应紧急预防接种相应的疫苗。

三、药物预防

药物预防是为了预防兔某些疫病和促进兔生长，在饲料中添加抗生素或化学合成的抗菌药作为日粮的组成，目的是获取预期或更佳的饲养效果。有目的、有计划地对兔群应用药物进行预防和治疗也是兔病综合防治的措施之一。尤其在疫病流行季节之前或流行初期，将安全、广谱、价廉、有效的药物加入到饲料或饮水中，往往可收到事半功倍的效果。根据兔场或兔群的实际情况，兔群以呼吸道病流行为主，可重点进行呼吸道病预防；兔群以消化道病流行为主，则应重点进行消化道病预防；要消除兔的寄生虫病，每年在春、秋两季可应用丙硫咪唑各进行 1 次全群消化道驱除线虫、绦虫、绦虫蚴及吸虫；仔兔断奶后服用驱球虫药物，可以获得良好的预防效果。例如氟哌酸可减少腹泻病的发生，氯羟吡啶、地克珠利可预防球虫病。产后 3 d 内，母兔每次内服 0.5 g 的长效磺胺片，每天内服两次，连喂 3 d，可预防乳房炎等疾病的发生。将磺胺二甲嘧啶按 0.4%～0.5%的量混入饲料中喂服，每天两次，或以 0.2%浓度饮水，连饮 3 周，或用强力霉素每千克体重 5～10 mg，每天内服两次，可减少支气管败血波氏杆菌病、巴氏杆菌病及球虫病的发生。平时在饲料中经常混入葱、蒜等食物，同时在仔兔开食或断奶期间，可用球痢灵，每千克体重 50 mL，每天内服两次，连服 5 d；或用氯苯胍，每千克饲料中加药 150 mg，断奶开始连喂 45 d；或可爱丹，每千克饲料中加药 200 mg，连服 4 周，可预防球虫病、滴虫病及其他细菌的感染。

但要注意的是，不要长期使用同一种药物，以免细菌产生抗药性；同时也要注意间歇给药，避免药物在兔体内积蓄过量，产生毒副作用。尤其在兔屠宰上市前 1 个月，应停止给药，以免兔体内药物残留，影响人体健康。

除此之外，还应注意以下几点：

(1)正确选择药物。每种药物抗病原体的性能不同，所以预防用药必须有所选择，当某种疫病同时有几种药物可供选择时，一般可根据预防效果、有效剂量、药物的性质、药物的毒性、药物的价格等，合理选择使用药物，在保证有效的前提下尽量降低成本。用药后要及时观察反应，如果效果明显，证明选药正确，如果效果不明显，应及时调整用药，有中毒反应立即停药。

(2)正确使用药物剂量。药物剂量通常是指防治疾病的用量,因为药物要有一定的数量被机体吸收后才能达到一定的药物浓度。只有达到一定的药物浓度,才能出现药物作用。如果剂量过小,在机体内不能获得有效浓度,药物就不能发挥其有效作用。相反,如果剂量过大,超过一定的浓度,药物的作用可能出现质的变化,对机体就会产生不同程度的毒性。所以在用药时必须严格掌握药物的剂量范围。

(3)选择合适的给药方法。不同的给药方法,可以影响药物的吸收速度、利用程度、药效出现的时间及维持时间,甚至还可引起药物性质的改变。预防药物常用的给药方法,有混水给药、混饲给药、气雾给药、药浴等方法。在兔饲养生产中要根据具体情况,选择药效发挥最快、最好的途径。一般情况下,见效最快的是静脉注射,其次是腹腔注射、肌内注射,再其次是口服,凡能直接让药物作用于病灶的应直接让药物作用于病灶,如滴鼻、滴耳、局部封闭等。

(4)注意配伍禁忌。当两种或两种以上药物配合使用时,有的会产生理化性质的改变,使药物产生沉淀、结块、变色,从而影响预防或治疗效果,甚至失效或产生毒性,如磺胺药(钠盐)与抗生素(磺酸盐或盐酸盐)混合产生中和作用(水中有沉淀出现),药效降低。维生素B_1、维生素C属酸性,遇碱性药即分解失效。在进行药物预防时,一定要注意配伍禁忌的问题。例如,乳酶生是乳酸杆菌的活菌制剂,使用时忌与抗生素药物合用,以免使之失效;四环素不宜与生长素合用,因四环素容易与生长素中的钙、铁、铜、锰等离子结合成不易吸收的络合物,影响药效的发挥;磺胺类药物与普鲁卡因禁止在一起使用;单独使用磺胺类药物,应配合服用适量的碳酸氢钠。

(5)注意药物的保存。药物的保存与药物的质量关系极大,但往往被忽视,造成药物变质、失效,贻误病情,甚至引起意外事故。因此,想药物保存中必须根据药物的特性,在做好分类保存的同时,还应采取不同的保存方法。例如,易潮解的药物应放在密封口瓶内,放在干燥处保存;易光化的药物除密封外应置于有色瓶中,在暗处保存;易氧化的药物应防止与空气接触;不能置于常温下的药物,应置于冰箱,适宜的温度下保存;使用药品时要注意药品的有效期,过期药物不宜继续使用。

(6)慎重使用新药。有些养殖户一见兔只生病,一味讲究治疗效果,就追求使用新药,而没有对症治疗。在使用新药时,必须经过专业部门的鉴定,所提供的资料确认可靠后才可使用。在使用新药前应参阅有关资料,先小群试用,观察确认防治有效果、无毒性反应后再全群使用。

(7)了解禁用兽药和休药期。饲养肉兔过程中,用药要严格执行国家有关饲料、兽药的规定,严禁在肉兔生产中使用国家明令禁止、世界卫生组织禁止使用的所有药物,要对农业部发布的《食品动物禁用的兽药及其他化合物清单》有所了解,如:在养兔生产中严禁使用乙烯雌酚、盐酸克伦特罗和氯霉素等。不得将人畜共用的抗菌药物作饲料添加剂使用,对允许使用的药物要按要求使用,并严格遵守休药期的规定。

兔场常用的药物预防程序见表5-5。

表 5-5　大型兔场免疫及预防用药程序(参考)

月龄	预防疾病	防治方法
1月龄	球虫病	氯苯胍内服,每千克体重 10 mg,配合饲料中的添加量为 100～150 mg/kg,连用 45 d,治疗量加倍
	大肠杆菌病	痢特灵或氯霉素内服,每千克体重 10 mg,每天 2 次,连用 3～5 d,配合饲料中的添加量为 200～250 mg/kg。氟哌酸内服,每千克体重 10 mg,每天 2 次,连用 3 d
6月龄	消化道疾病、寄生虫病	内服盐酸左旋咪唑,每千克体重 10 mg,或丙硫苯咪唑每千克体重 15 mg
配种期	兔梅毒病	患部用 2%硼酸水或 0.1%高锰酸钾溶液清洗后,涂擦青霉素软膏;肌肉注射青霉素,每千克体重 3 万～4 万 IU,连用 4～5 d
哺乳期	乳房炎	炎症表面涂鱼石脂软膏或氧化锌软膏,如已形成脓肿则应排脓清洗,肌注青霉素,每千克体重 3 万～4 万 IU,每日 2 次,连用 3～5 d
日常	疥螨病	肌注灭虫丁,每千克体重 0.2 mL,每天 1 次,连用 2～3 d;2%敌百虫水溶液或膏擦洗、浸泡或涂抹患处,每天 1 次,连用 2～3 d;5%碘酊 3 份、甘油 7 份,混合涂擦患部
	消毒	每年 3～4 月份或 9～10 月份,用 3%烧碱或 10%石灰水做好环境消毒工作

思考与练习

一、填空题

1. 药物预防应注意以下几个方面,正确选择________、正确使用________、选择合适的________、注意________、注意________、慎重使用________、了解禁用兽药和休药期。

2. 在切断传播途径中,可以使用以下几种方法,做好日常________、控制________、有计划地进行________、做好隔离封锁工作。

3. 兔舍主要采取以下消毒方式,包括:________、________、________、________。

4. 对于将要进行免疫接种的兔只,处于________、________、________、________的兔只,均不应接种。

二、判断题

1. 首次免疫时间的确定,除了考虑疾病流行情况外,主要取决于母源抗体的水平。(　　)

2. 在微生态失调时应用微生态制剂无法纠正微生态失调,促进有益菌平衡,促进机体康复。(　　)

3. 疫苗在运输与保存过程中,温度越低越好。(　　)

4. 在进行药物预防时,某些药物的浓度越高效果越好。(　　)

5. 3～6 月龄的兔为青年兔,此时公、母兔可以同笼饲养。(　　)

三、选择题

1. 在综合防疫体系中如何消除传染源(　　)。

A. 坚持自繁自养　　B. 做好日常卫生与消毒工作

C. 防止引种带入疫病　　D. 发生传染病时及时扑灭传染源

2. 关于兔群免疫接种,以下不正确的是(　　)。

A. 疫苗开启后应立即用完,没有用完的疫苗应做废弃处理,不可留作下次再用。

B. 注意接种剂量要准确,严格按照疫苗使用说明书规定的接种剂量接种,不得随意增减。

C. 免疫接种次数越多越好。

D. 对数量较大的兔群免疫接种时,可先以少量兔只试验,无不良反应时再做大群免疫接种。

3. 药物保存中,易光化的药物除密封外,应(　　)。

A. 放在干燥处保存　　B. 置于有色瓶中,在暗处保存

C. 应防止与空气接触　　D. 应置于冰箱

四、简答题

1. 简述如何建立养兔防疫体系。

2. 简述为什么在饲养中要严格控制使用抗生素药物。

3. 简述如何选择兔用疫苗。

4. 简述药物预防的原因。

5. 简述给兔进行接种时,双人如何进行操作。

【项目课外拓展】

一、粪尿制沼气的应用技术

(一)沼气发酵基本原理

沼气是一种可燃性气体混合物,它的主要成分是甲烷,其次是二氧化碳。除此以外,还含有少量的氮、氢、氧、氨、一氧化碳和硫化氢等气体。沼气是有机物质(如农作物秸秆、人畜禽粪便、垃圾以及有机废弃物等)在厌氧条件下,通过特定微生物的作用形成的。沼气是一种方便、清洁的气体燃料,可以广泛应用于生产和生活中。

沼气发酵的实质是微生物自身物质代谢和能量代谢的一个生理过程。沼气发酵过程中,微生物在厌氧的情况下为了取得进行自身的生活和繁殖所要的能量,而将一些高能量的有机物质分解,有机物质在转变为简单的低能量成分的同时放出能量以供微生物代谢之用。沼气发酵的过程一般可以分为 3 个阶段:第一阶段是液化阶段,第二阶段是产酸阶段,第三阶段是产甲烷阶段。

沼气发酵的 3 个阶段是相互连接、交替进行的,它们之间保持动态平衡。在正常情况下,有机物质的分解消化速度和产气速度相对稳定。如果平衡被破坏,就会影响产气。若液化阶段和产酸阶段的发酵速度过慢,产气率就会很低,发酵周期就变得很长,原料分解不完全,料渣就多。但如果前两个阶段的发酵速度过快而超过产甲烷速度,则会有大量的有机酸

积累起来，出现酸阻抑，也会影响产气，严重时会出现“酸中毒”，而不能产生沼气(甲烷)。

(二)沼气发酵原料

日常生活中的农作物秸秆、杂草、树叶等，家畜家禽的粪便，农业、工业产品的废水废物，还有水生植物都是用来进行沼气发酵的原料。沼气发酵原料既是生产沼气的物质基础，又是沼气微生物进行正常生命活动所需的营养和能量的物质来源。为了保证沼气发酵过程中有充足而稳定的发酵原料，同时使池内发酵既不结壳，又容易进料和出料，达到管理方便，产气率高的目的，须认真选择好沼气发酵原料。为了确切地表示固体或液体中有机物质的含量，一般采用如下方法来测定原料的有机质的量。

总固体，又称干物质，是指发酵原料除去水分以后剩下的物质。测定方法为：把样品放在105℃的烘箱中烘干至恒重，此时物质的质量就是该样品的总固体质量。挥发性固体，是指原料总固体中除去灰分以后剩下的物质。测定方法为：将原料总固体样品在500～550℃温度下灼烧1 h，其减轻的质量就是该样品的挥发性固体质量，余下的物质是样品的灰分，其质量是该样品灰分的质量。在沼气发酵中，沼气微生物只能利用原料的挥发性固体，而灰分是不能利用的。因此就应该用挥发性固体的质量来表示原料的质量。但考虑到测定挥发性固体含量要比测定总固体含量的要求更高，在大多数农村还不具备这个条件，而农村常用的沼气发酵原料(粪便和秸秆)在风干状态下的总固体质量分数又比较稳定，测定几次后的平均值基本就可以作为常数通用。一般就使用总固体质量表示农村原料质量，计算比较方便。农村常用发酵原料总固体含量见表5-6。

表5-6　农村常用发酵原料总固体含量(近似值)　　%

发酵原料	总固体含量	水分含量	发酵原料	总固体含量	水分含量
风干稻草	83	17	猪粪	18	82
风干麦草	82	18	牛粪	17	83
玉米秆	80	20	人尿	0.4	99.6
青草	24	76	猪尿	0.4	99.6
人粪	20	80	牛尿	0.6	99.4

农村常用的发酵原料产出量人、畜、禽排泄量及产沼气量见表5-7。

表5-7　人、畜、禽排泄量及产沼气量

种类	日排粪量/kg	日排尿量/kg	年排粪量/kg	产沼气量/m^3
人(成年)	0.5	1	183	5.4～5.5
猪(饲养7个月)	2～5.5	4～8	730～2 008	50～78.6
黄牛	10～15		3 650～5 475	110～164
水牛	15～20		5 475～7 300	164～220
奶牛	34	34	12 410	208～370
马	15	15	5 475	190
羊	1.5	2	548	17.5
鸡	0.1		36.5	2.7
鸭	0.15		54.8	
鹅	0.25		90	

沼气发酵原料的浓度，又称料水比。掌握适当的料液浓度对沼气发酵的研究具有很重要的意义。沼气池最适宜的发酵浓度，随着季节的交替(即发酵温度不同)而相应地变化。一般来说，沼气池发酵浓度的变化范围为6%～12%，夏季浓度以6%～10%为宜，低温季节浓度则以10%～12%为佳。可以用简便的方法来测定各种原料所含干物质和水分的比例：将准备好的原料充分搅拌均匀，从中取出少量的混合原料，晒干或烘干，直至质量稳定为止。一般原料都含有大量的水分，表5-8介绍了常用沼气发酵原料的含水量。

表5-8　常用沼气发酵原料的含水量　　%

原料名称	鲜人粪	鲜人尿	鲜猪粪	鲜猪尿	鲜牛粪	鲜羊粪	鲜马粪	鲜鸡粪	干稻草
含水量	80	99.6	82	96	83	60	76	70	17
干物质含量	20	0.4	18	4	17	40	24	30	83
原料名称	干麦草	玉米秆	油菜秆	花生藤	蚕豆壳	青草	污泥	一般风干粪	
含水量	18	20	17	12	28	76	78	30～40	
干物质含量	82	80	83	88	72	24	22	60～70	

碳氮比，是指发酵原料中所含的碳素和氮素量之比，常用符号C/N表示。沼气发酵原料的碳氮比，是根据微生物所需要的营养物质而定的。碳元素为沼气微生物的生命活动提供能源，又是形成甲烷的主要物质，氮元素是构成沼气微生物细胞的主要物质。微生物对碳素和氮素的需求量有一定的比例。如果沼气发酵原料中的C/N过高，例如30∶1以上，发酵就不易启动，而且产气效果不好。在农村发酵原料中，通常根据碳氮的含量多少将原料分为两类。一类是富氮原料，主要是指人、畜和家禽的粪便。这类原料的颗粒较细，含有较多的低分子化合物，氮素含量较高，碳氮比一般小于30∶1(表5-9)，其产气特点是发酵周期短，容易分解，且产气速度快，单位原料的总产气量比农作物秸秆低。另一类是富碳原料，主要是指农作物秸秆。它的碳素含量较高，碳氮比一般在30∶1以上。农作物秸秆通常是由木质素、纤维素、半纤维素、果胶和蜡质等化合物组成，其产气特点是分解速度较慢，产气周期较长，但单位原料总产气量较高，因此使用这种原料在入池前要进行预处理，以便提高产气效果。

表5-9　常用粪便类沼气发酵原料的碳氮比(近似值)

原料	碳素占原料质量/%	氮素占原料质量/%	碳氮比
鲜羊粪	16	0.55	29∶1
鲜牛粪	7.3	0.29	25∶1
鲜马粪	10	0.42	24∶1
鲜猪粪	7.8	0.60	13∶1
鲜鸡粪	35.7	3.70	9.65∶1
鲜人粪	2.5	0.85	2.9∶1
鲜人尿	0.4	0.93	0.43∶1

碳氮比对厌氧消化的影响问题，国内外科学家都进行过大量的研究，而结论并不一致。一般原料的碳氮比介于(15～30)∶1，即可正常发酵，一旦达到35∶1时，产气量明显减少。

但是也有说法认为碳氮比为16∶1和13∶1时产气率高。根据科研部门和我国农村沼气发酵的试验和经验,投入原料的C/N以(20～30)∶1的比例配比为宜。不同形式的碳素,被微生物利用的难易程度很不一样。例如纤维素、半纤维素、葡萄糖、木质素都是碳水化合物,它们都含有碳素,但葡萄糖就很容易被沼气微生物利用产生沼气;微生物对氮素的利用也是如此。当C/N过小时,过量的氮变成可溶性氮,导致料液"氨中毒",会使发酵停止。混合原料的C/N为各种原料碳量和与氮量和之比。即:

$$K=\frac{C_1X_1+C_2X_2+C_3X_3+\cdots}{N_1X_1+N_2X_2+N_3X_3+\cdots}=\frac{\sum C_iX_i}{\sum N_iX_i}$$

式中,C为碳素的质量分数,%;N为氮素的质量分数,%;X为原料质量,kg;K为C/N。

(三)沼气发酵工艺

沼气发酵工艺是指沼气发酵从配料入池到产出沼气的一系列操作步骤、过程和控制条件。按照沼气发酵的温度、进料方法、装置类型以及作用方式、发酵液的状态等可以把沼气发酵工艺分若干种类型(表5-10)。

表5-10 沼气发酵工艺类型

分类依据	工艺类型	主要特征
发酵温度	常温发酵	发酵温度随气温的变化而变化,沼气产气量不稳定,转化效率低
	中温发酵	发酵温度28～38℃,沼气产气量稳定,转化效率高
	高温发酵	发酵温度48～60℃,有机质分解速度快,适用于有机废物及高浓度有机废水的处理
进料方式	批量发酵	一批料经一段时间发酵后,重新换入新料。可以观察发酵产气的全过程,但不能均衡产气
	半连续发酵	正常的沼气发酵,当产气量下降时,开始小进料,以后定期地补料和出料,能均衡产气,适用性较强
	连续发酵	沼气发酵正常运转后,便按一定的负荷量连续进料或进料间隔很短,能均衡产气,运转效率高,一般用于有机废水的处理
装置类型	常规发酵	装置内没有固定或截留活性污泥的措施,提高运转效率受到一定限制
	高效发酵	装置内有固定或截留活性污泥的措施,产气率、转化效果、滞留期等均较常规发酵好
作用方式	二步发酵	沼气发酵的产酸阶段与产甲烷阶段分别在两个装置中进行,有利于高分子有机废水及有机废物的处理,有机质转化效率高。但单位有机质的沼气产量稍低
	混合发酵	沼气发酵的产酸阶段与产甲烷阶段在同一装置内进行
发酵料液状态	液体发酵	干物质含量在10%以下,发酵料液中存在有流动态的液体
	固体发酵(或干发酵)	干物质含量在20%以上,不存在可流动态的液体。甲烷含量较低,气体转化效率稍差,适用于水源紧张、原料丰富的地区
	高浓度发酵	发酵浓度在液体发酵与固体发酵之间,适宜浓度为15%～17%

其中，半连续投料发酵法如下：

(1)备料。备料是沼气发酵工艺的首要步骤。新建沼气池和沼气池大换料前，必须准备好充足的发酵原料。小康型沼气池采用人、畜粪尿等流体、半流体发酵，备料较难，因此要做到边建池边备料、接种、堆沤。

(2)新池检验或旧池检修。新建沼气池时，必须严格按照设计要求，检查建池的质量，经试压检查证明质量合格，才能投料使用。对于使用一年以上，又未用密封涂料的沼气池，在大换料后，应用水把气箱、池墙冲洗干净，对池体进行一次非常仔细地检查，若发现有裂缝的地方和渗漏现象，要及时修复。同时，应将池盖、池墙等部件用水泥浆涂刷3～4遍，以防止渗漏。

(3)原料接种堆沤。新建沼气池投料或旧池大换料的时候，一般应加入占原料质量30%以上的活性污泥，或留10%以上正常发酵的沼气池底部活性污泥，或用30%的沼气发酵液作启动接种物。如果新建沼气池没有活性污泥，可以用堆沤5～10 d的畜粪(牛粪、羊粪)或老粪坑底部粪便作接种物，用量仍占原料质量的30%以上。从沼气池拱顶活动盖口加入已拌匀的发酵原料。应该边进料边踩紧压实。原料入池以后，即可进行适当的池内堆沤，堆沤时间各地区随季节不同而异：一般夏季1～2 d，冬春季3～5 d。如果用喂配合饲料的猪的粪、鸡的粪发酵，池内堆沤的时间应长一些(注意加接种污泥菌种)。进行池内堆沤时，切忌盖上活动盖。若遇上降雨天气或气温太低时，可在活动盖口覆盖遮蔽物，雨过天晴或气温回升后，应及时揭开遮蔽物，以利于好氧和兼性微生物发酵。

(4)加水封池。

①适量加水。沼气发酵的含水量以88%～94%为佳，换言之就是，原料的干物质浓度占6%～12%。小康型沼气池采用人畜粪尿等流体、半流体原料发酵，猪粪尿、人粪尿的干物质浓度在7.5%～10%的范围内，完全可以满足沼气发酵原料含水量的要求，不需要另外加水。如果采用稻草垫栏的猪牛栏粪发酵，则要进行池内堆沤。当堆沤到发酵原料温度上升到50～60℃时，便可加水。加水时应从出料口(水压间)加入，不宜从天窗口或进料口加入，以免冲走已经附着在原料上的粪尿及菌种。加入的水应该是温度较高的污水或沼气肥水，这样可以增加发酵微生物的数量和部分溶于水的低分子化合物，进而加速产气。总加水量应扣除拌料时加入的水量。加水完毕后，可用pH试纸检查发酵液的酸碱度，若pH低于7，可以加入适量草木灰、氨水或澄清石灰水将其pH调整到7左右，让池内的发酵原料在好氧条件下(不封活动盖)发酵几天，防止挥发酸的积累。经常用手电照明观察沼气池，当池内液面布满很多大小不一的紫色气泡(即沼气)时，说明沼气发酵已经启动，可以将活动盖盖上封池使用。

②密封活动盖的方法。

a.密封材料。常用的沼气池活动盖的密封材料有黏土、白干泥、水泥等。首先将不含砂的干黏土锤碎、筛去粗粒和杂物，按1∶(10～15)的配比(质量比)将水泥与黏土干拌均匀后，分成大小两堆料，再加水拌和，将大堆料拌湿，将小堆拌成泥浆状，以“手捏成团，落地开花”状为宜。

b.清洗表面。首先用扫帚扫去粘在蓄水圈、活动盖底及圆周边的泥沙杂物，再用水冲洗，使蓄水圈、活动盖表面洁净，以利于黏结。

c. 封盖步骤。先用瓦刀将拌好的泥浆抹在蓄水圈内气箱拱盖上面，抹匀粉平，再把活动盖坐在泥浆上，注意活动盖与蓄水圈之间的间隙要均匀，用脚踏紧，使之紧密贴合。然后将拌好的水泥黏土撒在活动盖与蓄水圈之间的间隙里，分层锤紧，填满为止。当锤紧第一层黏土后，选3个卵石等距离放入活动盖与蓄水圈墙的间隙内。卵石粒径与间隙大小相同，紧活动盖。水泥黏土起着密封的作用，3粒卵石起骨架作用，这样可以防止沼气池内压力增高时，活动盖向上移动而造成漏气。

d. 养护使用。用水泥黏土密封活动盖后，打开沼气开关，将水灌入蓄水圈内，养护1～2 d后即可关闭开关使用。揭开活动盖换料时，注意先钩出3个卵石，匀松间隙内的密封材料，再揭活动盖，防止损坏蓄水圈墙。

(5)放气试火。封池后，当压力上升到3～4 kPa时，开始放气。第一次排放的气体主要是二氧化碳和空气，甲烷含量很少，一般不会点燃。当压力表水柱上升到2 kPa时，进行第二次放气，并且开始试火，应在炉具上做点火试验(切忌在沼气池导气管直接点火)。如果能点燃，说明沼气发酵已经正常启动，次日即可使用。

二、家兔常见疾病的诊断与治疗

(一)兔出血症病

兔病毒性出血症又名病毒性出血热，俗称“兔瘟”，是由兔病毒性出血症病毒(RHDV)引起的兔的一种急性、热性、败血性、高度接触传染性、高度致死性、烈性传染病。临床上以传染性极强，天然孔出血，全身实质脏器水肿、瘀血和出血性变化为主要特征。OIE将其列为B类疫病。该病不仅潜伏期短、发病急、病程短、传播快、发病率和病死率极高，而且常呈暴发性流行。

1. 诊断要点

(1)流行病学。

①传染源：病兔与带毒兔，病毒主要存在于肝、脾、肾，其次是肺、肠道及淋巴结。

②传播途径：经消化道、呼吸道间接接触和伤口、黏膜等直接接触传染。

③易感动物：自然条件下只感染家兔，毛用兔比皮用兔易感，尤其是长毛兔最为易感。

④流行特点：本病一年四季均可发生，北方以冬春季多发。主要侵害2月龄以上的青年兔，成年兔和哺乳母兔病死率高，哺乳期仔兔则很少发病死亡。本病发病急，常呈暴发流行，传播迅速，一旦发病，常在2～3 d内迅速传遍全群，发病率和病死率均高达95%以上。

(2)临床症状(图5-6至图5-9)。

潜伏期一般为1～3 d。

根据病程分最急性、急性和慢性型三种类型。

①最急性型：多见于新疫区或流行初期。病兔常无明显症状而突然死亡。死前，常在夜间，四肢呈划水状，抽搐，骤然惨叫几声后即死；死后，呈角弓反张，耳根发绀，天然孔流血样液体。病程多在12 h内。

②急性型：多见于流行中期。病初精神委顿、被毛粗乱、食欲下降或废绝、渴欲增加，高热达41℃以上，经数小时至24 h体温急剧下降到37℃左右，多尿，呼吸迫促，濒死时也常见

笼内狂奔、啃咬笼架、抽搐、尖叫、四肢划动，天然孔流出淡红色液体。死前，肛门松弛，被毛沾污黄色黏液，粪球外附黏液；死后呈角弓反张，鼻孔流出红色泡沫状液体。病程 1～2 d。多数病兔鼻部皮肤碰伤，约 10%鼻出血。孕兔多流产和产死胎，有的从阴门流出鲜血。

图 5-6　病兔精神不振，伏地不动

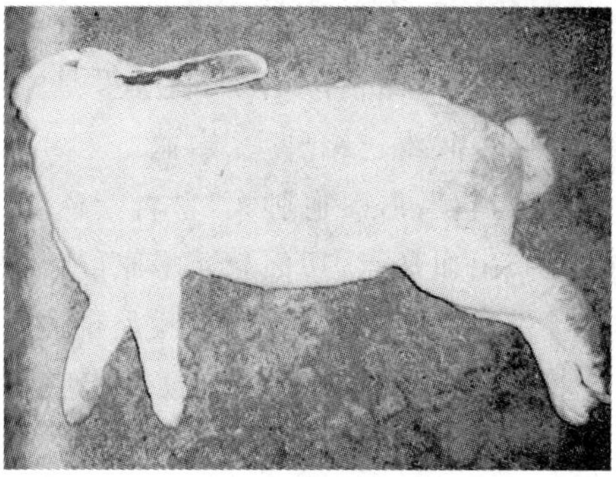

图 5-7　尸体四肢僵硬，头颈向后仰，耳内流出鲜血

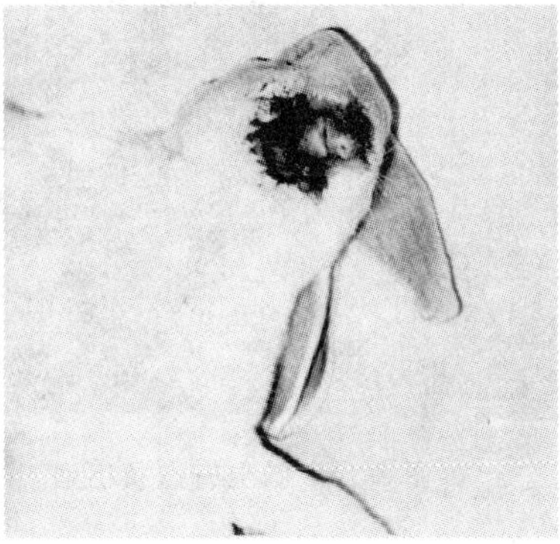

图 5-8　鼻腔内流出泡沫样血液

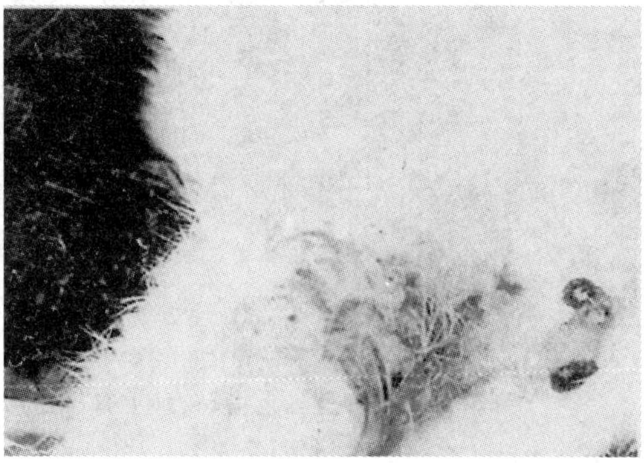

图 5-9　肛门附近，粪球上有淡黄色胶冻样分泌物

③慢性(温和)型：多见于老疫区或流行后期。潜伏期和病程较长，精神不振，食欲减退，体温轻度升高(41℃左右)，流涎、鼻孔流出黏液性或脓性分泌物，迅速消瘦，衰弱而死。有的虽可耐过，但生长发育不良，仍带毒成为传染源。

(3)病理变化(图 5-10 至图 5-18)。

呼吸道：如鼻腔、喉头及气管黏膜瘀血，呈暗紫色，外观呈“红气管”，或弥漫性出血，管腔内有粉红色泡沫样液体；肺瘀血、水肿及出血，呈暗红色或青紫色，肝变。

图 5-10　胸腺胶样水肿，有少量针头大至粟粒大的出血点

肝脏：瘀血肿大，呈深红色至紫红色，质脆易碎，间质增宽，有出血点或出血斑，呈“槟榔肝”外观，有的肝表面有灰白色坏死灶，有的呈土黄色；胆囊肿大，黏膜脱落。

脾脏：肿大明显，有的可肿大 4～5 倍，高度充血、出血，呈蓝紫色，质脆。

心脏：心包积液，心包膜、心肌有针尖大小出血点，尤以心房及冠状沟附近明显，心室高度扩张，外观呈暗红色或灰白色。

消化道：胃内容物充盈，黏膜出血或脱落；十二指肠和空肠黏膜有小点出血；圆小囊明显肿大，囊内积有蛋白渗出物（圆小囊是家兔回肠末端具有丰富淋巴样组织的部位，也称回肠膨大）；肠系膜淋巴结肿大、出血。

泌尿道：肾脏瘀血肿大，呈青紫色或土红色，表面散在针尖大出血点；肾上腺充血、肿大，有的散布出血斑点，切面髓质呈暗红色；膀胱积尿，充满黄褐色尿液，黏膜脱落。

生殖道：子宫的浆膜和黏膜呈现血管怒张，散布出血点，孕兔子宫内有死胎。

其他：胸腺胶样水肿，胸腺和胰脏均散布出血点；脑和脑脊髓膜血管扩张充血、瘀血、水肿。

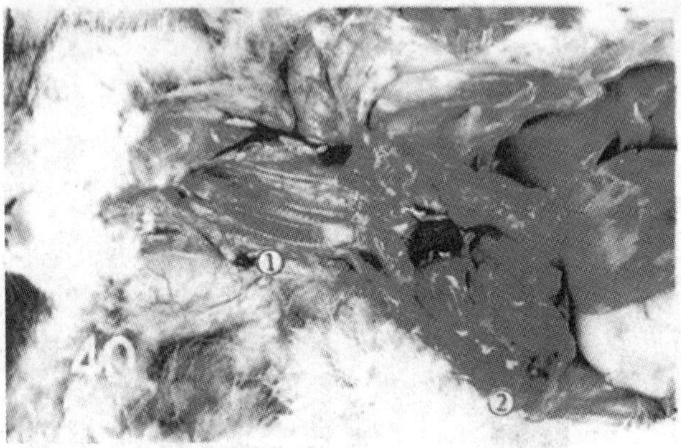

图 5-11　气管呈红色指环，肺上有出血点

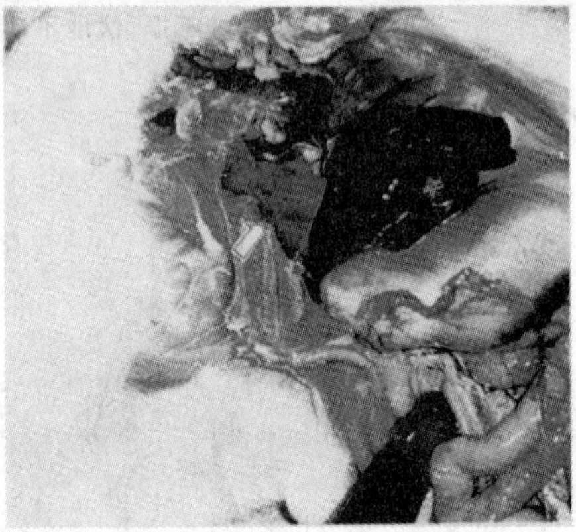

图 5-12　肺上有点状出血

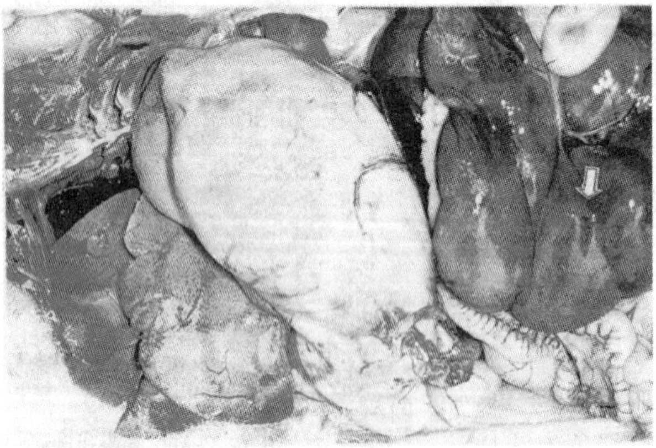

图 5-13　胃、肠浆膜下有出血点和斑，肝肿大、色黄、质脆、切面粗糙

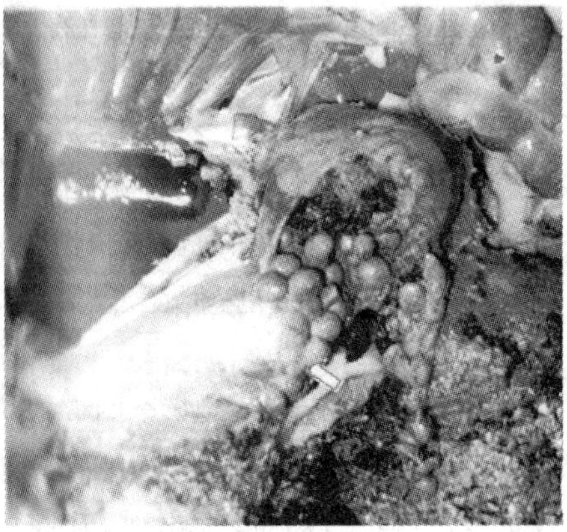

图 5-14　胃内积有大量食物，黏膜脱落，黏膜下水肿，有出血点和斑

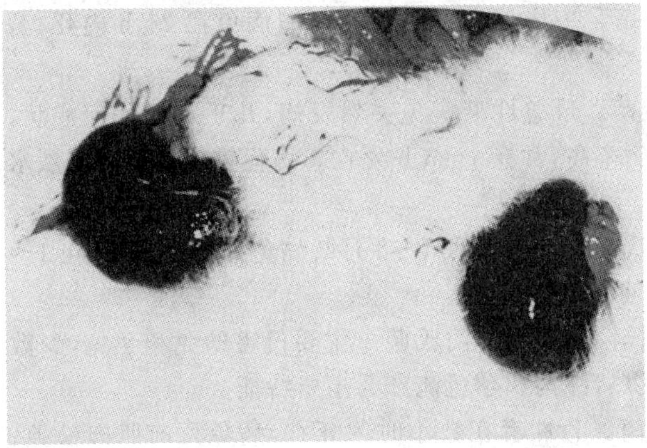

图 5-15　肾肿大，呈黑紫色

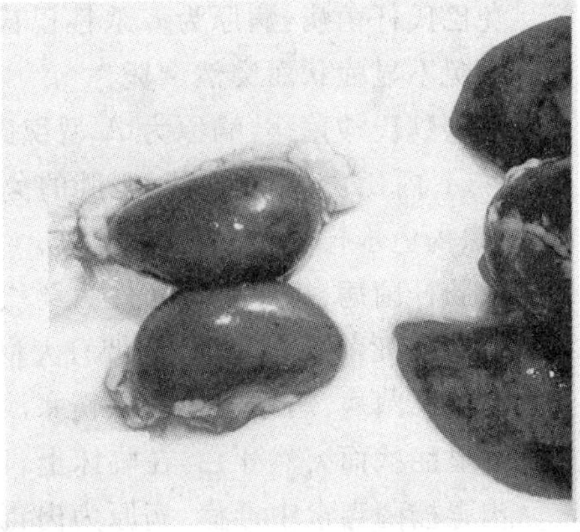

图 5-16　肾表面有针帽大凹陷，被膜下出血

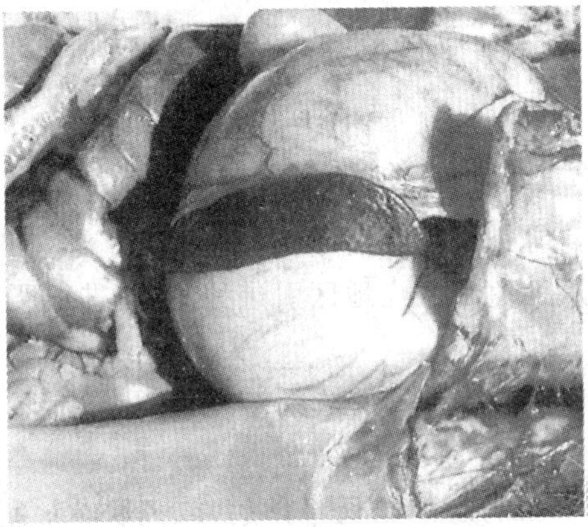

图 5-17　脾肿大，呈黑紫色

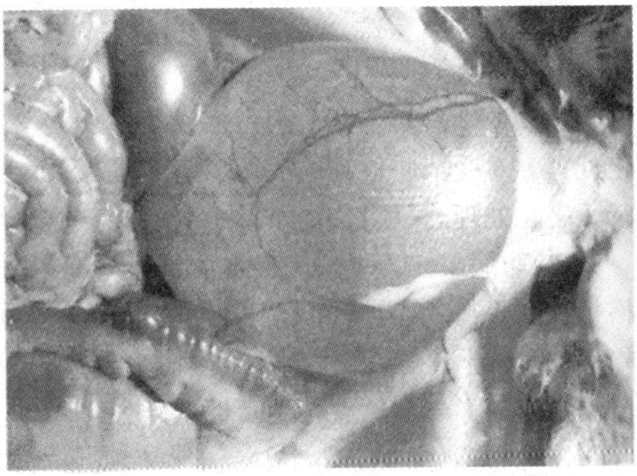

图 5-18　膀胱积尿

(4)实验室诊断。诊断方法为血凝抑制试验(HI)。

病料采集：无菌采集病兔的病变组织(肝、脾、肾、气管环、心血等，其中病毒滴度以肝脏最高，其次是脾、肾、肺)备用。

病原鉴定：免疫电镜负染(肝脏制成 10%乳剂，超声波处理、高速离心，收集病毒浓缩物，染色后置电镜下观察，病毒颗粒直径 32～36 nm，无囊膜，表面有短的纤突)。

血清学检查：血凝和血凝抑制试验(10%肝脏乳剂 3 000 r/min 离心，取上清，与 0.75%人 O 型红细胞进行微量血凝实验，4℃作用 1 h，凝集价大于 1∶160，判为阳性；再用已知的阳性血清做血凝抑制试验，血凝抑制滴度大于 1∶80，则证实病料中含有该病毒)、间接或竞争 ELISA、酶联免疫吸附试验、免疫组化试验。

动物实验：病料 1∶5 加入无菌生理盐水，制成匀浆，纱布过滤，加入双抗(每毫升各加青霉素、链霉素 1 000 IU)作用 1 h，分别给 2 只健康兔注射，每只 1 mL，分别于 70 h 和 96 h 死亡。症状、病变与自然发病基本一致。

(5)鉴别诊断。兔出血症最急性型常无任何症状，突然倒地抽搐，尖叫数声，数分钟内死亡，鼻孔流出血样鼻液；主要侵害青壮年兔；病原为兔病毒性出血症病毒；在临床上，有时易与下述兔病相混淆。

兔巴氏杆菌病:病原为多杀性巴氏杆菌。主要侵害幼兔。败血型病兔在 24 h 内死亡,部分病兔不显症状而突然倒毙。

A 型魏氏梭菌病:病原为 A 型魏氏梭菌。最急性型病兔突然发病,几乎不显任何症状,在 2～3 h 内死亡;体质强壮、肥胖的兔发病率高,常在 1～3 h 死亡。病程较长者呈现剧烈水泻,排黑褐色水样粪,并散发腥臭味。

大肠杆菌病:病原为致病性大肠埃希氏菌。主要侵害 1～3 月龄幼兔,急性型病兔在 1～2 d 内死亡;死前剧烈腹泻,排带有大量黏液的水样粪。

沙门氏菌病:病原主要为鼠伤寒沙门氏菌和肠炎沙门氏菌。主要侵害幼兔和孕兔,少数病兔不显症状而突然死亡,在临床上,以发热、腹泻和孕兔流产为主要特征。

肉毒梭菌毒素中毒症:病原为肉毒梭菌。急性者在数小时内死亡,病兔死前肌肉松弛、瘫痪、呼吸困难。

中毒性疾病:有误食染毒饲料或用药错误病史。残剩饲料和胃内容物中,可检出相应的毒物。表现群发性,病兔体温不高。

2. 防治要点

在疫区于发病季节前用兔瘟疫苗免疫。发生兔瘟时,扑杀发病兔和同群兔,并进行无害化处理。对受威胁地区的兔做紧急预防接种,并采取一般性的综合防疫措施。病死兔应进行无害化处理,深埋、焚烧,对被污染的兔舍、环境、用具等进行彻底消毒。

(1)防病要点。针对传染源:平时坚持自繁自养;从无兔出血症地区引进种兔,并进行严格检疫和隔离观察,确认无病时,方可混群。

针对传播途径:强化兽医卫生防疫制度,搞好环境卫生,做好兔舍、兔笼、用具及周围环境的定期消毒(1%氢氧化钠),严禁外人进入兔舍。

针对易感兔群:定期注射兔出血症疫苗或二联苗(兔出血症、巴氏杆菌病)或三联苗(兔出血症、巴氏杆菌病、魏氏梭菌病),每只肌肉注射 1 mL,5～7 d 后可产生坚强的免疫力,免疫期可达 6 个月,一般于 20 日龄首免,50 日龄二免,以后每 6 个月免疫一次。

(2)应急疗法。尚无特效药物治疗,可选用抗兔出血症高免血清,皮下注射,每只 4 mL,每日一次,连用 2～3 d。

处方 1:板蓝根注射液 2 mL,维生素 C 注射液 2 mL,混合肌注,连用 3～5 d。

处方 2:聚肌胞注射液 1 mL,维生素 C 注射液 2 mL,醋酸可的松注射液 2 mL,肌肉注射;同时用板蓝根冲剂自由饮用。

(二)兔巴氏杆菌病

巴氏杆菌病(又名出血性败血症)是由多杀性巴氏杆菌所引起的一种多型性、散发性或地方流行性传染病。急性型以败血症和出血性炎症为特征,还表现传染性鼻炎、地方流行性肺炎、中耳炎、结膜炎、子宫积脓、睾丸炎和脓肿等多种病型。

1. 诊断要点

(1)流行特点。

①传染源:主要是带菌者,在正常情况下,30%～75%的家兔上呼吸道黏膜和扁桃体带有巴氏杆菌,但无症状。常因带菌兔迅速传染易感兔,导致本病的暴发。

②传染途径:病兔不断从排泄物和分泌物排出毒力较强的多杀巴氏杆菌,污染饲料、饲草、饮水用具及周围环境,经消化道传染给健康兔群。再者,多杀性巴氏杆菌还可以通过吸

血昆虫、皮肤和黏膜损伤发生传染。

③易感动物：对家畜、禽类和野生动物均有不同程度的易感性、致病性，其中兔、水貂、银黑狐、海狸鼠、毛丝鼠等多种毛皮动物最易感。

④年龄特点：各种年龄的兔均可发生，主要发生于青年兔和成年兔，尤其2～6月龄兔群危害最大，病死率较高，哺乳仔兔很少发病。

⑤季节性：本病一年四季均可发生，但多见于冷热交替、气候剧变、闷热、潮湿、多雨的春秋。呈散发或地方性流行。

⑥发病诱因：气温突变、饲养管理不良，长途运输等因素使兔体抵抗力降低时，体内的巴氏杆菌大量繁殖，其毒力增强，从而引起发病。

(2)症状和病理变化。症状和病变因病菌的毒力、感染途径与病程不同而异，常分为以下几型。

①败血型：最急性型见于疫情暴发的初期，往往看不到任何症状家兔已经倒毙，常常是夜间未见异常，次日清晨已死于笼中。急性经过，常在1～3 d死亡。精神沉郁，不食，体温40℃以上，呼吸急促，流浆液性或脓性鼻液。死前体温下降，全身颤抖，四肢抽搐。有的无明显症状而突然死亡。亚急性型病兔表现肺炎和胸膜炎，呼吸困难，打喷嚏，体温稍高，食欲差，有时腹泻，关节肿大，眼有结膜炎。最后病兔消瘦，死于衰竭。病程1～2周或更长。剖检可见鼻黏膜充血并附有黏稠分泌物；喉与气管黏膜充血、出血，其管腔中有红色泡沫；肺严重充血、出血、水肿；心内外膜有出血斑点；肝肿大，瘀血，变性，并常有许多坏死小点；肠黏膜充血、出血。亚急性常由鼻炎型与肺炎型转化而来，病程1～2周，终因衰竭而死亡。主要症状为流黏脓性鼻液，常打喷嚏，呼吸困难。体温稍高，食欲减退。有时见腹泻，关节肿胀，眼结膜发炎。剖检可见，肺呈纤维素性胸膜肺炎变化，甚至有脓肿形成；胸腔积液；鼻腔与气管黏膜充血、出血，并附有黏稠的分泌物；淋巴结发红、肿大。

②鼻炎型：比较多见，病程可达数月或更长。主要症状为流出浆液性、黏液性或黏脓性鼻液。病兔常打喷嚏和咳嗽，用前爪抓擦鼻部，使鼻孔周围的被毛潮湿、黏结甚至脱落，上唇和鼻孔周围皮肤发炎、红肿。黏脓性鼻液在鼻孔周围结痂和堵塞鼻孔，使呼吸困难并发出鼾声。如病菌侵入眼、耳、皮下等部，可引起结膜炎、角膜炎、中耳炎、皮下脓肿和乳腺炎等。

③肺炎型：常呈急性经过。虽有肺炎病变发生，但临诊上难以发现肺炎症状，有的很快死亡，有的仅食欲不振、体温较高、精神沉郁。肺病变的性质为纤维素性化脓性胸膜肺炎。病变多位于尖叶、心叶和膈叶前沿，包括实变、膨胀不全、脓肿和灰白色小结节病灶。肺胸膜与心包膜常有纤维素附着。

④中耳炎型：也称斜颈病。单纯的中耳炎常无明显症状，但如病变蔓延至内耳及脑部，则病兔出现斜颈症状，严重时兔向头颈倾斜的一侧滚转，直到抵住围栏为止。如脑膜和脑实质受害，则可出现运动失调和其他神经症状。剖检可见化脓性鼓室内膜炎和鼓膜炎。一侧或两侧鼓室内有白色奶油状渗出物；鼓膜破裂时这种渗出物流出外耳道。如炎症由中耳、内耳蔓延至脑部，则可见化脓性脑膜脑炎变化。

⑤其他病型：兔巴氏杆菌病也可表现为化脓性结膜炎、子宫内膜炎(母兔)、附睾与睾丸炎(公兔)以及各处皮下与脏器的化脓性炎症。眼结膜和子宫黏膜呈化脓性卡他变化，其表面有脓性分泌物，子宫腔积脓。其他组织器官主要是脓肿形成。

(3)诊断。根据主诉、现场调查、病兔临床表现和病死兔剖检病变，再经类症鉴别，排除相似疾病，可获得初步诊断，确诊必须进行实验室诊断。

①病原：多杀性巴氏杆菌，为革兰氏阴性、两端钝圆、呈卵圆形的短小杆菌。组织病料涂片，经姬姆萨或瑞特氏法染色，菌体两极着色较深。该菌对外界环境因素抵抗力不强，一般消毒药均可将其杀灭。如1%石炭酸、1%漂白粉，经3～5 min即可杀死。

②实验室诊断：

a. 采病料。无菌采心血、脾脏、肝脏、肾脏等病变部位，或腹腔渗出物，也可从病变部位，以及脓汁、渗出物、呼吸道和阴道分泌物采取病料。

b. 涂片镜检。革兰氏染色，镜检可见大小一致、卵圆形、革兰染色阴性小杆菌；美蓝染色，呈两极染色的卵圆形小杆菌。

c. 分离培养。无菌操作，将被检病料接种于绵羊鲜血琼脂培养基或血清琼脂培养基，于37℃温箱培养24 h后，形成细小、半透明、圆整、光滑的菌落。

d. 生化反应。分离菌能利用葡萄糖、麦芽糖和蔗糖，产酸不产气；不利用乳糖。靛基质试验阳性、甲基红和V-P试验均为阴性，尿素酶试验阴性；不利用枸橼酸钠，不产生硫化氢。

e. 动物试验。无菌将被检的心血、肝脏和脾脏等磨细，用灭菌生理盐水作1∶(5～10)稀释，或将24 h斜面纯培养物，加入5～10 mL灭菌生理盐水洗下。

家兔：皮下或肌肉注射0.2～0.4 mL，或静脉注射0.5 mL，或滴鼻0.1～0.2 mL，注射后，于48 h内死亡，剖检发现典型巴氏杆菌病变。

小白鼠：皮下或腹腔注射0.5～1.0 mL，于24～48 h内死亡，剖检内脏器官呈典型败血症的病理变化；死亡小白鼠心血和肝脏触片，革兰氏染色和瑞氏染色，镜检发现革兰氏阴性、两极浓染的小杆菌。

③鉴别诊断：

a. 兔出血症。只发生于家兔和野兔，常呈暴发性流行，发病率和死亡率均较高。在临床上，以呼吸系统出血、肝脏坏死，以及实质器官水肿、瘀血和出血为主要特征。抗生素治疗无效。其病原为兔病毒性出血症病毒。

b. 野兔热。主要传染源是野兔和野生啮齿动物，临床以体温升高，淋巴结明显肿大，脾脏和其他内脏散布针头大、灰折色、干酪样坏死灶为主要特征。其病原为土拉弗朗西斯氏菌。

c. 兔波氏杆菌病。仔兔、幼兔多呈急性支气管炎型，发病率和致死率较高；成年兔多呈慢性鼻炎型。病死兔主要见鼻炎、化脓性鼻炎、气管炎和支气管肺炎病变。病原为支气管败血波氏杆菌，常呈两极着染，但多形态，有周边毛能运动。

d. 兔李氏杆菌病。病死兔子的肾脏、脾脏和心肌均散布数量不等、针尖大淡黄色或灰白色坏死灶，胸腹腔有多量清亮的渗出液。病原为产单核细胞李氏杆菌，G(+)，多形态杆菌。

e. 葡萄球菌病。引起病死兔全身皮下、肌肉和内脏器官，出现数量不、大小不一的化脓灶，胸腹腔积液，以及胸膜炎和肺脓肿等病灶。病原为金黄色葡萄G(+)，无荚膜，常呈葡萄串样排列。

2. 防治要点

(1)兔群应自繁自养，禁止随便引进种兔；必须引进时，应先检疫后，隔离观察1个月，健康者方可进场。

(2)加强饲养管理与卫生防疫工作，严禁畜、禽和野生动物进场；搞好卫生消毒。

(3)消除应激因素，在饲养过程中，采取积极的预防措施，创造良好的饲养条件，兔舍与其他畜禽场分开，严禁混养，保持安静、通风良好，冬天要保温防寒，夏天要降温防暑，雨季防潮。

(4)做好免疫接种，30日龄以上的家兔，首免兔巴氏杆菌病灭活苗，皮下注射1 mL，间隔14 d后，再皮下注射1.5 mL，免疫期为6个月，种兔每年注射3次。也可使用兔病毒性出血症、巴氏杆菌病二联灭活苗注射，20日龄以上的兔，每只皮下注射1 mL，7 d产生免疫力，间隔20 d后，再皮下注射1.5 mL；此后，每间隔4个月注射一次。发生疫情时，紧急预防注射，每只2 mL。

(5)一旦发现本病，立即采取隔离、治疗、淘汰和消毒措施。

(6)治疗可用以下药物：链霉素每只兔5万～10万IU、青霉素2万～5万IU，混合一次肌肉注射，1 d 2次，连用3 d；磺胺二甲基嘧啶(SM_2)内服量每千克体重0.1 g，每日1次。此外，氯霉素、红霉素肌肉注射，每千克体重10万～15万IU，效果也显著。

(三)兔球虫病

兔球虫病是由艾美耳属的多种球虫，寄生于兔的肝脏、胆管和肠上皮细胞引起的一种多型性、高度接触性原虫病。主要感染4～5月龄的幼兔，感染率达100%，病死率可达40%～70%，临床以消瘦、贫血、腹泻和虚弱为主要特征，为兔四大疫病之一，给养兔业带来巨大的经济损失。

全世界已发现17种兔球虫，其中艾美耳属15种，等孢属和隐孢属各1种，常见有8种。

1.诊断要点

(1)流行特点。

①生活史。发育经3个阶段：裂殖生殖、配子生殖和孢子生殖。其中除斯氏艾美耳球虫前二个阶段在胆管上皮细胞内发育外，其余种类均在肠上皮细胞内发育。孢子生殖阶段在外界环境中进行。生活史与鸡球虫相似。家兔在摄食或饮水时吞食了孢子化卵囊，孢子化卵囊在肠道胆汁和胰酶作用下，子孢子逸出，钻入肠或胆管上皮细胞内，发育为滋养体，是后发育为裂殖体，内含大量香蕉形裂殖子，如此几代裂殖生殖后，大部分裂殖子变为大配子体，之后形成大配子。小部分变为小配子体并形成小配子。大小配子结合形成合子。合子周围形成卵囊壁即为卵囊。卵囊随粪便排到外界。在适宜的温度和湿度下进行孢子生殖，兔球虫卵囊在温度20℃，湿度55%~75%的外界环境中，经2～3 d即可发育成为感染性孢子化卵囊。寄生于兔胆管的斯氏艾美耳球虫的生活史稍略不同。兔摄入斯氏艾美耳球虫的感染性卵囊后，在十二指肠内经酶的作用面释放出子孢子，然后钻入肠黏膜，再经门脉循环或淋巴循环而移行到肝脏，最后钻入胆管的上皮细胞而开始裂殖增殖。

②感染来源。球虫病兔可成为长期传播的传染源。成年兔和母兔常为带虫者，对幼兔球虫病的传播起重要作用。

③感染途径。经口感染，健康兔经吞入成熟卵囊而感染。饲养员、工具、鼠类和蝇类可机械性传播本病。断奶、变换饲料、饲养管理与卫生条件不良等均能促使此病的发生和传播。

④易感兔。各品种家兔对球虫均具有易感性，但新引进的兔感染率高于本地兔；母兔感染率高于公兔，大大增加了仔兔感染机会。

⑤地理分布与年龄特点。本病是家兔一种常发病，危害严重，流行于世界各地，全国均

的发生，多呈地方性流行。断奶后（约1个半月）到3月龄的幼兔最易感染发病，死亡率可高达80%。家兔3月龄后，随着年龄的增长，因带虫免疫感染率逐渐下降。

⑥季节性。本病易流行于温暖、潮湿、多雨的季节，北方多在7～9月，南方在5～7月。

⑦繁殖率和抵抗力。繁殖力极强，一个卵囊感染家兔后，1周左右就可产生数十万，甚至上百万个子代卵囊。在自然条件下，球虫卵囊在兔舍周围的土壤中，可存活1年之久，常用的消毒剂对球虫卵囊没有杀灭作用。

(2)症状。按球虫种类和寄生部位不同分为肠型、肝型和混合型，临床多为混合型。病程为数日到数周。病初食欲减退，以后废绝，精神沉郁，动作迟缓，喜卧，眼、鼻分泌物及唾液增多，口腔周围被毛潮湿。体温略升高，贫血，下痢，消瘦，腹胀，尿频或常作排尿姿势，尿色黄而浑浊；后肢和肛门周围为粪便所污染。肝肿大，肝区触痛，有腹水，腹围增大，也可见到黄疸。此外尚有痉挛、麻痹等神经症状，终因极度衰竭而死亡。病程10 d至数周，病愈后生长发育不良。

(3)病理变化。尸体消瘦，可视黏膜苍白或黄染。按临诊病理学可分如下几种。

①肠球虫病：胃肠黏膜均有炎性充血甚至出血，肠腔充满气体和褐色糊状或水样内容物。慢性病例的肠黏膜色淡灰，可见散在或弥漫性灰白色小结节，盲肠蚓突部的浆膜下有许多白色硬结。膀胱积尿，尿色黄而浑浊。血液稀薄。结节镜检，可发现大量球虫卵囊。

②肝球虫病：肝肿大，表面和实质有白色或黄白色结节状病变，这是管壁增厚的胆管，切开时，其中有淡黄色浓稠的液体或有坚硬的钙化物。胆囊胀大，胆汁浓稠、色暗。腹腔积液。组织肝内胆管上皮及管壁结缔组织增生，管腔中有大量球虫。

③混合型：患兔具有肠型和肝型球虫病的变化。

(4)诊断。根据流行病学资料、临床症状及剖检病理变化可对本病作出初步诊断。如从粪便中检出卵囊或用肠、肝结节压片镜检，检出卵囊，即可确诊。

病原体是艾美耳球虫。目前我国已发现7种艾美耳球虫可寄生于兔的小肠和胆管。卵囊多呈椭圆形，由卵囊壁和卵囊质构成。孢子化卵囊呈椭圆形，淡黄色，内含4个孢子囊，每个孢子囊内含2个桔瓣形子孢子。

卵囊对化学消毒药物及低温的抵抗力很强，大多数卵囊可以越冬。但对日光和干燥很敏感，直射阳光在数小时内能杀死卵囊。

2. 防治要点

(1)加强饲养管理：定期消毒兔笼、食具；严禁用未经处理的病兔粪作肥料；妥善保存饲草料，防止兔粪污染；兔粪应发酵处理；病兔尸体要深埋或焚烧；种兔须经多次粪便检查，确无球虫卵囊时才可作种用；断奶幼兔和母兔隔离饲养，哺乳期母兔乳房应经常擦洗；消灭鼠、蝇及其他昆虫；合理安排母兔繁殖季节，使幼兔断奶期避开霉雨天气；发现病兔立即隔离治疗或淘汰。

(2)药物预防。

①怀孕25 d起到仔兔产下5 d止，母兔应每天饮用0.01%碘溶液100 mL，停药5 d，再改用0.02%碘溶液，每天80～100 mL，连给15 d。药液应现配现用，当作饮水，或将药物拌入精料中喂给。

②氯苯胍，预防量为每只兔每日20 mg，拌在饲料中喂给。

③大蒜、洋葱，适量混于饲料中经常饲喂。

(3)药物治疗。

①磺胺二甲基嘧啶：内服每千克体重 0.01～0.15 g，每日 3 次，连用 3～5 d。

②氯苯胍：每千克饲料加入 150 mg 混饲 1 个月。

③莫能菌素：每千克饲料加入 20 mg，混饲 1 个月。

④球虫灵：每 1 克药拌 1 kg 饲料，连喂 20 d。

(四)兔螨病

兔疥螨病又名疥癣病，俗名“生癞”或“起疥”，是由兔疥螨引起的一种慢性、高度接触性、顽固性皮肤寄生虫病，该病为人兽共患病。本病的主要以剧痒、表皮结痂、脱毛和皮肤增厚及消瘦为主要特征。发病率高达 40%，影响兔的生产性能，严重的可引起兔的死亡。

兔痒螨病又名耳螨病或耳癣病或耳痒螨病。是由兔痒螨引起的一种慢性、高度接触性、顽固性皮肤外寄生虫病。也是一种人兽共患病，以剧痒、各种类型的皮肤炎症和形成糠麸样痂皮、消瘦为主要特征的皮肤寄生虫病。

1. 诊断要点

(1)流行特点。

①传染源。带虫兔和病兔是主要传染源。

②传播途径。本病主要通过病兔与健康兔的直接接触感染，兔笼、用具等间接接触也能感染。该病具有高度侵袭性，少数兔患病后如未及时采取有效防治措施，会迅速感染整群。

③易感动物。几乎所有的动物和人类，均可作为螨的宿主。其中兔、银黑狐、北极狐、水貂和犬、猫常发生。体质差的兔群易受感染。

④年龄特点。可发生于不同年龄的兔群，幼龄兔尤为严重。随着年龄的增长，抗螨病能力增强。

⑤季节性。一年四季均可发生，但常见于秋末、冬季和初春。

⑥发病诱因。冬季笼舍饲养密度大，笼舍阴暗、潮湿、拥挤、光线不足，卫生条件差均促使兔场发生螨病。

⑦生活史。病原主要是疥螨和痒螨。其生活史为不完全变态生活史，螨从卵发育到成虫需要 7～15 d，中间经过卵—幼虫—稚虫—成虫四个阶段。成虫的寿命 4～6 周。

(2)临床症状及病理变化。螨病主要有耳螨和体螨两类。

①疥螨病。疥螨的病原叫疥螨，兔疥螨首先寄生于嘴、鼻孔周围和脚爪部位。感染部位的皮肤起初红肿、脱毛，病变部皮肤增厚，多褶，继而龟裂和糠皮状癣屑，逐渐形成灰白色痂皮。由于患部奇痒，病兔经常用嘴啃咬脚趾，鼻端周围也易被感染，严重时身体其他部位也被感染。患部常因病兔趾抓、嘴啃或在兔笼锐边磨蹭止痒，以致皮肤抓伤、咬破、擦伤并发炎症。病兔因剧痒折磨饮食减少，消瘦、精神沉郁，最后因衰竭而死亡。

②痒螨病。病原是痒螨。兔痒螨主要侵害耳道，常发生于家兔耳壳内面，始发于耳根处，先发生红肿，继而流渗出液，患部结成一层粗糙、增厚、麸样的黄色痂皮，进而引起耳壳肿胀、流液、痂皮愈积愈多，以致呈纸卷状塞满整个外耳道，引起外耳道炎。螨在痂皮下生活、繁殖，患兔表现焦躁不安，兔经常摇头并用后肢抓耳部，食欲下降，精神不振，逐渐消瘦，最后死亡。少数痒螨侵入耳深部或脑部，引起中耳炎，严重者可伴发癫痫。

(3)诊断。根据症状与病变可以作出初步诊断，确诊应查出虫体。

螨虫检查法：在病部与健部皮肤交界处用小刀轻刮(以微出血为止)以获取痂皮。刮取物置载玻片上，加 1 滴 50% 甘油水溶液或液体石蜡，再加盖玻片后在低倍显微镜下检查虫体。也可将刮取物放入试管中，加 10% 苛性钠（或钾）溶液，浸泡 1～2 h 或煮沸 1～2 min，待痂皮等固体有机物溶化，静置 20 min 或离心，从管底取沉淀物滴于载玻片上镜检。此外，也可将刮取物放在黑纸上稍加热或置于阳光下，用放大镜或肉眼仔细观察，可见到螨虫在黑纸上爬动。

①病原体。

兔疥螨：疥螨科螨，虫体小，呈圆形，微黄白色，背面隆起，腹面扁平，体直径 0.2～0.5 mm。四肢短粗。末端有吸盘或刚毛。

兔背肛螨：疥螨科螨，形态与疥螨相似，但虫体更小，肛门位于背面，离体后缘较远，肛门四周有环形皱纹。

兔痒螨：痒螨科螨，体形长圆形，比疥螨大，体长 0.5～0.9 mm，肉眼可见。口器长圆锥形。躯体背面表皮有细皱纹。肛门位于躯体末端，四肢细长。末端有吸盘或刚毛。

兔足螨：痒螨科螨，形态与兔痒螨相似，虫体较小，卵圆形，长 0.3～0.5 mm，口器较短，足长，寄生于柔嫩的皮肤上，以脱落的上皮细胞（屑皮、痂皮）为食。

②鉴别诊断。此病应与下列病进行鉴别诊断。

湿疹：病兔多发生于腹下，并以皮肤出现密集的红点或红疹块、丘疹、水疱为主要特点，痒觉不剧烈，皮肤虽多鳞屑但无厚痂，应用一般收敛药有疗效。

痘病：病原为痘病毒，病兔不仅有明显的全身症状，而且在病变局部形成特殊的痘疹和脓疱。

秃毛癣：病原为毛癣菌，镜检病料可发现真菌孢子和一菌丝体，皮肤有脱毛区，脱毛区多为圆形或椭圆形，较光滑、干燥，一般无痂皮或痂皮较少，无痒感。

梅毒病：病原为密螺旋体。发生在性成熟后，经交配感染，生殖器官皮肤黏膜溃疡、结痂。

2. 防治要点

(1)药物治疗。

原则：先去掉痂皮再用药，不要多次连续用药，以免中毒；兔舍内严禁处理螨病，毛、痂皮等病料应就地烧毁；不宜采用药浴治疗；药物治疗的同时要对笼具等物进行消毒。

药物治疗可选用下列药物之一进行治疗。

①1%～2% 敌百虫水溶液擦洗病部，每日 1 次，连用 2 d，1 周后再用 1 次。

②20% 双甲脒，按 1∶300 比例稀释涂擦患处。

③伊维菌素内服或皮下注射，每千克 0.3 mg。

④碘甘油合剂（碘酊 3 份，甘油 7 份，混合）灌入耳内，每日 1 次，连用 3 d。多用于治疗耳螨病。

⑤蝇毒磷药液（16% 蝇毒乳剂加水 70 倍稀释而成）涂擦患处 1～2 次，严重者隔 1 周后再涂擦 1 次。

(2)预防措施。

新购入的兔，要隔离观察，确认无病后，才可合群饲养。

定期检查兔群，发现病兔立即淘汰或隔离治疗。

经常保持兔舍干燥，定期消毒兔舍、兔笼、用具及周围环境，杀灭病原，切断传播途径。

针对易感兔群，应注意兔舍的通风、干燥、透光，及时清除粪便，勤换垫草，保持环境的干净、卫生。

【项目小结】

- 兔场卫生与环境控制
  - 兔场的环境控制
    - 环境对兔生产的影响
    - 兔场环境的调控
  - 兔场的环境监测与评价
    - 兔场的环境监测
    - 兔场的环境评价
  - 兔场粪污无害化处理技术
    - 兔粪肥料
    - 兔粪饲料
    - 规模养殖场粪便无害化处理系统
    - 粪污无害化处理技术

- 兔场的卫生保健
  - 兔场免疫与疫源控制
    - 兔场防疫体系的建立
    - 兔场综合防疫体系的基本内容
  - 兔场免疫
    - 疫苗的选择
    - 疫苗的运输与保存
    - 免疫接种
    - 兔场免疫程序
  - 药物预防
    - 注意事项
    - 用药程序

图 5-6 至图 5-18 彩图请扫描二维码

Project 6

家兔产品检验与初加工技术

知识目标：

掌握兔产品的初级加工工艺和检验方法。了解兔产品的质量鉴定。

技能目标：

掌握肉兔的屠宰方法。

掌握皮用兔的剥皮方法。

掌握毛用兔的采毛技术。

家兔产品检验与初加工是家兔生产企业的辅助工作。主要包括:肉兔的屠宰与肉品检验、皮用兔取皮与初加工、毛用兔采毛与保管等,肉兔屠宰必须严格按照相关法律法规的要求进行,确保兔肉制品安全卫生。皮用兔的取皮和保存得当合理,以免影响毛皮的质量,导致等级降低。毛兔采毛、兔毛保管按相关技术要求进行,否则影响产品效益。

任务一　肉兔屠宰与肉品检验

【任务介绍】

屠宰是肉兔生产的最后环节,应严格按照《食品卫生法》的要求进行屠宰,本任务从肉兔宰前检验、肉兔屠宰工艺流程、宰后检验三个环节进行介绍,确保屠宰过程的规范化,以及兔肉制品的安全卫生。

【任务分析】

科学的屠宰工艺流程,规范的屠宰检验,是获得安全卫生的兔肉制品的保证,本任务的学习基于《动物检疫法》《出口冻家兔肉检验规程》等法律法规的了解,并具备相关的实验室操作技能。

【任务实施】

一、家兔的屠宰及初加工

(一)屠宰前的准备

1. 宰前检验

被宰肉兔必须是来自非疫区的健康肉兔,并附产地动物防疫监督机构出具的检疫合格证明和相应的可溯源信息。宰前应进行严格的健康检查(表 6-1),膘情正常、发育良好、体重不低于 1.5 kg,确认健康的肉兔即可转入饲养场进行宰前饲养。病兔或疑似病兔应转入隔离舍饲养,并按兽医常规进行处理。一般幼兔肉质幼嫩,水分含量高,脂肪含量较低,缺乏风味;老龄兔肉虽风味较浓,但结缔组织较多,肉质坚硬,质量较差。因此,肉兔一般饲养 3～4 月龄,体重 2～2.5 kg 时屠宰较为适宜。

表 6-1　健康肉兔的判断方法

项目	基本要求
脉搏	每分钟 80～90 次
体温	38.2～39.7℃
呼吸	每分钟 20～50 次
眼神	眼睛明亮,眼角干燥,精神充沛,敏捷活泼
耳色	兔耳呈粉红色,用手握之温度略高于 37℃为正常
粪形	粪便呈圆形,大小均匀,润滑不粘连,肛门外毛上无粪便污染

2. 宰前饲养

经检疫合格的待宰肉兔，可按产地、品种、强弱等情况进行分群、分栏饲养。对肥度良好的肉兔，要进行恢复饲养，以恢复运输途中的损失；对瘦弱兔则应采取育肥饲养，以期在短期内迅速增重，改善肉质。宰前饲养应以精料为主，青料为辅，尤以大麦、玉米、甘薯、南瓜等碳水化合物高的饲料为最适宜。待宰肉兔由于运输的疲劳，其正常的生理机能受到抑制或破坏，抵抗力降低，血液中微生物数量增加，血液循环加速，可能导致肌肉组织中的毛细血管充血，容易造成屠宰放血不全。同时，疲劳的肉兔体内常积聚着不良代谢产物，肌肉的胶体状态发生了变化，肌肉组织与水的结合能力减弱，导致肉质下降。因此，在宰前饲养中还必须限制肉兔的运动，保证休息，解除疲劳，以提高产品质量。

3. 宰前断食

肉兔屠宰前应断食 8 h 以上，减少消化道中的内容物，便于开膛和清理内脏，防止屠宰过程中肉质被污染；同时能促使肝脏中的糖原分解成乳酸，均匀分布于机体各部，屠宰后能迅速达到尸僵和提高酸度，从而抑制微生物的繁殖；有助于体内硬脂肪酸和高级脂肪酸分解为可溶性的低级脂肪酸，均匀分布于肌肉各部，促使肉质肥嫩；还能节省饲料，降低成本，保持待宰肉兔安静休息，有助于屠宰放血。在断食期间，应供给足量的饮水，以保证肉兔正常的生理机能，促使粪便的排出和屠宰放血完全；充足饮水，还有利于剥皮操作和提高屠宰产品质量。但宰前 3 h 停止供给饮水，可避免倒挂放血时胃内容物从食道流出。

(二)屠宰方法

1. 击昏

击昏可使临宰肉兔暂时失去知觉，减少和消除屠宰时的挣扎和痛苦，便于屠宰放血，并减少兔体内肌糖原的消耗，有利于肉品成熟，改善肉质。

①电击法。俗称“电麻法”。该法用电流通过兔体麻痹中枢神经引起晕倒，同时还刺激心跳活动，使心搏升高，便于放血。电麻的致昏效果与电流强度、电压、频率、作用部位、作用时间有很大关系。通常采用电压为 40～70 V，电流为 0.75 A，通电 2～4 s。电麻过度容易造成肌肉出血而使肉质下降。“电麻器”常用双叉式，如同长柄钳子，钳端附有海绵体，使用时先蘸 5%的盐水，插入耳根后部，使肉兔触电昏倒，即可宰杀。

②棒击法。此法广泛用于小型屠宰加工场和家庭屠宰加工。操作时，提起肉兔后肢，使兔头下垂或提起肉兔两耳，用木棒或铁棒猛击后脑，使其昏厥毙命。棒击时应迅速、熟练，否则不仅达不到击昏的目的，反而引起兔骚动，同时被击部位有瘀血，影响兔头的深加工质量。

③颈部移位法。此法比较适用于小型屠宰加工场和家庭屠宰加工。操作者用一只手抓住兔的后两肢，另一只手捏住头部，然后两手猛用力一拉，并使兔头向后扭，从而使颈部移位致昏。

④灌醋法。此法适用于家庭屠宰加工，给肉兔灌服食醋数汤匙，引起心脏衰竭，呼吸困难而致昏。由于肉兔对食醋的反应很敏感，服醋后血液中的安定碱类很快被夺去，引起心脏衰弱，出现麻痹及呼吸困难，口吐白沫，片刻即死，同时肉兔服醋后，腹腔的血管异常扩张，全身血液大部分积聚在内脏，血压下降，也是致死的原因之一。

2. 放血

肉兔被击昏后应立即放血。目前最常用的是颈部放血法，即将击昏的肉兔倒挂在钩上，然后用利刃割断颈部动脉血管，放出体内血液，3～4 min 致死。放血程度的好坏，对兔肉的品质和耐藏性起着决定性的作用。放血充分的胴体，肉质细嫩，含水量少，保存时间长；放血不全的胴体，肉质发红，含水量高，残余的血液易导致细菌繁殖，保存时间短。放血不净的原因，主要是因肉兔疲劳或放血时间短所致，一般要求放血时间不少于 2 min。放出的血液避免污染皮毛而降低皮毛质量。

3.剥皮

小规模生产，多采用手工或半机械化剥皮。为避免兔毛污染胴体，常采用"脱套式"（又称"脱袜式"）剥皮法。将放血后的肉兔倒挂（一般挂住一条后腿），然后将前肢腕关节和后肢跗关节周围的皮肤切开，再用小刀沿大腿内侧通过肛门把皮肤挑开，刀口处分离皮肉，再用双手紧捏兔皮的腹部、背部向头部方向翻转拉下，犹如翻脱袜子，最后抽出前肢，剪掉耳朵、眼睛和嘴周围的结缔组织和软骨，至此一个毛面向内、肉面向外的筒状鲜皮即被剥下。在剥皮时应注意不要损伤皮毛，不要挑破腿肌。机械操作采用剥皮机剥皮。剥下的鲜皮应立即理净油脂、肉屑、筋腱等，然后用利刃沿腹部中线破开为"开片皮"，毛面向下，板面向上伸开铺平，置通风处晾干，晾干后的兔皮即可出售。南方地区居民喜食带皮的兔肉，则进行煺毛，将放血后的肉兔放入 65℃左右的热水中浸烫，使各部位受热均匀，即可进行煺毛。煺毛用手推法，速度要快，以免热水浸烫时间过长引起焦毛，而煺毛不干净。若徒手煺毛，也可准备一盘凉水，每煺一把毛浸一下手，以防烫手。

4.净膛

屠宰剥皮或煺毛后应剖腹净膛，双手用力将耻骨联合处分开，然后沿腹中线下刀切开腹壁，打开腹腔，分离出泌尿生殖器官和直肠，取出所有内脏器官。打开腹腔时下刀不要太深，以避免切破脏器，污染屠体。在取出脏器时，还应进行宰后检验。

5.修整

修整的可除去残留的脂肪、瘀血和污秽等，使屠体达到洁净、完整和美观的要求。操作者在前颈椎处割下头，在跗关节处割下后肢，在腕关节处割下前肢，在第一尾椎处割下尾巴。并按商品要求进一步整形，去除残余的内脏、生殖器官、腺体和结缔组织，摘除气管、腹腔内的大血管，除去兔体表面和腹腔内的表层脂肪、外伤部分（背部、臀部、腿部外侧的主要部位，每只兔不得超过两处，每处不得超过 1 cm）及其他不符合要求的残留物。最后用干净的海绵、棕榈刷或 T 型擦血架擦除体腔内残留的血污和浮毛。有条件的加工场可以用除血机除血，能避免胴体受到污染。肉兔胴体一般不采用水冲洗内外侧的方法，因为胴体脂肪含量少，易吸水，在体表难以形成干燥的薄膜，不耐贮藏。

（三）冻兔肉的加工

冻兔肉是兔肉初步加工的一种形式，是兔肉储藏的一种方法。目前我国生产的冻兔肉主要用于外贸出口。

1.工艺流程

冻兔肉加工主要工艺流程为：原料→分级→预冷→过磅→包装→速冻→成品。

2.分级

进行冷冻加工的兔肉，要按出口国际市场规格要求进行分级。我国出口的冻兔肉，主要有带骨兔肉和分割兔肉两种。

带骨兔肉按重量分级：特级——每只净重 1 501 g 以上；大级——每只净重 1 001 g～

1 500 g;中级——每只净重 601～1 000 g;小级——每只净重 400～600 g。

分割兔肉按部位分级:前腿肉——10～11 肋骨间切断,沿脊椎骨劈成两半,切除脊椎骨、胸骨和颈骨;背腰肉——10～11 肋骨间向后至腰荐椎处切下,劈成两半;后腿肉——自腰荐椎向后,沿荐椎处切下,劈成两半。

3.预冷

刚屠宰的胴体温度一般在 37℃左右,同时胴体本身的"后熟"作用,在肝糖原分解时还要产生一定的热量,能使胴体温度上升,因此鲜兔肉在室温条件下,容易引起微生物的生长繁殖,放置过久就会腐败变质。据试验,在气温 10℃左右而又不通风的情况下,一昼夜便可造成兔肉变味,温度越高,腐败越快。预冷就是为了迅速排出胴体内部的热量,降低深层的温度,表面形成一层干燥膜阻止微生物的生长繁殖,降低肉中酶活性,减缓水分的蒸发,延缓肉的僵直期、成熟期,进而延长兔肉保存时间。预冷室的温度最好维持在－1～0℃,最高不宜超过 8℃,最低不得低于－2℃,相对湿度控制在 85%～90%,空气流动速度为 1～2 m/s,经 2～4 h 即可过磅包装。

4.包装

带骨或分割兔肉均应按不同规格的塑料袋套装,外用塑料或瓦楞纸板包装箱,箱外应印刷中、外文对照字样(包括品名、级别、重量及出口公司等)。

分割兔肉,每箱净重 20 kg,每 5 kg 为一卷,四卷为一箱,整块的兔肉平摊,零碎的兔肉夹在中间,然后用塑料包装袋卷紧,装箱的上下各两卷成"田"字形,四卷装袋,每箱重量相差不超过 200 g。带骨兔肉每箱净重 20 kg,装箱要求排列整齐、美观、紧密,两前肢尖端插入腹腔,用两侧腹肌覆盖;两后肢须弯曲使形状美观,以兔背向外,头尾交叉排列为好,尾部紧贴箱壁,头部与箱壁间留有一定空隙,以利于透冷、降温。

箱外包装带可以是塑料或者铁皮,宽 1 cm。打包带必须清洁,不能有文字、图案、花纹,不宜采用纸带,以防速冻或搬运时破损、散落。箱外需打包带三道,即横一竖二,切勿因横面操作不便而不加包带。五分包带需用五分包扣,切忌五分包带用四分包扣,或四分包带用五分包扣,以防箱边破损。

5.冷冻技术

(1)冷冻设施。目前我国冻兔肉加工厂多采用机械化或半机械化作业,冷冻加工车间主要包括冷却室、冷藏室和冻结室等。

(2)冷却条件。主要是指温度、湿度、空气流速和冷却时间等。兔肉的冷冻首先是肌肉纤维中水分和肉汁的冻结,冻兔肉的质量则与冻结温度、速冻有很大关系。在不同的低温条件下,兔肉的冻结程度是不同的,通常新鲜的兔肉中的水分,－1～－0.5℃开始冻结,－15～－10℃时完全冻结,在整个冷却过程中,初期因冷却车间空气和肉品之间的温差较大,冷却速冻较快,肉品表面的水分蒸发量也较大,约占总蒸发量的 1/2,因此在冷却初期即前 1/4 时间,空气相对湿度应维持在 95%以上,后期湿度应维持在 90%～95%,临近结束时,应控制在 90%。此外空气流速也影响着冷却时间和程度,一般冻兔肉在冷却时,空气流速以 2 m/s 为宜。

(3)冷却方法。目前我国冻兔肉加工厂大多采用速冻冷却法,速冻间温度应在－25℃以下,相对湿度 90%,冷冻时间一般不超过 72 h,测试兔肉温度达－15℃时即可转入冷藏。无冷却设施的小型加工厂，应配备排风扇为兔肉降温，特别是炎热季节，必须设法使兔肉温度低于 20℃，然后进行速冻，使肌肉纤维中的水分和肉汁全部冻结。

6. 冷藏条件

合理的冷藏条件为：温度应保持在－20～－18℃，相对湿度为 90%，冷库内温度升降一般不超过 1℃，在大批量进出货物时，一昼夜升温不得超过 4℃。温度忽高忽低，容易造成肉质干枯和脂肪发黄而影响质量。同时空气流动以自流或对流为好。

长期冷藏的冻兔肉应堆放成方形堆，地面应有不通风的木板衬垫，衬垫高约 30 cm，堆高 2.5～3 m，应尽可能增加堆放密度，以提高冷库的利用率。肉堆与墙壁、天花板间隔 30～40 cm，与冷却管间隔 40～50 cm，肉堆间隔 15 cm。保藏期长短取决于温度条件，－4℃可保藏 35 d，－12℃可保藏 100 d，出口冻兔肉在－20～－18℃条件下，可保藏 6 个月。

二、兔肉检验、品质评定

1. 内脏检验

内脏检验包括肺部、心脏、肝脾、胃肠检验。肺部主要观察色泽、硬度和形态，注意有无充血、出血、溃烂、变性及化脓等病理变化；心脏主要观察心外膜有无炎症、出血点，心肌有无变性，心囊液的性状是否正常等；肝脾主要观察色泽、硬度及有无出血点，检验肝脏有无球虫、线虫等，注意脾脏有无灰白色小结节和假性结核病变等；胃肠检验主要观察有无出血现象，检查肠系膜、淋巴结有无肿胀、出血，胃、肠黏膜有无充血、炎症，盲肠蚓突及回肠与盲肠连接处有无灰白色小结节。在检查中若发现球虫病和仅在内脏部位的豆状囊尾蚴、非黄疸性黄脂兔，肉品不受限制；凡发现结核、假性结核、巴氏杆菌病、黏液瘤、黄疸、脓毒症、坏死杆菌病、李氏杆菌病、副伤寒、肿瘤和梅毒等疫病，一律另作处理。

2. 肉品质检验

肉品检验是最后一个兽医卫生检验环节，主要检查胴体有无疑症、出血、化脓、外伤等。正常胴体的肌肉为淡粉红色，放血不全或老龄兔的肌肉为深红色或暗红色。鲜兔肉的色泽要求瘦肉呈均匀的鲜红色，有光泽，脂肪呈白色或微黄色；组织有弹性，指压后的凹陷部立即恢复；具有鲜兔肉正常气味，无异味；肉表面较干或微湿润，不粘手，煮沸后肉汤澄清透明，脂肪团聚于水面，有兔肉香味。如发现下列情况应禁止外销：肌肉色泽暗红，放血不全；肌肉脂肪呈黄色或淡黄色；营养不良，脊椎骨突出瘦瘠；表面有创伤，修割面过大；经水洗或污染面超过 1/3；有严重骨折、曲背、畸形者；胸、腹部有严重炎症；背部肉色苍白或肉质粗糙；胴体露骨、透胸或腹肌扯下。

3. 品质评定

(1)感官指标。将抽取微生物检验试样后的全部样品，置于自然光或相当于自然光的感官评定室，用触觉鉴别组织形态，视觉鉴别色泽，嗅觉鉴别气味，同时进行肉眼可见异物的检验。将检样切碎，称取 20 g，置于 200 mL 烧杯中，加水 100 mL，盖上表面皿，加热至 50～60℃，取下表面皿，用嗅觉鉴别气味。煮沸后鉴别肉汤性状、脂肪凝聚状况，降至室温后品尝肉汤味道。肉兔上述感官指标的评定标准见表 6-2。

表 6-2　鲜、冻兔肉感官指标要求

项目	鲜兔肉	冻兔肉(解冻后)
色泽	肌肉呈均匀的鲜红色,有光泽;脂肪呈白色或微黄色	肌肉呈均匀的鲜红色;脂肪呈乳白色或浅黄色
组织状态	有弹性,指压后的凹陷部位可很快恢复	肉质紧密,有坚实感
气味	具有鲜兔肉正常气味,无异味	具有冻兔肉正常气味,无异味
煮沸后肉汤	澄清透明,脂肪团聚于液面,有兔肉香味	澄清透明,脂肪团聚于液面,无异味
肉眼可见异物	不得检出	不得检出

(2)理化指标。挥发性盐基氮:将试样除去脂肪、骨及腱后,绞碎搅匀,称取约 10.0 g,置于锥形瓶中,加 100 mL 水,振摇,浸渍 30 min 后过滤,滤液置冰箱备用。用半微量定氮法测定并计算试样中挥发性盐基氮的含量。

无机砷:称取试样 1.00～2.50 g 置于 50～100 mL 坩埚中,加 150 g/L 硝酸镁 10 mL 混匀,低热蒸干,将氧化镁 1 g 仔细覆盖在干渣上,于电炉上炭化至无黑烟,移入 550℃高温炉灰化4 h。取出放冷,小心加入(1+1)盐酸 10 mL 以中和氧化镁并溶解灰分,转入 25 mL 容量瓶或比色管中,向容量瓶或比色管中加入 50 g/L 硫脲 2.5 mL,另用(1+9)硫酸分次刷洗坩埚后转出合并,直至 25 mL 刻度,混匀,用氢化物原子荧光光度法测定并计算试样中砷的含量。

总汞:将试样用捣碎机打成匀浆,称取匀浆 1.00～5.00 g,置于聚四氟乙烯塑料内罐中,加盖留缝放于 65℃鼓风干燥烤箱或一般烤箱中烘至近干,取出,加 5 mL 硝酸,混匀后放置过夜,再加 7 mL 过氧化氢,盖上内盖放入不锈钢外套中,旋紧密封,然后将消解器放入普通干燥箱(烘箱)中加热,升温至 120℃后保持恒温 2～3 h,至消解完全,自然冷却至室温。将消解液用硝酸溶液(1+9)定量转移并定容至 25 mL,摇匀,用原子荧光光谱分析法测定并计算试样中汞的含量。

铅:将试样用食品加工机或匀浆机打成匀浆,储于塑料瓶中,用压力消解罐消解法对试样进行消解,然后用石墨炉原子吸收光谱法测定并计算试样中铅的含量。

镉:称取 1.00～2.00 g 试样于聚四氟乙烯内罐,用压力消解罐消解法对试样进行消解,然后用石墨炉原子吸收光谱法测定并计算试样中镉的含量。

六六六:将试样去筋后,切成小块,制成肉糜,用毛细管柱气相色谱一电子捕获检测器法测定并计算试样中六六六的含量。

滴滴涕:将试样去筋后,切成小块,制成肉糜,用填充柱气相色谱一电子捕获检测器法测定并计算试样中滴滴涕的含量。

土霉素、四环素、金霉素:称取 5.00 g(±0.01 g)切碎的肉样(＜5 mm),置于 50 mL 锥形瓶中,加入 5%高氯酸 25.0 mL,于振荡器上振荡提取 10 min,移入到离心管中,以每分钟 2 000 转的速度离心 3 min,取上清液经 0.45 μm 滤膜过滤,取溶液 10 μL,用高效液相色谱法测定,记录峰高,从工作曲线上查得含量。

氯霉素:称取约 1 kg 试样,充分绞碎混匀,装入清洁容器内,用乙酸乙酯提取试样中的氯霉素,然后将乙酸乙酯蒸发至干,用正己烷净化,氯霉素经硅烷化衍生后,溶解于正己烷中，用带电子俘获检测器的气相色谱仪进行测定，外标法定量。

呋喃唑酮：称取约 1 kg 试样，充分绞碎混匀，用盐酸水解，用邻硝基苯甲醛衍生后，以乙酸乙酯提取，经过净化浓缩，用液相色谱质谱联用仪测定，外标法定量。

磺胺类：将试样放入高速组织捣碎机中捣碎，充分混匀，用四分法缩分出不少于 500 g，装入清洁的容器内，用乙腈一氯仿混合溶剂提取，用具紫外检测器的高效液相色谱仪检测，外标法定量。

肉兔上述理化指标的评定标准见表 6-3。

表 6-3　理化指标

项目	指标
挥发性盐基氮/(mg/100 g)	≤15
铅(Pb)/(mg/kg)	≤0.2
无机砷/(mg/kg)	≤0.05
镉(Cd)/(mg/kg)	≤0.1
总汞(以 Hg 计)/(mg/kg)	≤0.05
六六六/(mg/kg)	≤0.1
滴滴涕/(mg/kg)	≤0.2
金霉素/(mg/kg)	≤0.1
土霉素/(mg/kg)	≤0.1
四环素/(mg/kg)	≤0.1
氯霉素/(mg/kg)	不得检出
呋喃唑酮/(mg/kg)	不得检出
磺胺类(以磺胺类总量计)/(mg/kg)	≤0.1

(3)微生物指标。

菌落总数：称取 25 g 样品置于盛有 225 mL 磷酸盐缓冲液或生理盐水的无菌均质杯中，以 8 000～10 000 r/min 均质 1～2 min，或放入盛有 225 mL 稀释液的无菌均质袋中，用拍击式均质器拍打 1～2 min，制成 1∶10 的样品均液。用平板菌落计数法测定并计算试样中菌落总数。

大肠菌群：以无菌操作将样品 25 g 放于含有 225 mL 灭菌生理盐水或其他稀释液的灭菌玻璃瓶内(瓶内预置适当数量的玻璃珠)，用均质器以 8 000～10 000 r/min 的速度处理 1 min，做成 1∶10 的均匀稀释液。通过乳糖发酵试验、分离培养和证实试验，查 MPN 检索表获得每 100 g 的大肠菌群 MPN 值。

沙门氏菌：称取 25 g 样品放入盛有 225 mL 缓冲蛋白胨水的无菌均质杯中，以 8 000～10 000 r/min 均质 1～2 min，或置于盛有 225 mL 缓冲蛋白胨水的无菌均质袋中，用拍击式均质器拍打 1～2 min。通过增菌、分离培养、生化试验、血清学鉴定，报告样品中是否检出沙门氏菌。

肉兔上述微生物指标的评定标准见表 6-4。

表 6-4　微生物指标要求

项目	指标	
	鲜兔肉	冻兔肉
菌落总数/(CFU/g)	$\leqslant 1\times10^6$	$\leqslant 5\times10^5$
大肠菌群/(MPN/100 g)	$\leqslant 1\times10^4$	$\leqslant 5\times10^3$
沙门氏菌	不得检出	不得检出

思考与练习

一、填空题

1.击昏肉兔可以使用________、________、________、________。

2.带骨兔肉可以分为以下几级,分别是________、________、________、________。

3.宰前饲养应以精料为主,青料为辅,尤以大麦、玉米、甘薯、南瓜等________高的饲料为最适宜。

4.肉品质检验中,如发现下列情况应禁止外销:肌肉色泽________,放血不全的;肌肉脂肪呈________;营养不良,脊椎骨________;表面有创伤,修割面过大的;经水洗或污染面超过________;有严重骨折、曲背、畸形者;胸、腹部有严重炎症的;背部肉色________或肉质________;胴体________或腹肌扯下的。

二、选择题

1.肉兔一般饲养到什么程度进行屠宰为适宜(　　)。

A.3～4 月龄、体重 2～2.5 kg　　B.1～2 月龄、体重 1～1.5 kg

C.5～6 月龄、体重 2～2.5 kg　　D.7～8 月龄、体重 3～4 kg

2.肉兔放血时间一般不少于(　　)。

A.5 min　　B.4 min　　C.2 min　　D.3 min

3.带骨兔肉中,大级的标准为每只净重(　　)。

A.1 201～1 400 g　　B.1 001～1 500 g

C.901～1 300 g　　D.1 401～1 700 g

4.兔肉冷冻时间一般不超过(　　)。

A.24 h　　B.48 h　　C.72 h　　D.96 h

5.出口冻兔肉在－20～－18℃条件下,可保藏(　　)个月。

A.1　　B.6　　C.3　　D.12

6.在分割兔肉时,每箱兔肉应该净重(　　)kg。

A.10　　B.20　　C.30　　D.40

7.兔肉包装时,箱外包装带最好使用(　　)。

A.铁皮　　B.纸带　　C.塑料　　D.皮带

三、简答题

1.简述为何肉兔屠宰前要断食?

2.简述肉兔屠宰中修整的目的是什么?

3.刚屠宰的肉兔为何要预冷?

4.简述如何进行内脏检验?

任务二　皮用兔取皮与初加工

【任务介绍】

屠宰取皮是皮用兔养殖的最后生产环节。无论皮用兔品种多么优良,投喂饲料多么全价,饲养管理多么精细,屠宰取皮环节没有掌握好,将前功尽弃。因此,皮用兔屠宰和取皮必须讲究科学。掌握皮用兔取皮、初加工和贮藏方法是本任务的关键。

【任务分析】

最佳等级的皮张是皮用兔养殖者追求的终极目标,在熟悉兔生物学特性的基础上,熟练掌握皮用兔取皮、初加工和贮藏技术,获取优质的家兔皮张,是本任务的核心。

【任务实施】

一、皮张的剥取与贮藏

商品獭兔的屠宰取皮是养殖场的最后生产环节。随着市场经济的不断深入,獭兔生产越来越市场化、技术化和标准化,人们对裘皮类产品的需求不断攀升,对质量的要求也越来越高。无论饲养的獭兔品种多么优良,饲料营养多么均衡,饲养管理多么精细,一旦屠宰取皮环节没有掌握好,毛皮品质将极大降低。因此,獭兔的屠宰和取皮必须讲究科学。

(一)适龄、适时取皮

獭兔以产皮为主,肉为副产品。除了要达到一定的出栏体重外,更重要的是皮板的被毛必须达到成熟,即第二次年龄性换毛结束,被毛长齐,毛绒丰厚,皮张厚度、韧性等达到加工的要求。因此,獭兔取皮要求适龄和适时,绝对不可在换毛期取皮。獭兔是否处于换毛期,简易的方法是扒开毛被,原有的绒毛容易脱落,有短毛纤维长出,就是换毛的开始。被毛丰厚齐整,表示换毛结束。如果没有长齐就屠宰取皮,形成"盖皮",降低皮张质量和利用价值。根据生产经验,商品獭兔 5～6 月龄是取皮的最佳时机。对于非商品獭兔(多为淘汰的种兔),最好在非换毛季节屠宰,即避开春、秋季节,一般在 11 月份以后和 3 月份以前屠宰最好。此时取皮、绒毛足、不脱绒、板质优。

(二)屠宰与取皮

屠宰与取皮方法同肉兔。分别为宰前检疫、饲养、断水,用颈部移位法处死,挑裆放血,将左后肢用绳索吊起倒挂,采用"脱套式"剥皮法取皮,即将放血后的肉兔倒挂,然后将前肢腕关节和后肢跗关节周围的皮肤切开,再用小刀沿大腿内侧通过肛门把皮肤挑开,刀口处分离皮肉,再用双手紧捏兔皮的腹部、背部向头部方向翻转拉下,最后抽出前肢,剪掉耳朵、眼睛和嘴周围的结缔组织和软骨,至此一个毛面向内、肉面向外的筒状鲜皮即被剥下。

(三)鲜皮的防腐

刚从兔体剥取下来的鲜皮含有大量的水分、蛋白质、脂肪、无机盐和酶等,是微生物生长繁殖的优良培养基，如不及时防腐，极易腐败变质，失去利用价值。其腐败变质的主要原因是由自溶作用和微生物作用所引起的。

自溶作用：也称发酵作用，由鲜皮中存在的酶所引起。此作用在鲜皮剥下后几个小时反应最强烈。皮中所含有的酶在家兔成活期，不具活性，家兔屠宰死亡后，鲜皮的 pH 下降，使酶激活，促使皮组织的分解，即产生自溶作用，最终导致鲜皮的腐败变质。

微生物作用：兔皮上附着有几十种细菌。当兔皮在温度 20～37℃时，这些细菌就很快地生长繁殖起来，特别是在炎热的夏天或初秋，鲜皮剥下后 2～3 h 就开始腐败。

所以，鲜皮剥下后应及时进行初步加工，防腐处理，抑制细菌和酶的作用，防止腐败变质，以获取质量优良的"原料皮"。目前，兔皮的防腐方法有盐腌法、干燥法和盐干法三种。

1. 盐腌法

盐腌法是采用干燥食盐或者食盐水来处理剥下的鲜皮，利用食盐的杀菌作用，抑制细菌的生长繁殖，从而达到防腐的目的。此法是防止生皮腐烂的最普通而可靠的方法，不仅防腐能力强，而且不会影响生皮固有的天然品质，但必须盐腌正确，堆皮适当，并遵守湿热管理规程，方可使盐腌生皮长期保存。

(1)干盐腌法。平铺鲜皮，把所有的褶皱和弯曲部位拉平，使之平展，然后将干燥清洁的细盐均匀撒在皮的肉面上，厚处多撒。用盐量一般为皮重的 25%～35%。然后在该皮上面再铺上另一层鲜皮，做同样处理，这样层层堆集，叠成高达 1～1.5 m 的盐腌皮堆。经过一周左右，兔皮内外的盐液浓度即可渗透平衡。

为了更好地保存原料皮，可在盐腌时加入盐重的 1%～1.5%的"对氯二苯"和盐重的 2%～3%萘于盐中制成混合盐使用，防腐效果更好。

(2)盐水腌法。将经过初步整理后的兔鲜皮称重后，按重量分类，然后将鲜皮浸入不低于 25%浓度的盐水池中，盐水温度应最好保持在 15℃左右，经一昼夜后取出，沥水 2 h 以后，进行堆积，堆积时再撒上相当于皮重 25%的干盐。浸盐水时，为了防止盐斑出现，可在食盐中加入盐重 4%的碳酸钠。

2. 干燥法

通过干燥将鲜皮中的水分降至 12%～16%，以有效抑制微生物的生长繁殖，达到防腐的目的。此方法成本低，操作简单，且皮板洁净，便于保藏和运输，是民间常用的方法，但只适合干燥地区和干燥季节使用，且存在干燥后的皮板僵硬，容易折裂，难于浸软，贮藏时易受虫侵蚀等缺点。

一般采用自然晾干。如果大批干燥，可采用干燥室人工干燥。自然干燥时，将鲜皮按其自然皮型，皮毛朝下，皮板朝上，贴在木板或草席上，用手铺平，呈长方形，在不受日晒的通风阴凉处晾干，不要放在潮湿地面或草地上。

在晾干过程中要严防雨淋或被露水浸湿，以免影响皮内水分的蒸发速度。若干燥过慢，不利于抑制细菌的生长繁殖，易导致生皮腐败变质。同时也不要放在烈日下直晒，湿度过高，皮中水分干得过快，会使表层变硬，影响内部水分的继续蒸发，造成皮内干燥不均。同时温度过高，还会引起皮上附着的脂肪融化，并扩散到纤维间和肉面上，使浸水更加困难而影响鞣制。

3. 盐干法

盐干法是盐腌和干燥两种方法的结合，即先盐腌后干燥到水分含量在20%左右。

鲜皮经盐腌后，在干燥过程中盐液逐渐变浓，从而有效抑制微生物的活动，使皮在缓慢干燥下，不会腐烂，也不易发生折断，便于运输和保藏。缺点是：干燥时由于胶原纤维束缩短，皮内有盐粒形成，可能影响真皮天然的结构而降低原料皮的质量。

（四）原料皮的贮藏

鲜皮经过防腐处理后，应及时送入仓库中贮藏，以保证原料皮的质量。

(1)仓库的条件。贮藏原料皮的仓库要求地势高燥，库内要有通风、隔热、防潮条件，最好为水泥地面或者木地板，要具备防鼠、防蚁条件，且仓库光线充足，以便检查及翻垛，但要避免直射光照射皮张，以防变质。

(2)原料皮的检查及入库堆放方式。原料皮入库前应进行严格的检查，以剔除虫蚀、未晾干等不合格兔皮，然后按等级、色泽、品种等进行捆扎或装包，分别入库存放。堆放时应毛面对毛面、头对头、尾对尾，叠置平放。同时，每隔2或3张皮撒放少量萘粉，以防虫蛀。

(3)贮藏期间的管理。仓库在堆皮前应事先撒上DDT或萘粉，准备好衬垫皮张的木条，然后进行堆放，每堆最上面一张皮应该是毛面向外，并撒上萘粉。贮藏期间应保证库房干净整洁，库房中的适宜温度为10℃，最好不得超过30℃，相对湿度50%～60%为宜，使原料皮的水分保持在12%～20%，以防脆裂或腐烂。在贮藏过程中应每月检查2或3次，如发现虫迹，应采取灭虫措施，及时处理。

二、兔皮的质量鉴定

原料皮质量的好坏直接影响成品皮的质量，原料皮质量太差会降低经济价值或失去进一步加工的必要性。

（一）兔皮的质量要求

兔皮的品质优劣，主要取决于毛被质量，皮板质地和面积、是否存在缺陷等三个方面。

毛被质量：被毛长度要均匀，毛色应一致，符合品种兔毛被特征。禁忌花斑和杂色，光泽要强并带有润滑性。被毛类型依据兔的品种而定，獭兔皮的要求为全细毛，无粗毛；一般家兔要求粗细毛有一定的含量，细毛丰厚则弹性好，用手逆推毛后即恢复原状，如绒毛不足，毛即竖起，弹性则差。

皮板质地和面积：皮板应洁白、紧致、薄厚适中。无刀伤，虫蛀。在相同质地情况下，兔皮面积越大越好。

量皮的方法：长度是从颈中部量起，直至尾根，宽度量皮的中部，将长宽相乘则为皮的面积。

皮板缺陷方面：由于饲养管理不善，过度消瘦，患皮肤病，遭受外伤等都会造成缺陷。如枯瘦、疥癣、虱叮、痘痕、脓肿、刺伤等。屠宰、贮藏、运输不适当等也会造成缺陷。如刀伤、虫蛆、掉毛、烟熏、硬块、断裂等。因此，为提高原料皮的质量，应充分识别和了解缺陷的原因，采取措施，杜绝生皮缺陷发生。

(二)兔皮质量评定

1.有害物质

(1)禁用偶氮染料。按规定部位(图 6-1 阴影部分所示)切取样块。样块的大小应满足要求,但边缘 1/4 之外区域禁止取样。样块的表面不应有明显的缺陷,如刮伤和剥皮伤,样块在剃毛时应注意保护粒面不受到破损。继而通过脱脂、还原裂解、液－液萃取等试验后,经色谱分析仪测量并计算芳香胺的含量。

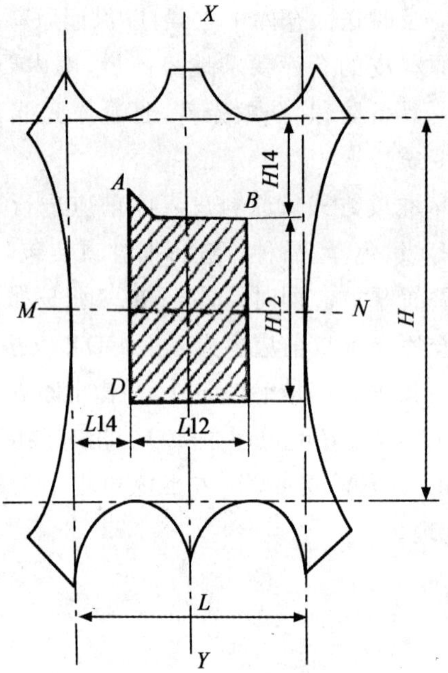

图 6-1　毛皮试验取样部位示意图

L 表示宽度;*H* 表示长度;*X*、*Y* 表示背脊线;尖角 *A* 的方向表示头部;尖角的一边 *AD* 表示左边

(2)游离甲醛。取样同上,在温度为(20±2)℃,相对湿度为(65±2)%的标准空气中放置 24 h 进行空气调节,以达到平衡。经过萃取,与二硝基苯肼反应后,进行色谱测定,并计算试样中甲醛的含量。

兔皮有害物质限量值见表 6-5。

表 6-5　兔皮有害物质限量值　　mg/kg

项目	限量值		
	A 类(婴幼儿用品)	B 类(直接接触皮肤的产品)	C 类(非直接接触皮肤的产品)
可分解有害芳香胺染料	≤30	≤30	≤30
游离甲醛	≤20	≤75	≤300

2.物理机械性能指标

(1)规定负荷伸长率。取样同上,用模刀从被测试毛皮上切取 6 个试样,3 个试样的长边平行于背脊线,3 个试样的长边垂直于背脊线;对于不能确定背脊线方向的毛皮,分别取方向 1 和方向 2 各 3 个试样,方向 1 与方向 2 垂直。在温度为(20±2)℃,相对湿度为(65±

2)%的标准空气中，用拉力试验机进行测试并计算出两个方向的规定负荷伸长率，取平均值。

(2)撕裂力。取样同上，用模刀从粒面切取6个试样，3个试样的长边平行于背脊线，3个试样的长边垂直于背脊线。在温度为(20±2)℃，相对湿度为(65±2)%的标准空气中，调整拉力试验机，使两个测试钩的弯钩部分轻轻接触，将试样的孔洞套入两个测试钩的弯钩部分，测试钩的宽边平行于试样孔洞的直边，使试样不能脱落，开动拉力试验机，直至试样撕裂为止，记录最大的力值，取平均值。

(3)收缩温度。取样同上，用GJ901型收缩温度测定仪进行测定试片尺寸为50 mm×3 mm；用SW-1型收缩温度测定仪进行测定试片尺寸为70 mm×5 mm。

用GJ901型收缩温度测定仪测定：将试片放入蒸馏水中浸1 h，再测收缩温度；将试片上端挂在双头钩下端，试片下端固定在小钉上；将烧杯放在磁力搅拌器上，并放入约为30℃的(350±10) mL蒸馏水及搅拌棒，固定好烧杯上的圆盘，开始升温，升温速度尽可能接近2℃/min；每隔30 s记录一次温度及相应的指针的读数，直到试片明显地收缩为止，找出指针向收缩方向移动半分度时的温度作为该试片的收缩温度，指针移动半分度相当于试片收缩约0.3%。

用SW-1型收缩温度测定仪测定：将试片夹于试片夹上，将留点温度计插入温度计座内，使水银球靠近试片中部，在烧杯内盛好(500±20) mL蒸馏水，放在升降筒上；开动电源按钮，指示灯亮，将升降筒提升到稳定位置，使试片全部浸入水中；扳动扳扭，使触动片轻轻地与移动杆的触头接触，随即开动加热开关，通电加热，当水温升到一定温度时，试片开始收缩，触动片与移动杆脱离，载有烧杯的升降筒自动缓缓下降到原来的位置，拨开扳扭，关闭加热开关；记下留点温度计上的读数。

(4)气味。切取具有代表性的试样两块，试样的尺寸为125 mm×100 mm。在温度(23±2)℃和相对湿度(50±5)%的环境中调节24 h。分别在干态和存在水分条件下进行测试，对于干态测试将试样放于测试罐中盖上盖子；对于湿态测试，将试样和2 mL蒸馏水一起放入测试罐中，盖上盖子。置于(65±3)℃的烘箱中1 h。取出后，实验员把头贴近空白对比罐(距离约15 cm)，并移去盖子，然后用手扇动，引导空气从测试罐中到鼻子处慢慢吸入，并记录下结果。每一次应将测试罐重新置于烘箱中15 min，至少需要三名实验员进行测试，以半数以上一致的结果为评定等级。兔皮气味的等级见表6-6。

表6-6　兔皮气味的等级

等级	描述
1	没有引人注意的气味
2	稍有气味，但不引人注意
3	明显气味，但不令人讨厌
4	强烈的、讨厌的气味
5	非常强烈的讨厌的气味

(5)摩擦色牢度。试样为整张毛皮，测试整张毛皮中心部位，受摩擦部分长度为150～210 mm，干擦26次，湿擦26次。干摩擦：试样毛被向上，平展地固定在DY601型毛皮掉毛测试仪上，毛皮需折叠为双层的，中间用不锈钢板隔开，启动仪器使摩擦头在试样测试部位

顺毛方向摩擦。湿摩擦:将摩擦布用蒸馏水浸透,使之含水量为(100±5)%,其他步骤同干摩擦。取下干摩擦布,用灰色样卡在左侧顺光下评定摩擦布的沾色;湿摩擦布在室温下自然干燥后,再用灰色样卡在左侧顺光下评定摩擦布的沾色。摩擦沾色不匀者,应以沾色严重处为评定标准。摩擦边圈和中间沾色有深浅显著者,应取其平均值为评定标准。

(6)耐汗渍色牢度。取样部位在样品可利用面积内的任意部位。在温度为(20±2)℃,相对湿度为(65±2)%的标准空气中,将试样剪切成 40 mm×10 mm,取 60 mm×60 mm 棉标准贴称织物一块,将试样毛面与贴衬织物复合在一起四边用线缝上。将复合试样毛面向上平铺在一块 PVC 板上,放入盛有人工汗液的耐汗渍测试仪中,使试样完全浸没,在复合试样上再放一块玻璃板,用手指均匀轻压以除去气泡,将复合试样、玻璃板及重物固定在不锈钢样品架上。将耐汗渍测试仪移入在(37±2)℃预热的烘箱中,使其恒温放置 2 h 后移出,把试样与贴衬织物拆开,并将贴衬织物在室温下自然干燥。使用沾色灰色样卡以目测方式,在自然光或日光灯下,判定贴衬织物沾色的等级。

(7)耐日晒色牢度。取样部位在样品可利用面积内的任意部位。在温度为(60±2)℃,相对湿度为(30±3)%的条件下,用黑卡纸从试样(横向)中间部位将试样不需要日晒的部分遮住,放入测试室内,开始测试,20 h 后将试样取出置于阴暗处,2 h 后评级。兔皮物理机械性能指标见表 6-7。

表 6-7　兔皮物理机械性能指标

项目		指标
规定负荷伸长率(SN)/(%)		≥20
撕裂力/N		≥10
收缩温度/℃		≥70(油鞣≥55)
气味/等级		≤3
染色毛皮耐摩擦色牢度/级	干擦	≥3/4
	湿擦	≥3
毛皮耐汗渍色牢度/级		≥3
毛皮耐日晒色牢度/级		≥3

3. 化学指标

(1)水分及其挥发物。按图 1 标准取样。将称量瓶洗净,在(102±2)℃的干燥箱里烘到恒重。称重试样 2~3 g,准确至 0.001 g,放入称量瓶中,再放入干燥箱,在(102±2)℃条件下烘干 5 h。取出称量瓶,将盖盖好,放入干燥器中,冷却 30 min,称重、复烘 1 h,再冷却 30 min 称重,直到恒重为止。计算挥发物的含量。

(2)四氯化碳萃取物。取样同上。将仪器洗净烘干,萃取瓶需预先在(102±2)℃干燥箱烘至恒重。称取试样 3~4 g,准确至 0.001 g,装入已经用四氯化碳浸润 1~2 h 的干燥的滤纸筒内,筒内上下两端覆盖一层薄的事先用四氯化碳脱过脂的脱脂棉,将纸筒放入萃取管内。试样在筒内的高度不得超过虹吸管的高度。在萃取瓶中注入四氯化碳,装好仪器后将萃取烧瓶放在电炉或水浴上,打开冷却水然后加热。控制虹吸回流速度 8~12 min/次,回流萃取时间为 4~5 h,回流溶剂应滴在滤纸筒中央,萃取结束后,取出滤纸筒。继续加热萃取瓶中的溶剂与萃取物的混合液，使瓶中的溶剂蒸馏到萃取管内，依次倾出回收。待瓶内溶剂将尽时，将萃取瓶放入(102±2)℃的干燥箱内烘4 h，取出，在干燥器内冷却30 min，称重，复烘1 h，冷却，称重至恒重。计算四氯化碳萃取物的百分含量。

(3)总灰分。取样同上。在温度为(20±2)℃，相对湿度为(65±2)%的标准空气中。预先将坩埚在(600±25)℃马弗炉中灼烧、冷却、称重，再灼烧至恒重。称取试样2～3 g，准确至0.000 1 g，于已恒重的坩埚中，将盖微开，在电炉上先小火碳化，再大火至不冒烟，之后移入马弗炉中，将坩埚盖半开于(600±25)℃下灼烧4 h，停止灼烧。将坩埚取出，先在空气中降至微热，再放入干燥器中冷却30 min称重，复灼烧1 h，再冷却称重至恒重。计算总灰分的百分含量，测两次取平均值。

(4)pH。取样同上。称取2.5 g试样置于广口瓶中，加入100 mL(20±2)℃水，用手摇荡30 s。试样均匀湿润后，振荡6 h，倾取萃液前应先使试样沉降。将萃取液温度调至(20±1)℃，测定萃取液的pH，读数应在电极浸入萃取液中30～60 s内读取。

pH稀释差的测定：用移液管吸取液10 mL于100 mL容量瓶内，用水稀释至刻度，摇匀，用稀释液洗涤电极，测定稀释液的pH，所得数值与测萃取液的pH之差即为稀释差。

兔皮化学指标见表6-8。

表6-8 兔皮化学指标 %

项目	指标
水分及其挥发物	10～18
四氯化碳萃取物	5～15
总灰分	≤8
pH	3.8～6.5
稀释差	≤0.7

4.感官要求

在自然光线下，以感官进行检验。

皮板：柔软、丰满、延伸性好，皮形基本完整、平展，无制造伤，皮里洁净，不应有僵板、酥板。

毛被：毛被平顺、灵活松散、洁净，针绒齐全(剪绒、拔针除外)，无钩针，无明显掉毛、油毛、结毛；染色牢固，无浮色，无明显色花、色差。

5.分级

产品经过检验合格后，根据整张兔皮可利用面积的比例进行分级，应符合表6-9的规定。

表6-9 兔皮分级 %

项目	等级			
	一级[a]	二级[a]	三级	四级
可利用面积	≥90	≥80	≥70	≥60
可利用面积允许轻微缺陷	≤5			

注：轻微缺陷指不影响产品内在质量和使用，只略影响外观的缺陷，如轻微的色花、色泽不均匀等。

a 皮心、臀背部无影响使用功能的伤残。

(三)兔皮的商业分级标准

中国兔皮的商业分级标准可分为土种家兔皮、历克斯兔皮、青紫蓝兔皮、山兔皮等。各类兔皮的商业分级标准和规格要求见表6-10。

表6-10 兔皮的商业分级标准和规格要求

<table>
<tr><th>等级</th><th colspan="2">家兔皮(土种)</th><th>力克斯兔皮(纯种)</th><th>青紫蓝兔皮</th><th>山兔皮</th></tr>
<tr><td>甲级皮</td><td colspan="2">毛绒丰富而平顺,色泽光润、板质良好,全皮面积在800 cm² 以上</td><td>板皮足壮,绒毛丰厚平顺,毛色统一,无杂毛(轻度杂毛降1级,严重杂毛降2级),无脱毛,油烧、烟熏、孔洞、破缝,全皮面积在1100 cm² 以上</td><td>等级规格可以参考土种家兔皮的规格,面积在1000 cm² 以上</td><td>毛绒细长,丰厚,面积在770 cm² 以上</td></tr>
<tr><td>乙级皮</td><td colspan="2">毛绒略薄而平顺,色泽光润或板质稍次于甲级皮或具有甲级皮质量,面积在700 cm² 以上</td><td>板质量好,绒毛略薄而平顺,毛收入统一,无杂色,次要部位有脱毛,油烧、烟熏、孔洞、破缝等其中一种者。全皮面积需与甲级皮等同,或具有甲级皮质量,面积在950 cm² 以上</td><td>等级规格可以参考土种家兔皮的规格,面积在840 cm² 以上</td><td>毛绒较空疏或毛丰厚而面积较小者,或具有甲级皮质量而带小伤残</td></tr>
<tr><td>丙级皮</td><td colspan="2">毛色虽空疏但平顺,或色泽、毛绒、板质稍次于乙级皮者,或具有甲、乙级皮质量而面积在600 cm² 以上</td><td>板质良好,绒毛稍空薄,边角带有一两个小孔或者其他轻微伤残者,全皮面积与甲级皮相同,或具有甲、乙级皮质量,全皮面积在770 cm² 以上</td><td>等级规格可以参考土种家兔皮的规格,面积在660 cm² 以上</td><td></td></tr>
<tr><td rowspan="4">等级比差/%</td><td>甲</td><td>100</td><td>100</td><td>100</td><td>100</td></tr>
<tr><td>乙</td><td>80</td><td>80</td><td>80</td><td>80</td></tr>
<tr><td>丙</td><td>50</td><td>50</td><td>50</td><td>50</td></tr>
<tr><td>等外</td><td>25</td><td>25</td><td>25</td><td>25</td></tr>
<tr><td rowspan="3">颜色比差/%</td><td>白色</td><td>100</td><td rowspan="3">纯种兔色泽无比差,但必须在一张皮上毛色纯一,有不同毛色的皮则甲级皮质量降为丙级,以此类推</td><td rowspan="3"></td><td rowspan="3"></td></tr>
<tr><td>黑、灰、棕褐色</td><td>90</td></tr>
<tr><td>杂色</td><td>80</td></tr>
</table>

思考与练习

一、填空题

1. 目前,兔皮的防腐方法有________、________和________三种。

2. 兔皮的感官检查要求毛被________、灵活松散、洁净,针绒齐全,无________,无明显________、________、________;染色________,无浮色,无明显色花、色差。

3. 甲级家兔皮的毛绒丰富而平顺,色泽光润、板质良好,全皮面积在________ cm^2 以上。

二、判断题

1. 盐干法是盐腌和干燥两种方法的结合，即先干燥后盐腌到水分含量在20%左右。(　　)

2. 库房中的适宜温度为20℃，最好不得超过30℃，相对湿度50%～60%为宜，使原料皮的水分保持在12%～20%，以防脆裂或腐烂。(　　)

3. 在相同质地情况下，兔皮面积越大越好。(　　)

4. 量皮的方法为：长度是从颈中部量起，直至尾根，宽度是从最左侧到最右侧长度，将长宽相乘则为皮的面积。(　　)

三、选择题

1. 其中(　　)不是影响兔皮的品质优劣的原因。

A. 毛被质量　　B. 皮板质地和面积　　C. 卷曲程度　　D. 是否存在缺陷

2. 有明显气味，但不令人讨厌，是描述兔皮气味的(　　)等级。

A. 1　　B. 2　　C. 3　　D. 4

三、简答题

1. 简述"脱套式"(又称"脱袜式")剥皮法。

2. 简述兔皮在贮藏期间应如何管理。

任务三　毛用兔采毛与保管

【任务介绍】

正确利用剪毛或拉毛的方法进行采毛，以及科学地保管贮藏兔毛是本任务的关键，只有采毛方法得当，贮藏手段得法，才能获得等级较高的兔毛产品。

【任务分析】

学习本任务要熟悉兔生物学特征，了解兔毛的物理特性和兔毛质量评定方法、分级标准等基本知识和技能。

【任务实施】

一、兔毛的采集与保管

长毛兔采毛方法通常有剪毛和拔毛两种。剪毛分剪全毛和剪绒毛两种方式，拔毛也分拔长留短和拔光两种情况，拔光法又有一次全拔和分期拔毛两种方式。就毛纤维的平均长度来说，由于养毛期不同，拔毛的长度较剪毛稍长。就毛纤维的平均粗度来说，拔毛最粗，绒毛最细，剪全毛居中。兔毛商品中剪全毛占大部分，其次是拔毛，绒毛最少。这几种兔毛中最贵的是拔毛，其次是绒毛，剪全毛价格最低。

合理的采毛方法不仅可以促进兔毛生长，而且可以明显提高兔毛质量。

1.梳毛

梳毛的目的是防止兔毛缠结，提高兔毛质量，也是一种积少成多收集兔毛的方法。

(1)梳毛次数。梳毛是养好长毛兔的一项经常性管理工作。一般仔兔断奶后即应开始梳毛，此后每隔 10～15 d 梳理一次，粗毛型成兔如养毛期在 73 d 左右，养毛期间可不梳毛。凡被毛稀疏、排列松散、凌乱的个体容易结块，需经常梳理；被毛密度大、毛丛结构明显、排列紧密的个体被毛不易缠结，梳毛次数可以适当减少。所以，饲养良种长毛兔，增加被毛密度，是防止兔毛缠结、减少梳毛次数的有效措施。

(2)梳毛方法。梳毛一般采用金属梳或木梳。将兔放在采毛台或小桌子上，左手轻抓兔的双耳，右手持梳自顺毛方向插入，朝逆毛方向拖起。梳毛顺序是先颈后及两肩，再梳背部、体侧、臀部、尾部及后肢，然后提起颈部皮肤梳理前胸、腹部、大腿两侧，最后整理额、颊及耳毛。遇到结块毛时，可先用手指慢慢撕开后再梳理，如果确实难以撕开时，即可剪除结块毛。

(3)注意事项。梳毛是一项细致而费时的工作，特别是被毛稀疏、容易结块的长毛兔应坚持定期梳毛。长毛兔的皮肤较薄，尤其是靠近尾根周围的皮肤更薄，要防止撕裂皮肤。

2.剪毛

目前采用较多的采毛方法就是剪毛，剪全毛就是将兔毛经梳理后直接剪下，其中的粗毛和细毛混在一起，绒毛就是将兔毛经梳理后先拔掉粗毛，再剪下的被毛。绒毛基本不含粗毛。目前商品绒毛要求毛束中不能明显看到粗毛。

(1)剪毛次数。剪毛养毛期一般在 70～75 d，平均 73 d，即一年剪毛五次。根据兔毛生长规律，养毛期为 90 d 者可获得特级毛，70～80 d 者可获得一级毛，60 d 者可获得二级毛。为满足长毛兔喜欢冬暖夏凉的习性，年剪 5 次的剪毛时间可分别安排在 3 月上旬(养毛期 80 d)、5 月中旬(养毛期 70 d)、7 月下旬(养毛期 60 d)、10 月上旬(养毛期 70 d)和 12 月中旬(养毛期 80 d)。养毛期延长时，毛纤维较长，优质毛比例会随之增加，但全年总产量会稍有下降。相反，养毛期缩短时，毛纤维较短，毛等级下降，但全年总产毛量稍有增加。

(2)剪毛方法。剪毛一般采用专用剪毛剪，也可用理发剪或裁衣剪。剪毛时，先将兔背脊的毛左右分开，使其呈一条直线，用剪毛剪自背部中线开始剪，依次顺序为体侧、臀部、颈部、颌下，最后到脑部、腹部和四肢。将剪下的兔毛按长度、色泽及优劣程度分别装箱，毛丝方向最好一致。每放一层毛后最好加盖一层油光纸。剪下的毛如果不能及时出售，应在箱内撒一些樟脑粉或放些樟脑块，以防虫蛀。

幼兔第一次剪毛在 8 周龄左右，过晚会影响食欲和生长发育，以后养毛期同成年兔。长毛兔要及时剪毛，毛成熟时不及时剪会引起采食减少，天气热时还会导致散热困难甚至中暑死亡。冬季剪毛最好分期进行，一次只剪半边，过 20 d 左右再剪另半边。或者先剪下优质毛的部分，其他部位待长到够长度后再剪。如果兔舍的保暖条件好，冬季也可以一次剪完。剪毛后应加强饲养管理，喂食要好。

(3)注意事项。剪毛是一项细致的工作，在技术熟练后才能求速度，剪毛时要注意以下几点：

①6～8 月份养毛期应适当缩短至 60～65 d，特别是毛密度高的高产毛兔。种公兔的养毛期全年均应掌握在 50～60 d。

②剪毛应选择晴天、无风时进行，阴雨天和天气骤变时不要剪毛。冬季剪毛应将门窗关好，防风侵袭，剪毛后要注意防寒保暖，兔笼内应铺垫干草，避免感冒。

③要贴着皮肤剪，留下的毛茬力求整齐，如一刀剪下后留茬过高，不可修剪，以免因短毛而影响毛质量。

④不可将毛提起剪，因为兔的皮肤松软，将毛提起时皮肤会凸起，很容易将皮肤剪破，最好是将皮肤绷紧剪。

⑤剪母兔腹部毛时，要先把乳头附近的毛剪下，使乳头露出，以防剪伤乳头。剪公兔时，要特别注意不剪破睾丸和外生殖器。

⑥妊娠母兔剪毛时，应留下腹毛供营巢之用。母兔到妊娠后期不宜再剪毛。

⑦空怀的成年母兔剪毛后3 d左右多数发情，应抓住配种机会。

⑧患有疥癣、霉菌病及其他传染病的兔子，应单独剪毛，工具专用，防止疾病传播，凡有剪破皮肤者应用碘酊消毒，以防细菌感染。

⑨生产绒毛时应选择高密度的细毛型兔，在年龄上应选择青壮年兔。以下几种兔不能作生产绒毛用：一是粗毛型品种的兔；二是老年兔，老年兔毛纤维一般较粗；三是拔过毛的兔，拔过毛的兔纤维显著增粗；四是毛密度低的兔，这种兔的毛纤维较粗。再者，头脚毛不能作绒毛，应另外出售。

⑩剪毛时，边剪边按长度分级存放，以便出售和分级包装。

3. 拔毛

拔毛是一种重要的采毛方法，已经越来越受到人们的重视。拔毛较粗，在目前的兔毛商品中价格最高。

(1)拔毛方法。拔毛可分为拔长留短和全部拔光两种。前者适于寒冷或换毛季节，每隔30～40 d拔毛一次；后者适于温暖季节，每隔70～90 d拔毛一次。拔毛时，用细绳拴住兔的四肢呈俯卧姿势，将兔固定在桌面上，应先用梳子梳理被毛，然后用左手固定兔子，用右手拇指将兔毛按压在食指上，均匀用力拔取一小撮一小撮的长毛；也可用拇指将长毛压在梳子上拔取小束长毛。拔后将毛整齐地放在右手中，待集中一把后(30～50 g)，右手抓住毛的中上部将毛根部对住右手掌心作旋转揉搓，使毛根部黏结在一块，这样一把兔毛就成为整齐不易散开的束。同剪绒毛一样，头脚毛应另放。随着拔毛次数的增加，毛纤维会逐步增粗，第三次拔毛即可达到手拔大粗毛的粗度。第三次拔毛之后不再显著增粗。年龄增长也是兔毛纤维增粗的因素之一。一般情况下，毛纤维越粗，价格越高。

(2)注意事项。第一，拔时不要贪多，否则易伤害皮肤；第二，幼兔皮肤嫩薄，第一、二次采毛不宜采用拔毛法，否则易损伤皮肤，影响产毛量，因此，首次拔毛应到七八月龄第三次采毛开始；第三，妊娠、哺乳母兔及配种期公兔不宜采用拔毛法，否则易引起流产、泌乳量下降及影响公兔的配种效果；第四，拔毛适用于被毛密度较小的个体和品种，对被毛密度较大的兔子应以剪毛为主，养毛期短、拔毛费力时，不宜强行拔毛，以免损伤皮肤。

(3)拔毛优点。第一，拔毛有利于提高优质毛比例。拔毛可促使毛囊增粗，粗毛比例增加。拔毛可使优质毛比例提高40%～50%，粗毛率提高8%～10%。第二，拔毛可促进皮肤的代谢机能，促进毛囊发育，加速兔毛生长。拔毛可使产毛量提高8%～12%。第三，拔毛时可拔长留短，有利于兔体保温，留在兔身上的兔毛不易结块，而且还可防止蚊蝇叮咬。

(4)全拔光法拔毛有以下缺点：一是拔毛应激反应重，表现为拔毛后食欲减退、消瘦，易患感冒、鼻炎、肺炎、皮肤感染和其他传染病，每次拔毛后都会有程度不同的死亡，一般死亡率都在4%～8%；二是冬季造成冻害，甚至冻死，如拔毛后遭遇寒流侵袭，死亡率可达30%

以上；三是为保暖采取加温措施，一般是封严兔舍后用火炉生煤火的方法，容易造成兔只一氧化碳和烟气中毒，甚至饲养人员在兔舍内一氧化碳中毒的事故也偶有发生；四是在毛长时受热，影响兔采食量，进而影响毛的生长，特别是夏天炎热时还会造成中暑；五是拔毛对种兔性功能等繁殖能力影响较大，不适于种兔。

4.贮存方法

兔毛在贮存过程中应做到“三避免”：一是避免贮存在密闭的塑料袋内，潮毛在不通气的袋内容易发热，时间一长，就会使兔毛发黄变质；二是避免高温和在阳光下长时间暴晒，因为高温容易使兔毛纤维发生不同程度的裂解，使兔毛变质；三是避免长时间重压，因兔毛容易粘连成块，长时间重压就会结块，降低毛质。贮存兔毛的方法有袋贮、箱贮、缸贮、橱贮等。

(1)袋贮。将兔毛装在布袋内，并在袋内放几个樟脑丸袋，挂在通风干燥处，让其自然散湿。

(2)箱贮。选择干燥的木箱或纸箱，箱底铺一层白色油光纸，四角及中央各放一个装有樟脑丸的纱布袋，然后装兔毛至 20 cm 厚时，轻轻压一下；同时在箱内选四点各放一个樟脑丸。以后每装 20 cm 厚就轻压一下，并放上几个樟脑丸布袋。箱子装满后，上面再放几个樟脑丸袋，即可合上箱盖保存，放置在离地 60 cm 的通风干燥处。每隔 15 d 左右，选晴天开箱盖 通气 2～3 h。若发现兔毛潮湿、霉变，应将兔毛取出晒 1～2 h，再晾 4～5 h，待兔毛晾干后，再装入箱内贮存。

(3)缸贮。选清洁干燥的缸(放过咸货的不能用)，缸底先放一层石灰块，再放一块 3 cm 厚接近缸底大的圆形木板，再铺一张洁白的纸，纸的四周和中央放上樟脑丸袋，然后将兔毛按箱贮方法装缸，装满后上面铺一块干净纱布，布上再放几个樟脑丸袋，即可加盖保存。贮存期中同箱贮一样，应每 15 d 检查 1 次。

(4)橱贮。用橱柜贮存，先用干燥被絮在橱内打底，上面铺白纸或被单，四周和中央放上樟脑丸袋，再将分好等级的兔毛层层装入橱内，每放一层兔毛，就均匀放上几个樟脑丸袋，兔毛放满后，闭门保存。同其他贮存法一样，应每隔 15 d 左右检查 1 次，发现异常现象及时处理。

5.保管

兔毛的理化特性，决定了兔毛易缠结、易受潮、易受虫蛀，太阳曝晒后又易变脆，保存得好坏直接影响到商品兔毛的质量。因此，在兔毛保存过程中，必须做好“四防”，即防压、防潮、防晒和防虫蛀。

(1)防压。兔毛在潮湿、温热和压力的影响下，容易相互缠结。因此，剪下的兔毛，应装入专用的木柜或纸箱中，避免重压或用力揉搓，以免兔毛缠结。为了保持兔毛的光洁度，最好用油光纸衬住内壁及箱底。

(2)防潮。兔毛的吸湿性很强，阴雨季节和潮湿地区一定要注意防潮，因为兔毛吸湿返潮后，有利于微生物的生长繁殖，致使兔毛变色、变质。所以，除了对盛放兔毛的箱、柜等用具进行密闭外，也不能将它们着地或靠墙存放，在墙角、地面可撒一些生石灰以利于吸收水分，应尽量做到室内通风干燥。

(3)防晒。兔毛在日光曝晒或高温条件下，其毛纤维中的角质蛋白会发生变化，使兔毛变色、变脆、纺织性能降低。因此，兔毛不能阳光曝晒，即使在兔毛受潮或霉变时，也只能在阳光下晾晒 1～2 h，然后在阴凉通风处晾干装箱。

(4)防虫蛀。兔毛是由角质蛋白构成的天然纤维，易受虫蛀。为了防止兔毛被虫蛀，可在箱柜内放置适量的樟脑丸，樟脑丸宜用纱布袋分装，在纸箱柜的四角及中心各放1袋，但切忌防虫剂(樟脑丸等)与兔毛直接接触。兔毛装箱保存后，要定期进行检查，检查应选择在晴天进行。

二、兔毛的质量鉴定

1.兔毛纤维类型及其形态结构

兔毛多属于异质毛类，根据形态可分为细毛、两型毛、粗毛等(死毛较少)，其中：细毛是兔毛的主体；两型毛头端粗尾端细，同时具有细毛和粗毛的结构，在加工及穿着过程中其粗细交界处很易断裂；粗毛细度在35 μm以上；粗毛含量粗毛型兔毛可达10%以上，细毛型兔毛为2%～5%；兔毛细度，细毛型兔毛多在13.5 μm左右，中粗兔毛多在14.5 μm左右，大粗兔毛可达15 μm以上，经分梳后的兔毛(兔绒)多在12.5 μm左右。

(1)细毛。又称绒毛，是长毛兔被毛中最柔软纤细的毛纤维，呈波浪形弯曲，长5～12 cm，细度为12～15 μm，占被毛总量的85%～90%。兔毛纤维的质量，在很大程度上取决于细毛纤维的数量和质量，在毛纺工业中价值很高。

(2)粗毛。又称枪毛或针毛，是兔毛中纤维最长、最粗的一种，直、硬、光滑、无弯曲，长度10～17 cm，细度35～120 μm，一般仅占被毛总量的5%～10%，少数可达15%以上。粗毛耐磨性强，具有保护绒毛、防止结毡的作用。根据毛纺工业和兔毛市场的需要，目前粗毛率的高低已成为长毛兔生产中的一个重要性能指标，直接关系着长毛兔生产的经济效益。

(3)两型毛。是指单根毛纤维上有两种形态结构。纤维的上半段平直无卷曲，髓质层发达，具有粗毛特征；纤维的下半段则较细，有不规则的卷曲，只有单排髓细胞组成，具有细毛特征。在被毛中含量较少，一般仅占1%～5%。两型毛在粗细交接处极易断裂，毛纺价值较低。

2.兔毛的物理特性

(1)细度。据测定，绒毛的细度为7～30 μm，粗毛为30～120 μm。在商业上，衡量兔毛的粗细，一般是指一批毛中，粗、细毛含量的多少。如果粗毛含量多，绒毛含量少，这批毛就较粗；相反，如果绒毛含量多，粗毛含量少，这批毛就较细。

(2)卷曲性能。兔毛愈细，卷曲愈小，单位长度内的卷曲数愈多。兔毛的卷曲可分为正常弯、浅弯和平弯。正常弯是明显的半圆形弯曲。兔毛中多数绒毛都具有正常弯曲，其制品光亮而富有弹性，织品薄，品质优良。弯曲数最多的在每厘米长度内有7～8个，毛根部弯曲数较多，愈向毛稍则愈少。浅弯和平弯的弯曲弧度大，粗毛多具有浅弯和平弯，每厘米内只有2～4个，具有浅弯和平弯的毛纤维品质较差。

(3)长度。兔毛的长度可根据养毛期的长短进行人工调节，其长度一般在25～55 mm。为了保证兔毛质量和产量，一般年剪毛4～5次为好。

(4)伸度。又称断裂伸长率，即在外力作用下，将兔毛纤维拉至断裂时的长度与原伸直长度的比率。一般来说，直径大的兔毛纤维强度大。纤维越柔软，伸度越大。兔毛平均断裂伸长率在31%～48%。

(5)强度。兔毛的强度比较低，其单纤维断裂强度，绒毛为15.9～27.4 cN/tex，粗毛为

62.7～122.4 cN/tex。

(6)光泽与毛色。光泽是兔毛纤维对光线的一种反射性能；毛色则是指毛纤维的天然色彩。长毛兔主要以白色为主，此外也有其他杂色兔毛。白色又可分为洁白、纯白、次白等，以洁白为最优色泽。

3.兔毛的品质指标

兔毛的品质指标可概括为四个字，即长、松、白、净。

(1)长：指兔毛的自然长度。兔毛要有一定的长度才能达到毛纺的使用目的。兔毛越长，使用价值越高，所以收购兔毛时要按长度分级。特级毛长 50 mm 以上，一级毛长 45 mm 以上，二级毛长 35 mm 以上，三级毛长 25 mm 以上，不足 25 mm 的为等外毛。

(2)松：指兔毛的自然蓬松度，不是人为加工后的蓬松。有些将缠结毛经弹花器或人工撕开，人为加工成蓬松毛以次充好。这种人为加工的蓬松毛，毛型混乱，毛纤维片层已受损伤，经保管、存放、运输过程中挤、压、摩擦又易重新缠结。所以收购兔毛时要求特、一级毛不准带有缠结毛，毛型要清晰(剪毛有明显的剪口，拔毛成束状型)，二三级毛略带或带能撕开不损伤毛质的缠结毛。兔毛的缠结分三种情况：严重者，指兔毛已缠结成毡块，也称毡块毛、死结毛，这种缠结毛不能进入等内。较重者，指兔毛已缠结，但较松软(即能撕开)，也称活结块，这种缠结毛好的可进入三级毛，次的为等外毛。轻微者，指兔毛有轻微缠结，但未成块，也称松结毛，这种毛可以入二级。

(3)白：指兔毛为纯白色，不是纯白色的称为异色毛(指黄白、灰白色)。异色毛一般不能进入等内毛(毛峰略带点黄稍不算，但黄色不能进入绒毛)，因兔毛不经任何加工洗涤，直接进行毛纺，色泽的好坏直接关系使用价值的高低，所以长毛兔要求笼养，不宜散放就是这个道理。

(4)净：指是纯兔毛，不允许带有其他杂质(如草梗、麻丝、其他毛类等)，要求剔选干净。对掺杂作假的(掺有棉花、人造纤维、白色粉状物质)，一律不应收购，并交工商部门处理。

4.兔毛的分级定等

兔毛属高档商品，价格较高，各等级差异幅度较大，掌握不准必然造成压级压价或提级提价。所以正确掌握兔毛的分级定等是十分重要的。

(1)兔毛的分级定等方法：兔毛的分级，可以采取一看、二抖、三拉、四剔、五定等的方法。

一看：主要指目测，目观兔毛的品质指标(长、松、白、净)是否达到要求，毛型是否清晰(是否有剪口或呈束状型)，是否有杂质或掺假。看毛的颜色、蓬松度，目测此批毛的主体毛符合什么等级要求。

二抖：主要指手感，用手将毛抖松，用手体验兔毛是否干燥，有无缠结毛和其他伤残的残次毛，是否掺有白色粉状物质。

三拉：主要将毛拉松，确定缠结毛缠结的程度，是符合什么性质的缠结毛。将有代表此批毛长度的毛束拉出一支进行具体确定或进行比量(量毛时除去虚尖)，确定出主体毛的长度。

四剔：主要剔出杂质、异色毛、各种伤残的残次毛，以及不符本等要求的缠结毛和不符本等长度的跳档毛。

五定：通过以上方法，再结合收购规格的具体规定，合理定等。

(2)对各级兔毛的要求。

特级毛:除长度达到 50 mm 以上外,还要求纯白色,自然全松,无缠结,毛型清晰。主体毛(50 mm 以上)含量达到 75%以上,可带部分一级毛。因为特级毛的价格不是按特级毛的等级比差计价(低于 15%的价)但不能带跳档毛(二、三级毛),品质权数不低于 130%。

一级毛:除长度达到 45 mm 以上外,还要求纯白色,自然全松,无缠结,毛型清晰,主体毛(45 mm 以上)含量不低于 70%,可带部分特、二级毛,品质权数不低于 92%。

二级毛:除去长度达到 35 mm 上外,还要求纯白色,略带能撕开不损伤毛质的缠结毛,主体毛(35 mm 以上)含量不低于 70%,可带部分一、三级毛,品质权数不低于 74%。

三级毛:除长度达到 25 mm 以上外,还要求纯白色,可带能撕开不损伤毛质的缠结毛,主体毛(25 mm 以上)含量不低于 70%,可带部分二、次级毛,但严重的缠结毛(粘块毛、死结块毛)不能进入三级毛,品质权数不低于 46%。

等外毛:不符合等内毛要求的(指长度、色泽、缠结程度、伤残影响)为等外毛。但严重的虫蛀、霉烂、黄残毛和脚底板毛,因无使用价值,不应收购。

品质权数,按等级比差计算(特级 150%,一级 100%,二级 80%,三级 50%,等外 20%),供做小样时参考。一批兔毛的长度不可能一样,必然是长短不齐,可抽 250 g 或 500 g(根据此批兔毛的数量确定,数量大多抽,数量小少抽)能代表此批长度的毛样,经分样如其中特级毛含 3%,一级毛含 12%,二级毛含 70%,三级毛含 15%。用各级毛的含量乘以各级的比差(如特级毛含 3%×150=4.5%),即得出 4.5、12、56、7.5,再相加即得出此批毛的品质权数为 82%。

关于含粗毛量,规格中规定特、一级毛不超过 10%,二、三级毛不超过 20%。粗毛量过多,主要是饲养管理差、近亲交配的本种长毛兔。粗毛含量超过规定应酌情定级。

思考与练习

一、填空题

1. 贮存兔毛的方法有________、________、________、________等。

2. 凡被毛________、排列________、________的个体容易结块,需经常梳理。

3. 兔毛在贮存过程中应做到:避免________、避免________、避免________。

4. 在兔毛保存过程中,必须做好"四防",即________、________、________和________。

5. 兔毛的分级,可以采取一________、二________、三________、四________、五________的方法。

二、判断题

1. 梳毛顺序是先颈后及两肩,再梳背部、体侧、臀部、尾部及后肢,然后提起颈部皮肤梳理前胸、腹部、大腿两侧,最后整理额、颊及耳毛。( )

2. 长毛兔采毛方法通常有剪毛和拔毛两种,兔毛商品中拔全毛占大部分,其次是剪毛。( )

三、选择题

1. 剪毛次数以年剪毛( )次为宜。

A. 1~2　　B. 2~3　　C. 4~5　　D. 5~6

2. 哪项不是拔毛的优点之一(　　)。

A. 拔毛有利于提高优质毛比例。

B. 拔毛可促进皮肤的代谢机能，促进毛囊发育，加速兔毛生长。

C. 拔毛时可拔长留短，有利于兔体保温，留在兔身上的兔毛不易结块，而且还可防止蚊蝇叮咬。

D. 拔毛比剪毛效率高。

3. 一级毛长度要达到(　　)mm 以上。

A. 25　　B. 35　　C. 45　　D. 50

(四)简答题

1. 简述梳毛的注意事项。

2. 简述剪毛的注意事项。

3. 简述拔毛的注意事项。

4. 简述在自然光线下，以感官进行检验的标准。

【项目小结】

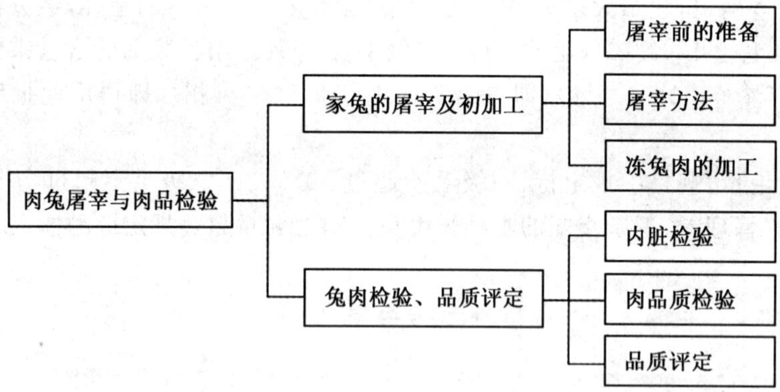

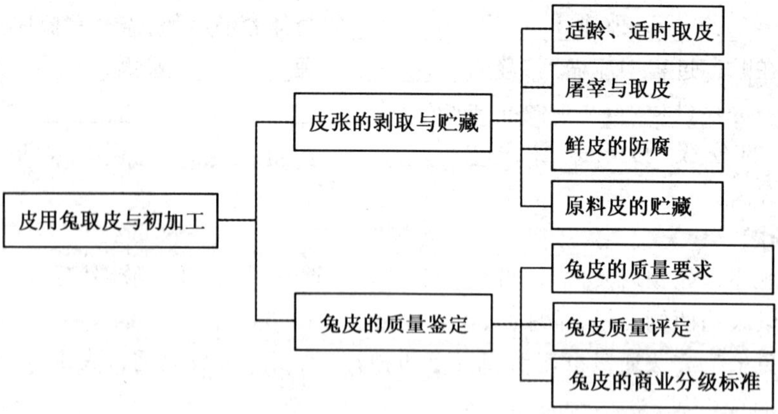

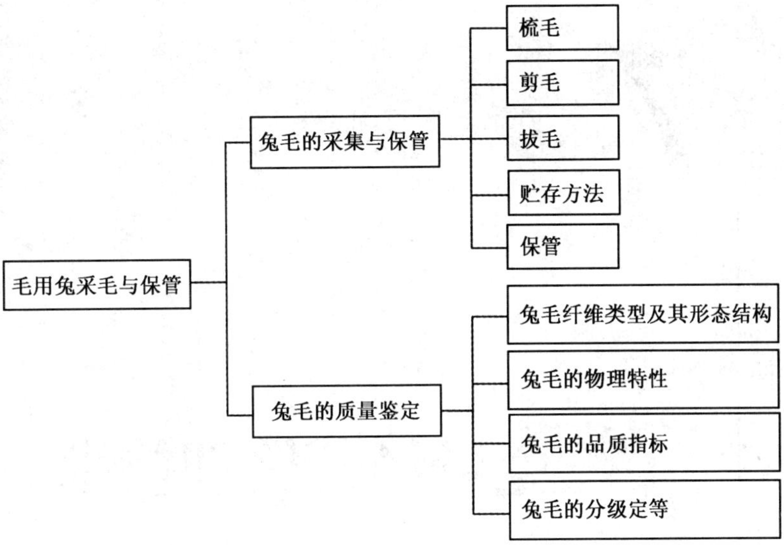
毛用兔采毛与保管
兔毛的采集与保管
梳毛
剪毛
拔毛
贮存方法
保管
兔毛的质量鉴定
兔毛纤维类型及其形态结构
兔毛的物理特性
兔毛的品质指标
兔毛的分级定等

Project 7

兔场经营管理技术

知识目标：

熟悉兔场生产管理制度，掌握兔场生产计划编制的方法及步骤。

掌握兔产品营销方案的制订。

培养学生初步具备兔场经营管理的能力。

技能目标：

能制定兔场的相关规章制度，会编制兔场生产计划。

根据兔场养殖规模、品种制定营销方案，学会经营过程中购销合同的签订。

掌握养兔成本核算与效益分析的方法。

兔场生产效率、经济效益、社会效益和生态效益取决于经营者良好的生产管理，饲养工作做得好，不一定能取得良好的经济效益。对于经营者而言，搞好生产管理的同时，必须做好经营决策，抓好产品营销工作，才能有效地控制和降低生产成本，取得良好的经济效益。

任务一 兔场生产管理

【任务介绍】

该任务通过兔场各岗位职责和管理制度制订(包括：饲养管理、卫生防疫、人员考核及奖惩、财务管理等)，以及生产计划的制订(包括：繁殖计划、兔群周转计划、防疫计划、物资供应计划等)，从而规范兔场生产经营活动，促进兔场生产管理规范化、制度化、科学化。

【任务分析】

兔场各项岗位职责、管理制度、生产计划的制订，是兔场生产活动的基础。兔场要获得良好的经济效益，必须按照各项规章制度的要求从事生产活动，并对兔场的生产成本和经营利润进行分析，有效地控制和降低生产成本，确保兔场经营利润最大化。

【任务实施】

一、制定兔场生产制度

为了充分调动饲养人员工作积极性，保证兔场经营管理工作顺利进行，兔场必须建立一整套简明扼要的规章制度，以明确每个工作岗位责任者的职责。兔场生产制度主要包括：饲养管理操作规程、防疫及医疗保健制度、饲养员培训考核和奖惩制度、成本核算与财务管理制度等。

1. 饲养管理操作规程制度

针对兔业生产各环节所制订的养兔生产技术操作规程，是确保兔场生产过程安全有序的必要条件，养兔生产技术操作规程是各项制度的核心，主要包括：种兔的饲养管理操作规程、仔兔及后备兔的饲养管理操作规程、商品兔(肉兔、獭兔、毛兔)的饲养管理操作规程、卫生防疫操作规程、人工授精操作规程、饲料加工操作规程等。

养殖过程中，饲养人员必须严格按照饲养管理操作规程进行科学养殖，如根据专业技术人员为种兔、仔兔、后备兔、商品育肥兔等配制的饲料配方，定时、定量进行饲喂、做到少给勤添、不浪费。注意饲草和饲料质量，及时喂给清洁的饮水，保证兔舍内外环境清洁干燥、干净卫生、通风顺畅、采光良好，并保持安静，避免兔群受到惊吓，对仔兔要加强管理，防止吮食患乳房炎母兔的乳汁，补饲时要给予营养丰富、容易消化的饲料，少吃多餐，逐步增量。兔群变更饲草时，逐步过渡，以防患消化道疾病。

2. 防疫及医疗保健制度

为避免传染病的传播与流行，降低兔群死亡率，提高兔场经济效益，兔场必须建立严格的卫生防疫制度，兔场卫生防疫内容主要包括：定期对兔群进行健康检查，特别是球虫病、疥癣病等疾病的检查，做好预防、治疗以及病兔隔离工作；定期搞好兔场、兔笼、兔舍环境卫生，定期消毒灭菌；按免疫程序定期注射疫苗，或在饲料、饮水中添加预防性药物和添加剂；兔场大门、兔舍入口要设有消毒设施，谢绝外场、外地人员进入兔场生产区。因工作需要的特殊进场人员、参观人员，要更换场内专用衣服，并在消毒室经紫外线或药物喷淋系统消毒后，方可进入生产区；发现病兔要及时隔离，死兔要及时送剖检测室检验，对确诊死于传染病的尸体和内脏，应进行彻底消毒处理；防止犬、猫等动物进入兔舍，以防传染病的发生和传播。坚持兽医工作日志制度，及时记录兔群的淘汰、死亡、疫情等情况，并及时归档，以便日后查阅。

3. 饲养人员培训考核与奖惩制度

兔场的经济效益与饲养人员素质和责任心关系密切。因此，对一个规模化的养兔企业来说，必须对每个饲养人员进行定期培训和考核，并根据每个饲养人员的技术水平、完成任务的好坏与业绩，定期给予评定，做到责任明确，定质定量，奖惩分明，提高效率，节约开支。坚持业务学习制度，为了提高职工的思想和专业技术水平，养兔企业应制定和坚持干部、职工学习制度。定期交流经验或派出学习。每周要安排一定时间学习有关技术理论知识，培养一支素质高、责任心强、技术硬的饲养员队伍。

4. 成本核算与财务管理制度

财务管理的任务是按照国家相关政策正确处理本场各方面的财务关系，合理组织资金，保证生产需要，力求减少非生产性支出，降低生产成本，提高经济效益。为了加强兔场财务管理，必须制定和严格执行各项财务制度。兔场的经营管理目标，是用最少原料和最低成本，获取最多优质产品和更高效益，为兔场产、供、销三大经营管理环节提供数据，并与责、权、利结合起来，确保各项管理目标实现。兔场的经营管理，要严格按生产成本和计划使用资金，努力做到增收节支，以免超支挪用，影响正常生产和必要开支。按照月、季、半年或年度核算出销售幼兔及育肥商品兔的生产成本进行核算，以便根据成本信息确定销售价格，以及为企业领导层决策提供依据。

二、编制兔场生产计划

编制兔场年度生产计划是兔场重要工作。科学合理的年度生产计划，可以指导全场工作，使整个生产过程井然有序。以时间节点来划分，生产计划可分为：月计划、季度计划和年度计划。以生产内容来划分，生产计划可分为：繁殖计划、兔群周转计划、疫病防治计划、物资供应计划等。

1. 繁殖计划

根据气候条件、饲养条件及所饲养家兔品种性成熟、体成熟时间、发情周期、妊娠、哺乳周期、市场行情、季节、饲料供应等诸多因素，综合考虑兔群规模和繁殖时间，制订详细的繁殖计划，设计合理的兔生产工艺流程。主要包括：配种时间和数量、摸胎时间、挂产仔箱时间、产仔时间以及人员安排、仔兔哺乳和护理、母兔繁殖性能测定、仔兔断奶时间等。

规模化兔场必须制订年度繁殖计划，按计划指导生产。适时对种群进行整理，淘汰不能作为种用或达到淘汰年龄的种兔；对新入选的种兔加强饲养管理，保持体型，以防过肥过瘦影响配种受孕，后备种公兔及时进行调教；制订生产和测定表格，如配种记录表、母兔繁殖性能测定表，以便及时记录原始生产数据。

繁殖计划的制订要着重抓春、秋两个季节（春繁产仔多和秋繁质好），着力解决夏冬成活率的问题。对獭兔繁殖更要注意季节，避免商品兔夏季上市，以防影响经济效益。一般而言，开放式兔舍受外界气候条件影响较大。比如，我国南方的夏季、北方的冬季，兔子一般停止繁殖。对于本交的兔群，采取分散配种繁殖。人工授精的兔群，成批集中配种。故应根据兔场的生产实际编制繁殖计划。

2. 种兔选留和淘汰计划

兔群是发展养兔生产的基础，合理的兔群结构对家兔生长、繁育性能和兔场经济效益影响显著，对一个规模兔场而言，必须保持兔群结构的稳定性，合理的兔群结构中，公母兔比例一般为 1∶(8～10)，种兔使用年限为 2～3 年，年更新率在 30%左右，以兔群年龄结构来算，一般以 1～2 岁的壮年兔为主。生产性能一般的种兔 2 岁淘汰，优良种兔 2.5 岁淘汰，特别优秀个体 3 岁淘汰。因此，最佳兔群结构，毛用兔为：7～12 月龄的青年种兔为 20%～25%；1～2 岁壮年种兔为 40%～50%；2～3 岁老年种兔为 25%～40%；肉用兔为：7～12 月龄的青年种兔为 35%～40%；1～2 岁壮年种兔为 40%～50%；2～3 岁老年种兔为 10%～25%。后备种兔的数量约为每年淘汰公母兔数量的 1～2 倍。通过及时更新，使种群结构更加合理，兔群质量不断提高，优胜劣汰，优良的种兔得到充分利用，提高养殖效益。

3. 兔群周转计划

为了使养兔生产有条不紊地进行，充分发挥现有兔舍、设备和人力的作用，做到全年均衡生产，高产稳产，必须制订周密的兔群周转计划。合理的周转计划是提高经济效益的有效途径，既能获得最多的兔产品，又能快速扩大再生产，因此应该抓好这项工作。不同饲养方式下兔群周转计划不同。现代养兔企业普遍采用集约化生产方式，实行“全进全出”流水作业生产模式，繁殖母兔采取同步发情、同期配种、同期产仔、同期断乳繁殖生产技术。整个生产过程从配种、产仔、断奶、肥育等环节上环环相扣，某一环节周转失灵，就会打乱全场的生产计划。

集约化生产方式下，母兔分娩后 1～2 d 可再次配种，每年产仔 7～8 胎，每胎平均产仔 8 只，则每只成年母兔年产仔兔 56 只左右；一个 100 只生产母兔的养殖场为例，全年可提供 5 600 只商品兔，仔兔 4 周龄断奶进入商品群，10～11 周龄体重达到 2.5 kg。可屠宰上市。

粗放式生产方式下，家兔各个环节延续时间较长，兔群周转计划临时调整的空间相对较大，可根据经验推断出兔群周转计划。如种兔场多采取自繁自养，以规模为 100 只繁殖母兔兔场为例，在本交的情况下，公母比为 1∶8 为宜，则需种公兔 13 只，种兔使用 2～3 年，每年大约更新 1/3，故更新母兔 33 只左右，公兔 4～5 只，为安全起见，可以多选留后备兔，其中种公兔的比例要适当高一些。合计常年存栏，繁殖母兔 100 只，种公兔 13 只，后备母兔 45 只（生产中可略高），仔兔及幼兔 500 只（每只母兔年产 4 胎，每胎 5 只计）年饲养量 2 000 只以上。

兔群周转计划应根据年初兔群结构状况、上年繁殖情况、引进与淘汰的数量和时间、年内生产任务、更新比例、仔兔断乳时间、商品兔出栏时间与品质规格、投入产出比等制订。尤其商品兔在一定时间内周转越快，饲养周期缩短，饲料消耗降低，兔舍和笼具的利用率提高，单位成本减少，经济效益上升。

4. 兔场防疫计划

近年来，动物疫病流行对我国畜牧业发展产生了巨大的冲击，养兔业造成的经济损失较为严重。因此，疫病防治工作是养兔生产中必不可少的重要组成部分。为使兔场生产按计划进行，确保疫病防治工作的正常开展，必须制定切实可行的卫生防疫制度和消毒制度，为便于管理，可制订一个全年疫病防治计划。

为确保安全生产，应遵循“预防为主，防治结合”的原则制订兔群防疫计划。除兔病毒性出血症（兔瘟）外，养殖者可根据生产实际需要有针对性地选择疫苗，制订防疫计划和免疫程序；防疫过程注意根据动物品种、生理年龄确定疫苗的品种、防疫时间、使用剂量、防疫方法及不同疫苗之间的防疫安排。养兔生产还要做好寄生虫的防治工作，球虫病、疥癣、耳螨等常见病，易感染、传播快、死亡率高、难根除，且无疫苗可防，生产中需根据发病的季节、环境、感染的年龄阶段制订防疫计划，主要是通过平时的饲养管理和药物预防共同控制。

此外，制订外来人员和车辆进出场消毒制度，兔舍、笼具和场地定期消毒卫生制度，家兔及产品出入场检疫制度，病兔隔离和死兔处理制度等，也是防疫计划的重要组成部分。

5. 物资供应计划

兔场必须根据年内生产任务制订物资采购供应计划以确保生产的顺利进行，物资品种主要包括饲养设备、保健药品、优良种兔、饲料等，物资采购可根据的货源、价格、品种、数量、质量、时间、库存量、需购量等具体内容制订。如饲料供应计划的制订，需根据兔场养殖规模来确定。先计算平均每只兔每天饲喂量推算全群每月、每年的饲料消耗量，再根据饲料配方计算出每种原料的需求量，从而制订合理的饲料采购供应计划，避免出现供应不均衡或供应中断影响生产的情况。实际生产过程，可根据各种原料需求量按月制订计划表。

以规模为 100 只繁殖母兔养殖场为例，种公兔 13 只、后备兔 45 只，仔兔和幼兔 500 只，共 658 只，每只兔平均每天需青饲料 0.5 kg，全年共需青饲料 12 万 kg；每只种兔平均每天消耗混合精料 0.1 g，其他兔平均每天消耗 0.05 kg，全年共需混合精料 1.4 万 kg。此外，原料采购最好提前半个月完成，以防天气等客观因素影响运输和采购。采购中注意原料品质，并妥善保管，严防虫蛀、鼠咬。

三、兔场经济效益分析

（一）兔场经营成本管理与利润管理

1. 成本管理

产品成本是反映经营者消耗水平的综合指标。产品成本低说明劳动消耗少；反之，则劳动消耗多。成本的高低，反映经营者的技术水平和工作质量。加强成本管理与控制工作，努力降低经营过程中的各种消耗，有利于增加盈利。因此，成本管理是经营者不可忽视的一个重要方面。家兔生产的经营者要降低成本费用。首先，积极引进新技术、新设备和优良品种，提高劳动生产效率，合理构建兔群结构，采用科学的饲养管理方法；其次，提高饲料转化率和利用率，保证兔群营养需要的基础上，节省饲料，降低饲料成本；最后，加强日常管理，降低其他费用的开支，如燃料费、人工费及低值易耗品等。

规模化兔场的饲料费用约占养兔成本的 70%，降低饲料费用对实现养兔的低成本、高效益来说意义重大。首先，选用科学合理的饲料配方，要求营养全面而成本最低；其次，广辟饲料资源，我国幅员辽阔，饲草资源丰富，要充分利各种野草野菜、树叶以及优质的作物秸秆，在精料中，除可用粮食加工副产品如糠麸、饼粕、渣类外，还可利用脱毒的棉籽饼、菜籽饼等，以降低饲料成本；另外，饲喂过程中，要尽量减少饲料抛撒浪费现象。

成本管理是否有效，主要看成本控制的好坏。成本控制的内容主要包括：a. 生产中各种费用开支都要从数量上、用途上进行限制。b. 按标准控制生产经营活动的各种消耗。c. 对实际消耗脱离标准的差异，及时分析原因。d. 针对造成实际消耗脱离标准的原因提出建议，以采取改进措施。成本控制既是对产品成本形成的控制，使成本在既定的范围内发生；也是用成本标准来控制各种经营活动和整个过程。使其按低成本高效益的要求，顺利地实现预定目标。

盈亏平衡点分析法是成本控制的一种主要方法。通常用来处理产品产量与成本、利润的关系，达到降低成本、增加利润的目的。该法分两方面分析：

①确定盈亏平衡点。盈亏平衡点通过产品产量、销售收入和生产消费的固定费用、可变费用进行计算。根据生产总费用为固定费用与可变费用之和的关系构成下列等式：

盈亏平衡时：销售收入＝生产总费用

则可知：产量×单价＝固定总费用＋产量×单位产品可变费用

所以，盈亏平衡点产量＝固定总费用÷(单价－单位产品可变费用)

②判定经营情况。通过计算经营安全率或盈亏平衡点率。判断获利或亏损。

经营安全率＝(计划产量－盈亏平衡点产量)÷计划产量×100％

盈亏平衡率点＝盈亏平衡点产量/计划产量或盈亏平衡点率

＝1－经营安全率

经营安全率是反映经营情况的正指标，盈亏平衡点则为反指标，两者都是反映经营情况的重要指标，通过分析可采取增加产量或降低成本的措施，以扩大经营安全率。

2. 利润管理

利润是销售收入扣除各种成本开支后的余额。一部分以税收的形式上缴国家，其余部分构成利润。利润是衡量经营者经营水平的标尺。是经营者进行扩大再生产的物质基础，也是进行利润分配的依据。利润考核通常采用如下 4 个指标：

(1)产值利润和产值利润率。产值利润是产品产值减去可变费用和固定费用后的余额。产值利润率是一定时期内总利润额与产品产值之比。

产值利润率＝(利润总额÷产品产值)×100％

(2)销售利润与销售利润率。

销售利润＝销售收入－生产成本－销售费用－税金

销售利润率＝(产品销售利润÷产品销售收)×100％

(3)营业利润与营业利润率。

营业利润＝销售利润－推销费用－推销管理费

营业利润率＝(营业利润÷产品销售收入)×100％

(4)经常利润与经常利润率。

经常利润＝营业利润±营业外损益

经常利润率＝(经常利润÷产品销售收入)×100％

此外，衡量经营者盈利能力还的一个重要指标——资金利润率

资金利润率＝资金周转率×销售利润率

资金周转率＝(年销售总额÷年流动资金总额)×100％

经营者盈利的最终指标应以资金利润率为主要指标。

利润管理主要源自两方面因素：一是最大限度保证利润的实现量，尽量减少管理费用开支，坏账损失等；二是合理地进行利润分配。

(二)兔场成本核算

同等饲养规模条件前提下，兔场经济效益高低与家兔的生产水平、生产成本、费用开支等因素密切相关。此外，影响兔产品产量和质量的因素，均在一定的程度上影响兔场的经济效益。跟养兔业发达的国家相比我国养兔业经营略显粗放，饲养成本大，产品市场竞争力弱，经济效益偏低。就我国而言，家兔生产中，降低生产成本是亟待解决的首要课题。降低生产成本的途径很多，进行生态养殖、种养结合等多种经营模式，有利于提高单位产品附加值，是降低成本行之有效的途径之一。

家兔养殖的成本费用包括直接材料费(饲料费、医药费、燃料动力费、低值易耗品等)、直接人工费(职工工资福利等)、固定资产摊销(固定资产折旧费、种兔推销)及其他费用。根据总的费用计算出各兔群或某种产品的消耗费用，其计算公式如下：

(1)兔饲养日成本＝兔群饲养总成本÷兔群饲养只日数。

(2)种兔年摊销费＝(种兔原值－残值)÷种兔使用年限。

(3)兔增重单位成本＝(兔群饲养总成本－副产品价值)÷兔群增重量。

式中：兔群增重量＝该群期末存栏活量＋本期离群活重(包括死兔重量)－期初结转、期内转入和购入活重。

(4)主要产品单位成本＝(兔群饲养费用－副产品价值)÷兔群产品总量。

(三)兔场盈利核算

盈利是销售收入减去销售成本的余额，包括税金和利润。盈利核算的目的在于低水平的物质和劳动消耗，尽可能地降低成本，提高产品市场竞争力，获得最大经济效益。通过盈利核算可以了解兔场的投入和效益，避免投资盲目性和不必要的损失。

盈利核算过程如下：

(1)确定全年总产量和总收入，其相关项目如下：

①全年商品兔总产量：年初(1 月 1 日)到年末(12 月 31 日)出售商品兔的总量。

②全年出售商品兔的总收入：年初(1 月 1 日)到年末(12 月 31 日)出售商品兔收入的总和。

③全年淘汰兔收入：指出售兔的实际收入。

④肥料收入：按每只成年兔年产肥料 100～150 kg 计算。

⑤兔只盘点：年终进行兔只盘点，按各类兔的只数分别折价，盘点后算出栏数，减去上年存栏数，为本年增值数，再乘以每只折价，得出全部增值兔的经济价值。

(2)确定兔场总开支(投入)，其相关项目如下：

①饲料费：包括兔群实际耗用的各种饲料，上年库存的饲料应折价列入当年开支，年底库存节余的饲料应折价转为下年开支。

②生产人员的工资、劳保福利费。

③固定资产折旧费，房屋(兔舍、库房、饲料间等)折旧年限 15 年，设备(兔笼、产仔箱、饲料加工机械等)折旧年限一般为 5 年，汽车、拖拉机折旧年限为 10 年。固定资产修理费按折旧费的 10%计算。

④燃料费、水电费、运输费、引种费。

⑤医药费、防疫费。

⑥低值易耗品费用。

⑦维修费。

⑧管理费：非直接生产人员的工资、奖金、福利以及对外联系的差旅费等。

⑨其他费用。

(3)兔场年盈利计算法。

盈利核算的指标，通常以利润额和利润率两方面衡量。各项收入的总和减去各项支出的总和，正数即为盈利数，负数即为亏损数。

①利润额：是指兔场利润和绝对数量。

利润额＝销售收入－生产成本－销售费用－税金±营业外收支差额

②利润率：因兔场规模大小不同，不能单纯考虑利润额，而对利润率进行比较则就能公正地评价兔场办得好与坏。利润率是将利润与成本、产值、资金对比，从不同角度说明问题。

资金利用率＝(年利润总额÷年平均占有资金总额)×100%

年平均占有资金总额＝年流动资金平均占用额＋年固定资产平均净值

产值利用率＝(年利润总额÷年产值总额)×100%

成本利用率＝(年利润总额÷年成本总额)×100%

【案例】某规模家兔养殖场，母兔 100 只，公兔 13 只，种兔使用年限 3 年，后备公兔 45 只，仔兔及幼兔 500 只。按每只母兔每年生产 5 胎，每胎育成 5 只计。试对该场进行盈利核算。

确定兔场总开支(投入)：

①饲料费：

a. 每只兔平均每天消耗青饲料 0.5 kg，全年共需青饲料 12 万 kg，每千克 0.1 元，则青饲料费为：120 000×0.1－12 000 元。

b. 每只种兔平均每天消耗混合精料 0.1 kg，其他兔平均每天消耗 0.05 kg，全年共需精料：(100＋13)×365×0.1＋(500＋45)×365×0.05＝1.4 万 kg，则精料费为：14 000×0.5＝7 000 元。

②固定资产折旧费：主要指兔舍、兔笼、通风与采暖设备，饮水及粪便处理设备等的折旧费。兔笼造价 10 元，该兔场需 660 个兔笼，总价 6 600 元；按 10 年分摊，每年的折旧费 660 元，其他折旧费合计 40 元，共计每年折旧费 700 元。

③燃料费、水电费、运输费：占成本的 1%～2%。

④卫生防疫及医药开支：占总费用的 1%～2%。

⑤幼种兔购进价：每只 2 kg 计，每千克 24 元，每只种公、母兔 48 元，100 只母兔 4 800 元，13 只公兔为 624 元，种公母兔使用期 3 年，每年摊(4 800＋624)×1/3＝1 808 元，

后备公母兔45只，计2 160元。

⑥低值易耗品等其他费用：按成本的1%计算。

⑦淘汰种兔出售收入：因每年淘汰约1/3，(33＋4)×15＝555元，

上述七项费用合计：(12 000＋7 000＋700＋1 808＋2 160－555)÷0.97＝23 827.8元

全年收入：母兔每年产仔5胎，每胎育成商品兔5只，则每年出售商品兔2 500只，按市场价8元/kg，每只商品兔2.5 kg，收入为2 500×2.5×8＝50 000元。

年度利润：50 000－23 827.8＝26 172.2元，若自繁自养，则减少开支：1 808＋2 160＝3 968元，总费用为23 827.8－3 968＝19 859.8元，总利润为50 000－19 859.8＝30 140.2元。平均每只种母兔年盈利301.4元。

此外，每年饲养家兔还可以产生大量兔粪，出售兔粪又可以带来一笔收入，以增加经营者的利润。以上计算是在利用商品饲料条件下进行的。然而，我国家兔生产基于农户自种的饲草料，这些饲草的价格低于市场价格，所以饲养者的成本还可降低一些。

以上总成本的计算，单位成本计算指每只繁殖母兔在一个年度内所耗费的各种直接费用、间接费用的总和。根据前面总成本的计算就可以推算出单位成本是多少。即为总成本除以繁殖母兔数。

（案例摘自《科学养兔指南》孙慈云，杨秀女编著）

（四）提高兔场经济效益的措施

1.选择良种，发挥潜能

从事畜牧生产离不开优良的畜禽品种，同一品种不同品质，其经济效益也有很大差别，因此要注重种兔品质的选择，培育优良的后代，充分发挥良种潜能提高生产性能。商品兔生产场一定要到有资质的有种兔生产许可证的单位去引种，该场应有《种兔生产许可证》本场选留种兔时要选优汰劣，生产性能优异、符合品种特征的个体留作种用，扩大优良兔群。杂交兔本身生产性能好，但不能留作种用。引种时应少量引进，逐步扩群，减少引种费用。

2.科学饲养，提高劳动效率

运用科学的方法进行饲养管理，生产中科学喂养，提高繁殖率和仔兔成活率。严格执行防疫制度，认真做好卫生防疫工作，预防疾病，减少发病和死亡率，降低医疗费用。选用价廉、营养好的当地原料，自配和精心调制成符合家兔营养需要的饲料，降低饲料成本。建立岗位责任制，充分调动员工的积极性和主动性，提高劳动效率，降低单位产品劳动力的消耗。加强管理，提高兔舍、兔笼等固定资产的利用率，减少维修费用，控制水电费、运输费和管理费的开支。

3.现代化、规模化养殖，提高生产效率

传统家兔养殖方式，生长速度慢，死亡率高，劳动效率低，是制约我国兔业发展的瓶颈。传统方式养兔，卫生条件差，设备落后，占地面积大，成本高。要提高养兔效益，就得革新笼舍，降低成本，提高生产效率，故必须加大现代化养兔技术的研究和推广的力度，提升我国养兔业整体水平。

4.保持适度养殖规模

充分调动员工积极性和社会各界的对本企业的认可度，积极树立企业的良好形象，拓宽筹措资金渠道，及时清理债权，深入了解市场行情，做好论证和决策工作，使兔场保持适度规

模，强化内部管理，充分发挥兔场的规模效益。

5. 拓宽销售市场，提高产品竞争力

任何商品都必须依靠市场进行销售来实现其价值，养兔企业必须认真进行市场调研和决策，及时把握好行情，调整好养殖方向和规模，根据市场需要进行生产。养兔行情有好有坏、有高有低，低潮时应及时淘汰劣种，改良品种，提高品质，准备下一轮的生产。高潮时要加强繁殖，争取多生产多出栏。产品质量是企业的生命，养兔企业要重视提高产品品质，完善配套服务，不断拓宽销售市场，以增加市场竞争力，增加兔场经济效益。

思考与练习

1. 结合家乡的自然、社会经济条件，分析养兔生产如何进行具体实施？

2. 一个生产规模 1 000 只繁殖母兔的养殖场，如何制订繁殖计划、兔群周转计划、饲料供应计划、防疫计划？

3. 兔场的各项工作都需要哪些技能？通过学习你掌握了哪些技能？能够胜任哪些岗位？

4. 你认为应采取哪些措施能有效降低生产成本、增加收入、提高兔场的综合经济效益？

5. 通过对兔场经营情况的分析，你认为兔场存在哪些不合理的开支，应如何改进？

6. 通过对兔场各项成本的测算与效益分析，判断该兔场的经济效益如何？

任务二　兔产品市场营销

【任务介绍】

兔场饲养管理工作做得好固然重要，想让兔场获得良好的收益，还必须做好兔产品的营销工作，本任务主要介绍兔产品市场营销方案制订，以及如何签订一份格式规范的兔产品购销合同。

【任务分析】

学习本任务要熟悉市场营销专业相关知识，以及《经济法》《合同法》等法律知识，了解产品购销合同的签订流程。

【任务实施】

一、制定营销方案

从事家兔生产想要取得良好的经济效益，必须充分利用和把握兔产品销售这一环节，销售环节是家兔生产的重要的组成部分，家兔生产只重视生产环节，忽视销售环节，兔产品利润的实现将大打折扣。制定一套切实可行的营销方案，将对兔产品的市场开拓起到举足轻重的作用，也是养兔企业获取效益的利器和法宝。

(一)市场调研

任何市场营销活动都是围绕消费者展开的,兔产品的经营销售也是如此。而营销活动的起点是市场调研,故从事兔产品营销第一步要进行市场调研,通过调研获取家兔产品营销的相关信息,了解消费者对兔产品的消费需求,从中发现商机,据此来制订和完善家兔生产企业营销方案,监控营销行为,帮助企业的管理层进行科学的市场定位和决策。

为了保证市场定位和决策的科学性,使企业管理层及时了解和掌握兔产品市场行情,市场调研所获得的材料要真实可靠,时效性强,调研的内容要宽泛,方法途径要多样,才能保证调研的客观性、全面性、系统性。

1. 市场调研内容

兔产品消费需求(市场需求)、兔产品市场环境、同行养殖企业的生产规模、本企业的规模及市场份额、本企业的生产和销售能力、本企业产品定位、市场价格、售后服务、兔产品国际市场行情等。

2. 市场调研的方法途径

兔产品市场调研的途径很多,养殖企业实地调研是最常用的一种方法。通过对家兔养殖龙头企业实地调研,查看其产品定位(肉兔还是毛兔)、生产规模、饲养管理、也可与生产一线饲养人员进行交流,了解品种特性,养殖过程中的注意事项,养殖过程中出现问题如何解决等。也可到兔产品交易现场了解市场行情。其次,通过各大农业院校和科研院所、各级养兔协会、养殖专业书刊和科技报纸、还可以通过广电等媒体,了解消费者对兔产品的需求,及消费后的反应。

市场调研后,要利用获得的信息,进行充分分析,及时发现兔产品在流转环节中存在的问题,采取积极有效益的改进措施。根据消费者对兔产品的需求,制订合理的经营方向,即从事毛兔生产还是肉兔生产。并且根据消费量来确定生产规模,以销定产,防止产品积压,降低流转成本,提高经济效益。

(二)销售预测

销售预测是商品经营者对其所生产的产品进行充分的市场调研后,进行的客观的推测,其内容主要包括:市场需求(品种、数量、规格)、消费群体、市场潜力、销售季节、区域等诸多因素。为了保证养兔生产能取得良好的经济效益,兔产品生产经营者,必须对兔产品市场进行销售预测,用科学合理的预测结果来指导生产,避免生产经营的盲目性。根据以往的经验,兔产品的市场预测还要注意企业需求和企业潜力。因为一些养兔企业自身不具备加工能力,活兔必须通过加工企业的深加工才能推向市场。因此,关注加工企业的需求和潜力至关重要。

(三)市场定位

市场定位是生产企业根据对手现有产品在市场上所处的位置,针对消费者或用户对该种产品的某种特征、属性和核心利益的重视程度,强有力地塑造出本企业产品与众不同的、给人印象深刻、鲜明的个性或形象,并通过一套特定的市场营销组合把这种形象迅速、准确而又生动地传递给消费者,影响消费者对该产品的总体感觉。

市场定位的关键是生产企业要设法在自己的产品上找出比竞争者更具有竞争优势的特性。竞争优势一般有两种基本类型:一是价格竞争优势,就是在同样的条件下比竞争者定出更低的价格。这就要求企业采取一切努力来降低单位成本。二是偏好竞争优势,即能提供确定的特色来满足顾客的特定偏好。这就要求企业在产品特色上下工夫，因为养兔企业不可能满足所有消费者的消费需求，只能针对特定的消费群体进行产品的市场定位。

众所周知，兔肉具有“三高三低”的营养价值特点，即高蛋白、高磷脂、高消化率、低脂肪、低胆固醇、低能量，是老人、孕妇和儿童的营养保健食品，被称为“美容肉”、“增智肉”。獭兔皮的“短、细、密、平、美、牢”及其裘皮服饰轻柔美观大方的特点，兔毛透气性好，吸湿性强，穿着舒适、典雅、轻柔、保暖。所以对于兔养殖企业来说，市场定位要根据企业自身生产方向，即是从事肉兔还是毛兔养殖来进行。比如，我国的地方品种福建黄兔具有药膳功能进行定位。

（四）价格定位

企业的价格定位是与产品定位紧密相连。价格定位，就是营销者把产品、服务的价格定在一个什么样的水平上，这个水平是与竞争者相比较而言的。价格定位一般有三种情况：一是高价定位，即把不低于竞争者产品质量水平的产品价格定在竞争者产品价格之上。这种定位一般都是借助良好的品牌优势、质量优势和售后服务优势。二是低价定位，即把产品价格定得远远低于竞争者价格。这种定位的产品质量和售后服务并非都不如竞争者，有的可能比竞争者更好。之所以能采用低价，是由于该企业要么具有绝对的低成本优势，要么是企业形象好、产品销量大，要么是出于抑制竞争对手、树立品牌形象等战略性考虑。三是市场平均价格定位，即把价格定在市场同类产品的平均水平上。

家兔产品价格与养兔企业收入直接相关。产品的价格高，企业收益多，价格低，企业收益少，价格的变化对消费者的购买力和企业的赢利目标的实现的影响极大。众所周知，价格问题是市场营销的核心问题。养兔企业应重视其产品的价格定位，在充分考虑经营成本、市场需求、同行竞争等因素的基础上进行定价。不同的经营者由于其所处的具体生产情况不同，其价格定位目标各异，可以市场占有率为定价目标，可以维护品牌形象为定价目标，可以市场竞争为定价格目标。总之，企业可以根据市场行情动态，结合自身的经营情况，趋利避害，制定符合本企业发展的定价目标。

当然，产品的定价是不断变化着的，价格既定产品投入市场后，需要经过市场的检验，经营者应根据具体情况，如产品的市场认可度、供需状况等方面进行全面的分析，结合市场动态，抓住机会及时进行产品价格的调整，或提价，或降价。确保产品的市场占有份额，防止市场波动，使本企业获取最大的利润。从目前兔产品经营情况看来，家兔产品价格很大程度上受中间商（收购商）的影响。

（五）销售形式

产品销售是把生产者将商品传递到消费者手中的过程，即促使消费者购买产品，实现既定利润和目标。其形式有两种：直接销售和间接销售。产品销售过程中批发商、零售商、代理商等中间环节作用显著。直接销售是兔产品的生产者直接销售给消费的形式，无中间商参与；间接销售是指兔产品经过一个或多个中间环节销售给消费者的形式。目前养兔场生产的产品需经过再加工才能成为消费商品，因此大多数兔场的产品都销售给加工企业，部分兔肉经过中间商销售给消费者，极少部分兔肉通过直接销售渠道流转到消费者手中。就养兔企业而言，可根据自身情况选择销售形式。主要考虑以下方面：

（1）产品特性。肉兔养殖场可直接销售活兔，也可销售新鲜兔肉、冷鲜兔肉、冰鲜兔肉等，应选择中间环节少的销售渠道，以最快捷的方式销售给终端消费者，避免拖延影响产品质量。獭兔、毛兔大多选择皮毛商上门收购的形式，少部分到市场销售。

(2)企业能力。小型兔场经营规模小，多采用收购商或加工企业上门收购，或由代理商、批发商或零售商进行销售。现阶段，小型养殖户生产的兔毛、兔皮大多被代理商收购。规模化兔场由于产品质量高、数量大，管理先进、实力较强、信誉良好，可以减少中间渠道，采取直接派送或设网点进行销售。

(3)降本增效。养殖户可根据自身的经济实力，注意选择成本低、效益好的销售渠道。

(4)市场因素。市场需求量大、批量大，可选择中间环节少或直接销售的形式。反之，应利用中间商和客户群进行市场开发与推广。当养兔行业不景气时，需缩短营销链，或尽量让利于中间商，调动其积极性，确保薄利多销。市场周边的兔场，可直接销售给加工企业或消费者；远离市场的兔场应通过中间商销售。

(六)广告宣传

商业活动中的广告宣传是企业通过特定的传播媒体向消费者传递商品的品种、规格、质量、性能、特点、使用方法及企业信息的一种宣传方式，以此来扩大产品知名度，促进产品的销售量。广告宣传具有真实性、针对性和独创性，尽可能达到艺术性，表达产品的主要特点和优势，把握好消费者的心理和消费习惯，根据市场需求有目的地推销产品。

广告是市场信息员、技术情报员和产品推销员，对传播信息、促进生产、指导销售、加速兔产品流通及提高经济效益都着十分重要的作用。“酒好也怕巷子深”，产品质量好，市场也急需，但人们都不知道，会出现有货卖不出去，想买买不到的情况。如何让消费者充分认识，尽可能早地接受兔产品，避免出现信息滞后、流通不畅和增产不增收的结果，使兔产品在品种、花色、时间、地点等方面做到产销对路，在现代化的市场经济中必须学会运用广告。

(七)售后服务

售后服务事关养兔企业的延续发展和市场美誉度，为了扩大兔产品(种兔)的销售量，增加兔产品消费者的接受程度和满意度，在兔产品(尤其是种兔)售销过程中，养兔企业可承诺售后的一些配套服务措施，如对新兴的养殖企业进行技术扶持。售后服务首先把提供服务的内容交代清楚，最好能以书面的形式加以确认，让客户放心。对客户提出的一些合理问题要及时给予解决，尽可能实行跟踪服务，如：现场指导、技术培训、电话咨询等。对于规模养兔企业(龙头企业)而言，可与养殖户和周边小规模养殖企业签订合同，实行饲料统一供给，疾病统一防疫、商品兔和兔产品统一回收。对于种兔场，出售种兔时可提供技术指导和培训，进行跟踪服务，提供市场信息等。售后服务是企业积极参与市场竞争的一种手段，能为企业树立良好的社会形象，培植更多更广的顾客群体，创造更多的经济效益和社会效益。

二、签订购销合同

经济合同(经济协议)是法人之间、公民之间、法人与公民之间为实现经济目的，明确双方责、权、利和违约责任而签订的书面协议。它是一种经济行为，具有法律效力，合同一经正式签订，不论公证处公证与否均受法律保护，合同双方应按约定履行义务。

(一)如何签订合同

1.经济合同的内容

(1)标的,是指合同双方在合同中确定的权利和义务共同所指的对象,《经济合同法》明文规定的标的内容包括标的数量、质量、价款及支付形式、合同履行期限、地点、方法和违约责任。

(2)条款,是指根据法律规定或合同本身的性质应具备的各项条款,如借款合同中的专款专用条款等。

2.经济合同的格式

(1)标题。如"南京金陵种兔场种兔购销合同"。

(2)正文。签订合同的主体双方(单位或个人),注明甲、乙方。签订合同的目的。双方约定的条款,每一条款为一段落,并注明违反条款应负责任,写明合同的有效期,一式几份。

(3)结尾。由合同双方,或签证机关签章。注明日期。

(二)经济合同的履行、担保和违约

(1)定金。指经济合同当事人一方为保证履行合同向对方预先支付的金额。但定金的数额不得超过被担保的经济合同的总额。

(2)保证。即由当事人以外的人担保,当义务方不履行合同时,权利人有权请担保人履行合同或赔偿损失。保证人代行义务后,有权要求义务人补偿其代为偿付的金额。

(3)抵押。指为履行经济合同向对方提供财产保证。抵押的财产可以是当事人的,亦可是第三人的。当事人一方不履行合同,对方可变卖抵押财产补偿其损失。

(4)留置。指签约一方由于对方不履行合同,而对已占有的对方财产采取扣留的措施。留置期满,在法律许可的范围内变卖所留置的财产,并从价款中优先得到补偿。

(5)违约责任。是指违反经济合同条款应负的法律责任。只要违约,不管程度如何,都应按相关规定进行制裁,即违约方向对方支付违约金或赔偿损失。交付违约金或赔偿损失后,对方要求继续履行合同的,则加一方应继续履行合同。

(三)合同变更和解除

合同变更是指合同有效成立后,当事人不变,仅改变合同的权利和义务。合同解除是指合同有效成立后,当解除条件具备时,当人一方或双方的意思表示。一般情况下,经济合同生效后,受到法律保护,不得随意变更、解除。特殊情况下,经合同主体双方协商后,可以变更或解除合同。如出现不可抗拒因素影响,合同无法履行;单方违约,另一方没有履行合同的必要;订立合同时所依据的国家计划有所变动,当事人无法履行合同,可以解除或变更合同。

变更或解除经济合同,必须经过当事人一方提议,对方答复后,采取书面形式,经过签证或公证后,在一定期限内,经双方协商或管理部门批准。

变更或解除经济合同时,如给对方造成经济损失的,必须按照法律规定,除免去责任以外,应给对方承担赔偿责任。

【购销合同实例】

仔兔购销合同书

合同编号：

供方：____________________（以下简称甲方）
需方：____________________（以下简称乙方）

甲乙双方经协商一致，就甲方向乙方出售仔兔事宜，达成如下协议，双方共同遵守：

1.甲方在________年度内分批供应乙方仔兔________只(其中公兔____只、母兔____只)。

2.合同生效之日起10 d内，乙方向甲方支付定金________元(相当于货款总额的1/3)。

3.甲方因故不能准时交货或数量不足，乙方的经济损失由甲方赔偿(每只仔兔____元或双倍退还定金)。

4.乙方因故不要或延期取兔，必须提前天向甲方申明，甲方在此期间造成的损失由乙方赔偿(每只仔兔____元，如乙方不要仔兔，则甲方不退定金)。

5.甲方必须供应健康仔兔，离开甲后仔兔死亡、伤残，甲方概不负责。

6.甲方已收以乙方兔瘟注射费，如在免疫期月内发生本病，甲方负责赔偿经济损失________元。

7.仔兔饲养一段时间后，乙方发现有质量问题(如品种不纯)，经专家鉴定后，认为属实，则甲方赔偿乙方经济损失________元。

8.每只仔兔的价格为________元。

合同有效期限：

甲方：（签字盖章）

乙方：（签字盖章）

公证(或签证)单位：（签字盖章）

年　　月　　日

思考与练习

1.通过市场调研和分析，你认为所在兔场的产品是否符合市场需求？

2.你认为所在兔场产品的销售应采取何种形式？说明理由？

3.你所在兔场的产品是如何进行市场定位的？前景如何？

4.如何制定兔场的营销方案？

5.如何签订一份兔产品购销合同？

6.在家兔产品购销合同中谁是甲方，谁是乙方？

【项目课外拓展】

信息处理技术在兔业生产管理中的应用

当今社会的发展已经进入信息化时代，现代化信息技术广泛应用于社会的各个领域，促进了社会经济的发展，给人们的工作、学习、生活带来极大的便利。对于养殖行业（养兔业）来说，信息技术的应用成为必然。现如今，从兔场选择、兔舍管理、经营管理、饲养管理、疫病防治、环境调控等方面一整套兔场管理软件相继开发并得到广泛应用。

一、中国兔业生产信息化

（一）兔业生产信息化的发展

计算机技术在养殖业的应用始于 20 世纪，1951 年 Waugh 将线性规划应用于动物营养学研究领域，一些饲料配方软件便应运而生，美国的 Brill、英国的 Format 等。1987 年，我国的第一台饲料配方专用计算机由浙江省饲料公司和温州人才开发中心研发成功。随后中国农业科学院、浙江大学动物科技学院等相关高校、科研院所相继开发研制了一系列饲料配方软件。随着计算机应用技术的发展，信息技术广泛应用于家兔的饲养管理、疫病诊断、饲料投喂等生产环节中，极大提高了养殖效率。

（二）兔业生产信息化的内涵

养殖业实现信息化是历史发展的必然。兔业生产信息化，是通过信息媒体将专业知识、市场信息等及时、准确地传达到养殖场，实现兔业生产、管理、营销信息化，加速传统养殖业的更新换代，大幅度提高养兔生产效率、管理和经营决策水平。

兔业生产信息化主要包括如下方面：

1. 中国兔业生产监测和预警系统

应用信息技术对中国养兔业进行监测和预警，建立系统模型选择一系列起到晴雨表作用的统计指数，通过信息处理系统，能够在养兔业发生重大转折时发出预警，提醒国家相关行政部门采取有效措施进行宏观调控，政策引导，以防客观因素对养兔业产生冲击。

2. 兔业经营管理信息网络化

将信息技术应用于兔业生产过程中，经营管理者可以在计算机终端上进行所有的管理工作，包括饲养管理、疫病防控、产品推广等各项工作，可以时刻监控兔场生产状况；可以通过疾病诊断专家系统准确及时对疫病进行诊断和治疗；可以通过营销网络将产品迅速推向市场，提升企业知名度；可以通过网络实现订货和交易，降低企业经营成本，提高经济效益。

3. 兔业生产过程的信息化

利用用信息技术进行兔生产的自动化管理，包括自动喂料、排污、环境温度控制等一系列的工作，有利于节约成本，降低饲养人员的劳动强度，提高劳动生产率。

4. 信息整合资讯科技化

信息媒体资讯与计算机网络的发展给养兔业带来的前所未有的发展机遇。应用互联网技术可以了解国内外最新的养兔业发展动态，掌握最尖端的养殖技术，促进行生产力的提高。可以通过网络将全国范围内的兔品种资源进行整合，使这些遗传资源得到充分的利用和有效保护。兔业生产情况和品种选育数据可以在第一时间汇总至全国遗传资源评估中心，便于更好地实现资源共享。

5. 信息技术与生物技术一体化

信息技术与生物技术结合，有效地充分利用生物技术包括遗传育种和分子技术、生物细胞或其代谢物质来进行畜禽品种的精确、定向选育、遗传标记的筛选、基因克隆和转殖、生物芯片制作和运用、养殖场废物的资源化、兔产品的加工和利用、疫病防治等，从而促进了养兔业的发展。

二、动物防疫管理信息平台

随着经济全球化进程的飞速发展，生态环境问题日益严峻，区域性动物疾病传播日渐频繁，禽流感、口蹄疫等跨境动物疫病对人类健康和世界各国的畜牧业造成严重的威胁和巨大的损失。相关资料显示，20 世纪 90 年代英国暴发的疯牛病所造成的经济损失高达 140 亿美元，动物疫病防治引起了世界各国的高度重视。

为了及时发现和对疫病进行有效遏制，信息技术被应用于疫病防治。动物防疫管理系统应运而生，系统将所有规模养殖场的免疫信息、生产信息、流通信息等数据全部汇总至服务中心，服务中心建立一个庞大数据库，数据结合畜牧日常事务管理，进行区域范围内畜禽养殖情况、免疫情况、流通情况的查询和管理，也可能通过对历史数据的分析指导生产实践。

(一)动物防疫管理信息的内容

1. 动物信息综合数据平台

综合数据平台是整个管理信息系统的基础，它将辖区内养殖和消费的所有动物的相关信息，包括辖区内畜禽免疫情况、生产情况、流通情况等信息全部汇总至数据平台。同时，数据平台还包括畜牧养殖从业人员、畜牧养殖场、行业监督、政策法规等内容，通过数据平台可以进行全区范围内动物养殖情况、免疫情况、流通情况、屠宰情况的查询和管理。同时，利用历史累积数据进行科学分析，用于指导生产，实现畜牧业规范化、科学化管理。

2. 基于 Web 方式的业务管理信息系统

业务管理信息系统具有对平台数据的采集、汇总、检索、查询、分析等多种功能。这些平台数包括动物的生产情况、养殖情况、免疫情况、流通情况和屠宰情况，也包括从业人员的培训和管理、规模养殖户的基本信息、考评情况和行业监管情况等用于行业管理的数据。通过信息系统，各级政府管理部门可以通过 WEB 方式，结合图文并茂的信息系统，及时方便的查询检索所需数据，从而准确有效的掌握全区动物养殖情况、免疫情况等，有利于各级领导做出科学合理的决策。

3. 办公自动化系统

办公自动化系统是整个数据平台重要的组成部分，是管理信息系统的辅助系统，用来实现畜牧管理部门的网络化管理，实现办公自动化。该系统包括信息交流模块、新闻发布模块、工作日志模块、公文交换模块等。通过办公自动系统，信息机关业务流程，可以满足用户日常的信息交流，公文交换等功能，有利于明确部门岗位职责，促进政府无纸化办公，提高工作效率。

(二)动物防疫管理信息系统开发

1. 系统开发

系统开发可采用微软公司的.NET FrameWork 框架环境，应用 ASP.NET 和 C# 技术进行开发，采用 ADO.NET 数据库访问技术有效提高数据库访问效率，整个管理信息系统采用 B/S 架构进行开发设计，有利于统一维护管理，客户端的浏览器中部分应用 Web2.0 技术，提高页面访问速度。整个系统技术路线成熟可靠。

2. 数据管理

平台数据管理系统采用微软 SQLServer2000，SQLServer2000 是大型关系数据库，是较流行的客户/服务器(Client/Server)体系结构的数据库之一，在管理功能、完整性、安全性等方面表现良好。能满足用户对海量数据进行频繁访问操作的需求。

3. 逻辑层次

系统软件逻辑结构层次分为：表现层、控制层、数据层。其中：表现层，主要用来现实与用户交互的界面，供用户录入、查询、修改数据。控制层，是表现层和数据层的交互枢纽，负责从表现层获取数据添加到数据库中，或从数据库中获取数据展现给用户。数据层，是信息系统的基础，存储相关的管理数据。

4. 安全保障

动物防疫管理信息系统针对政府系统信息的机密性、完整性、可获取性和真实性，根据各个子系统不同的应用范围，从物理层、数据链路层、网络层、传输层、应用层等各层次对系统实施全面保障。

5. 运行环境

服务器操作系统：Windows 2000 Advanced Server

数据库系统：SQL Sever2000

服务器：.NET FrameWork

WEB 服务器：IIS

客户端操作系统：Windows XP 及以上

三、常用软件介绍

目前，国内外兔场管理软件大体可分为管理类、场址选择和建设类、饲料配方类、疫病防治类、环境控制类等。在养兔业的应用主要体现在如下方面：

(一)饲料配方软件

规模化兔场所用的饲料原料种类多，数量大，由于不同的饲料原料中营养成分的含量不同，不同批次原料的价格不同，所以应根据不同时期家兔的营养需量来精确计算最成本的饲料配方，如果利用人工计算很麻烦，利用计算机软件来计算则很轻松就能完成。

目前，软件市场有很多饲料配方软件可供选择使用，较著名的有美国的 Brill、英国的 Format、EXPRO 饲料配方系统、MLP 饲料配方系统、金牧饲料配方软件、农博士饲料配方软件、饲料配方大师等。

计算机设计配方基本步骤如下：

(1)查寻家兔饲养标准，确定配方目标，选定营养指标参数。常选用消化能、粗蛋白、含硫氨基酸、赖氨酸、钙、磷、粗脂肪、粗纤维等7～8个指标。

(2)确定饲料种类,查出各类饲料的营养成分

(3)确定约束条件,主要是营养指标、各种饲料用量、原料价格等约束条件。

(4)设定基本参数。

(5)编制饲料数据表。

(6)上机调用配方程序,按照要求输入原始数据指令。

(7)输出配方结果。

(8)根据经验值进行调整。

计算机配方软件设计速度快,结果精确,是配方技术与电脑结合的产物,代表配方技术的最新潮流,尽管由于设备、技术等客观因素的限制尚未普及,但最终将成为时代的主流技术,得到推广和普及。

(二)日常事务管理软件

常见的兔场管理软件有腾达兔场管理系统等,此类软件具有强大的管理功能,它拥有强大的技术资料数据库,是养兔生产者的好帮手,用户根据自己的需求将管理工作模块化,生产数据的输入、调用和分析,简便易行,极大提高了生产效率。

【案例】

腾达兔场管理系统结构与功能介绍

一、系统管理

(1)网站参数。包括:①系统信息设置;②基本信息设置;③快捷菜单设置。

(2)用户管理。包括:①添加用户;②修改用户信息;③用户离职/复职;④删除用户。

(3)数据更新。

(4)用户登录记录。

二、资料管理

(1)添加、修改、删除。

(2)文字资料列表。包括:①资料共享设置;②批量删除。

(3)文字资料分类。包括:①添加分类;②修改分类;③删除分类。

三、种兔配种管理

(1)添加配种信息。

(2)已配种信息查看。包括:①最近三天配种信息查看;②配种信息搜索;③修改配种信息(用于种兔生产后修改记录);④打印配种标签(可单条打印,用于贴在种兔笼门上);⑤批量删除配种信息。

(3)已产子信息查看。包括:①种兔搜索(公/母);②产子记录搜索;③配种公兔信息查看;④仔兔批量存栏;⑤标记是否存栏;⑥信息修改;⑦批量删除信息;⑧显示成活率(存活数/总数)用于查看死胎百分比。

四、存栏兔管理

(1)添加存栏兔(可记录被记录兔父系和母系)。

(2)存栏兔信息列表。包括:①快捷搜索菜单;②存栏位置调整;③分类查询(例如:某一父系或某一母系的存栏兔);④批量标记(死亡/出售);⑤修改存栏兔信息;⑥批量删除信息。

(3)存栏兔搜索。

五、兔舍管理

(1)添加兔舍信息。

(2)兔舍信息管理。

六、财务管理

(1)添加(收入/支出)信息。

(2)收入/支出信息列表(统计收入/支出金额)。包括:①收入/支出信息搜索;②收支信息修改;③批量删除收支信息。

(3)收入/支出分类管理。包括:①分类添加;②分类修改;③分类删除。

七、站内信息

(1)添加站内消息。包括:①发私人消息;②发站内公告。

(2)收件箱。

(3)发件箱。

(4)站内公告列表。

八、数据管理

(1)数据库备份。

(2)运行 SQL 命令(高级功能)。

(资料来源:腾达兔场管理系统网页)

【项目小结】

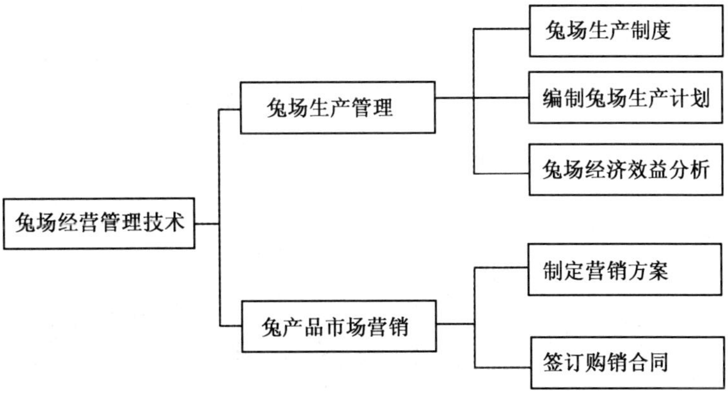

附录　家兔饲养标准

附表 1　美国 NRC 建议家兔营养需要量(1977)

营养需要	生长	维持	妊娠	泌乳
消化能 DE/MJ	10.46	8.79	10.46	10.46
总消化养分/%	65	55	58	70
粗纤维 CF/%	10～12	14	10～12	10～12
脂肪 EE/%	2	2	2	2
粗蛋白 CP/%	16	12	15	17
钙 Ca/%	0.4	—	0.45	0.75
磷 P/%	0.22	—	0.37	0.5
镁 Mg/mg	300～400	300～400	300～400	300～400
钾 K/%	0.6	0.6	0.6	0.6
钠 Na/%	0.2	0.0	0.2	0.2
氯 Cl/%	0.3	0.3	0.3	0.3
铜 Cu/mg	3	3	3	3
碘 I/mg	0.2	0.2	0.2	0.2
锰 Mn/mg	8.5	2.5	2.5	2.5
维生素 A/IU	580	—	>1 160	—
胡萝卜素/mg	0.83	—	0.83	—
维生素 E/mg	40	—	40	40
维生素 K/mg	—	—	0.2	—
烟酸/mg	180	—	—	—
维生素 B_6/mg	39	—	—	—
胆碱/g	1.2	—	—	—
赖氨酸/%	0.65	—	—	—
蛋氨酸＋胱氨酸/%	0.6	—	—	—
精氨酸/%	0.6	—	—	—
组氨酸/%	0.3	—	—	—
亮氨酸/%	1.1	—	—	—
异亮氨酸/%	0.6	—	—	—
苯丙氨酸＋酪氨酸/%	1.1	—	—	—
苏氨酸/%	0.6	—	—	—
色氨酸/%	0.2	—	—	—
缬氨酸/%	0.7	—	—	—

(资料来源:张宏福,张子仪.动物营养参数与饲养标准.北京:中国农业出版社,1998)

附表 2　法国 AEC 建议的兔的营养需要量(1993)

营养需要	泌乳兔及乳兔	生长兔(4～11 周)
能量/(MJ/kg)	10.46	10.46～11.30
纤维/%	12	13
粗蛋白/%	17	15
赖氨酸/(mg/d)	0.75	0.70
蛋氨酸＋胱氨酸/(mg/d)	0.65	0.60
苏氨酸/(mg/d)	0.90	0.90
色氨酸/(mg/d)	0.65	0.60
精氨酸/(mg/d)	0.22	0.20
组氨酸/mg/d)	0.40	0.30
异亮氨酸/(mg/d)	0.65	0.60
亮氨酸/(mg/d)	1.30	1.10
苯丙氨酸＋酪氨酸/(mg/d)	1.30	1.10
缬氨酸/(mg/d)	0.85	0.70
钙/(g/d)	1.10	0.80
有效磷/(g/d)	0.80	0.50
钠/(g/d)	0.30	0.30

(资料来源:张宏福,张子仪.动物营养参数与饲养标准.北京:中国农业出版社,1998)

附表 3　法国 AEC 建议的兔的日粮维生素和微量元素营养需要量(1993)

维生素	需要量	微量元素	需要量
维生素 A/(IU/kg)	10 000	钴/(mg/kg)	1
维生素 D_3/(IU/kg)	1 000	铜/(mg/kg)	5
维生素 E/(mg/kg)	30	铁/(mg/kg)	30
维生素 K_3/(mg/kg)	1	碘/(mg/kg)	1
维生素 B_1/(mg/kg)	1	锰/(mg/kg)	15
维生素 B_2/(mg/kg)	3.5	硒/(mg/kg)	0.08
泛酸/(mg/kg)	10	锌/(mg/kg)	30
维生素 B_6/(mg/kg)	2		
维生素 B_{12}/(mg/kg)	0.01		
尼克酸/(mg/kg)	50		
叶酸/(mg/kg)	0.3		
胆碱/(mg/kg)	1 000		

(资料来源:张宏福,张子仪.动物营养参数与饲养标准.北京:中国农业出版社,1998)

附表 4　家兔表观可消化氨基酸的需要量　　g/kg

氨基酸	繁殖母兔	育肥兔	作者
赖氨酸	6.4*	6.0	Taboada(1994)
蛋氨酸＋半胱氨酸	4.9	4.0	Taboada(1996)
苏氨酸	4.4	4.0	De Blas 等(1996)

*达最大产奶量。5.2 g/kg 以上，繁殖性能不变。(资料来源：De Blas，Julian Wiseman. The Nutrition of The Rabbit. CABI Publishing，1998)

附表 5　我国安哥拉毛用兔饲养标准

生长阶段	生长兔		妊娠母兔	哺乳母兔	产毛兔	种公兔
	断奶至 3 月龄	4～6 月龄				
消化能/(MJ/kg)	10.46	10.46	10.04～10.46	10.88～11.30	10.0～11.30	10.04
粗蛋白/%	15～16	15～16	15～16	18	16	17～18
可消化粗蛋白/%	11～13	10～11	10～11	13.5	11	13
粗纤维/%	14	16	14～15	12～13	13～17	16～17
粗脂肪/%	3	3	3	3	3	3
蛋能比/(g/MJ)	14.3～15.3	14.3～15.3	14.3～15.9	16.0～16.5	14.2～16.0	18.0
蛋氨酸＋胱氨酸/%	0.7	0.7	0.8	0.8	0.7	0.7
赖氨酸/%	0.8	0.8	0.8	0.9	0.7	0.8
精氨酸/%	0.8	0.8	0.8	0.9	0.7	0.9
钙/%	1.0	1.0	1.0	1.2	1.0	1.0
磷/%	0.5	0.5	0.5	0.8	0.5	0.5
食盐/%	0.3	0.3	0.3	0.3	0.3	0.2
铜/(mg/kg)	3～5	10	10	10	20	10
锌/(mg/kg)	50	50	70	70	70	70
铁/(mg/kg)	50～100	50	50	50	50	50
锰/(mg/kg)	30	30	50	50	50	50
钴/(mg/kg)	0.1	0.1	0.1	0.1	0.1	0.1
维生素 A/IU	8 000	8 000	8 000	10 000	6 000	12 000
维生素 D/IU	900	900	900	1 000	900	1 000
维生素 E/(mg/kg)	50	50	60	60	50	60
胆碱/(mg/kg)	1 500	1 500			1 500	1 500
尼克酸/(mg/kg)	50	50			50	50
吡哆醇/(mg/kg)	400	400			300	300
生物素/(mg/kg)					25	20

(资料来源：张宏福，张子仪. 动物营养参数与饲养标准. 北京：中国农业出版社，1998；李宏，魏云霞. 家兔日粮营养水平的综合评价及推荐的家兔饲养标准. 中国草食动物，2002)

附表 6　我国各类家兔的建议营养供给量(每千克风干饲料含量)

营养指标	生长兔		妊娠兔	哺乳兔	成年产毛兔	生长育肥兔
	3～12 周龄	12 周龄后				
消化能/(MJ)	12.12	10.45～11.29	10.45	10.87～11.29	10.03～10.87	12.12
粗蛋白质/%	18	16	15	18	14～16	16～18
粗纤维/%	8～10	10～14	10～14	10～12	10～14	8～10
粗脂肪/%	2～3	2～3	2～3	2～3	2～3	3～5
钙/%	0.9～1.1	0.5～0.7	0.5～0.7	0.8～1.1	0.5～0.7	1
磷/%	0.5～0.7	0.3～0.5	0.3～0.5	0.5～0.8	0.3～0.5	0.5
赖氨酸/%	0.9～1.0	0.7～0.9	0.7～0.9	0.8～1.0	0.5～0.7	1.0
蛋氨酸＋胱氨酸/%	0.7	0.6～0.7	0.6～0.7	0.6～0.7	0.6～0.7	0.4～0.6
精氨酸/%	0.8～0.9	0.6～0.8	0.6～0.8	0.6～0.8	0.6	0.6
食盐/%	0.5	0.5	0.5	0.5～0.7	0.5	0.5
铜/mg	15	15	15	10	10	20
铁/mg	100	50	50	100	50	100
锰/mg	15	10	10	10	10	15
锌/mg	70	40	40	40	40	40
镁/mg	300～400	300～400	300～400	300～400	300～400	300～400
碘/mg	0.2	0.2	0.2	0.2	0.2	0.2
维生素 A/kIU	6～10	6～10	8～10	8～10	6	8
维生素 D/kIU	1	1	1	1	1	1

(资料来源:杨正. 现代养兔. 北京:中国农业出版社,1999)

附表 7　我国各类家兔的精料补充料建议养分浓度(每千克风干饲料含量)

营养指标	生长兔		妊娠兔	哺乳兔	成年产毛兔	生长育肥兔
	3～12 周龄	12 周龄后				
消化能/MJ	12.96	12.54	11.29	12.54	11.70	12.96
粗蛋白质/%	19	18	17	20	18	19→18
粗纤维/%	3～5	3～5	3～5	3～5	3～5	3～5
粗脂肪/%	6～8	6～8	8～10	6～8	7～9	6～8
钙/%	1.0～1.2	0.8～0.9	0.5～0.7	1.0～1.2	0.6～0.8	1.1
磷/%	0.6～0.8	0.5～0.7	0.4～0.6	0.9～1.0	0.5～0.7	0.8
赖氨酸/%	1.1	1.0	0.95	1.1	0.8	1.1
蛋氨酸＋胱氨酸/%	0.8	0.8	0.75	0.8	0.8	0.7
精氨酸/%	1.0	1.0	1.0	1.0	1.0	1.0
食盐/%	0.5～0.6	0.5～0.6	0.5～0.6	0.6～0.7	0.5～0.6	0.5～0.6

(资料来源:杨正. 现代养兔. 北京:中国农业出版社,1999)

附表 8 家兔常用饲料营养成分及营养价值表 %

饲料名称	DM	CP	EE	CF	Ca	P	DCP	DE/(MJ/kg)
蛋白质饲料								
大豆子实	91.7	35.5	16.2	4.9	0.22	0.63	24.7	17.68
大豆子实	93.2	40.9	17.1	5.6	—	—	32.4	18.02
黑豆子实	91.6	31.1	12.9	5.7	0.19	0.57	20.2	17.00
豌豆子实	91.4	20.5	1.0	4.9	0.09	0.28	18.0	13.82
豌豆子实	89.9	23.4	0.8	4.9	—	—	18.7	14.21
青豌豆子实	91.1	24.3	0.9	5.3	—	—	20.8	15.06
蚕豆子实	88.9	24.0	1.2	7.8	0.11	0.44	17.2	13.53
莱豆子实	89.0	27.0	—	8.2	0.14	0.54	—	13.81
羽扇豆子实	94.0	31.7	—	13	0.24	0.43	—	14.56
羽扇豆子实	87.0	32.0	3.7	16.0	—	—	28.2	11.67
花生子实	92.0	49.9	2.4	10.5	—	—	45.2	16.57
豆饼浸提	86.1	43.5	6.9	4.5	0.28	0.57	32.6	14.37
豆饼热榨	85.8	42.3	6.9	3.6	0.28	0.57	31.5	13.54
豆饼热榨	—	42.4	5.3	6.6	0.27	0.42	—	17.79
豆饼热榨	90.7	43.5	4.6	6.0	—	—	38.1	14.77
菜籽饼热榨	91.0	36.0	10.2	11.0	0.76	0.88	31.0	13.33
菜籽饼热榨	—	39.0	7.4	12.9	0.75	0.89	—	12.51
菜籽饼热榨	90.0	30.2	8.6	12.0	—	—	20.7	12.70
亚麻饼热榨	89.6	33.9	6.6	9.4	0.55	0.83	18.6	10.92
亚麻饼热榨	88.3	33.3	6.8	8.2	—	—	28.5	13.36
大麻饼热榨	80.0	29.2	6.4	23.8	0.23	0.13	22.0	11.02
大麻饼热榨	87.0	29.3	9.3	27.7	—	—	21.7	6.31
花生饼热榨	93.1	35.3	8.3	16.2	0.63	0.86	27.8	12.64
花生饼热榨浸提	86.8	39.6	3.3	11.1	1.01	0.55	24.1	10.18
花生饼热榨浸提	90.0	42.8	7.7	5.5	—	—	37.6	15.79
棉籽饼热榨浸提	86.5	29.9	3.9	20.7	0.32	0.66	18.0	10.1
棉籽饼热榨浸提	—	34.4	5.6	14.3	0.32	1.08	—	11.56
棉籽饼热榨浸提	93.3	39.7	6.6	13.3	—	—	32.1	12.43
葵花饼热榨浸提	89.0	30.2	2.9	23.3	0.34	0.95	27.1	8.79
葵花饼热榨浸提	91.5	30.7	9.5	19.4	—	—	26.3	10.66
芝麻饼热榨浸提	—	41.2	3.1	8.4	0.72	1.07	—	12.65
芝麻饼热榨浸提	94.5	39.4	8.7	6.7	—	—	33.0	14.93
豆腐渣	97.2	27.5	8.7	13.6	0.22	0.26	19.3	16.32

续附表 8

饲料名称	DM	CP	EE	CF	Ca	P	DCP	DE/(MJ/kg)
动物性饲料								
鱼粉进口	91.7	58.5	9.7	—	3.91	2.9	49.5	15.79
鱼粉进口	—	60.5	8.6	—	3.93	2.84	—	8.59
鱼粉国产	—	46.9	7.3	2.9	5.53	1.45	—	10.57
鱼粉	92.0	65.8	—	0.8	3.7	2.6	—	15.25
肉骨粉	94.0	51.0	—	2.3	9.1	4.5	—	12.97
蚕蛹粉	95.4	45.3	3.2	5.3	0.29	0.58	37.7	23.10
蚕蛹粉	—	57.7	19.2	—	0.27	0.61	—	16.81
血粉蒸煮烘干	89.7	86.4	1.1	1.8	0.14	0.32	61.0	0
干酵母	89.5	44.8	1.4	4.8	—	—	32.9	11.18
全脂奶	12.2	3.1	3.7	—	—	—	3.1	2.85
脱脂奶	9.7	4.0	0.2	—	—	—	3.9	1.67
干脱脂奶	94.8	33.8	0.8	—	—	—	33.1	15.85
全脂奶粉	76.0	25.2	26.7	0.2	—	—	25.0	21.72
能量饲料								
玉米子实	89.5	8.9	4.3	3.2	0.02	0.25	7.6	14.48
玉米子实	—	8.6	4.4	2.0	0.01	0.24	—	15.44
玉米子实	86.8	10.1	3.9	2.1	—	—	7.6	14.91
大麦子实	90.2	10.2	1.4	4.3	0.10	0.46	6.8	14.07
大麦子实	—	11.7	2.2	5.6	0.10	0.2	—	13.99
大麦子实	86.1	9.9	2.1	5.0		0.43	7.1	13.55
燕麦子实	92.4	8.8	4.0	10.0	0.20	—	4.0	12.55
燕麦子实	87.9	10.9	4.2	10.6	—	0.29	8.6	11.89
小麦子实	90.4	14.6	1.6	2.3	0.09	0.21	12.8	12.91
小麦子实	—	13.1	1.9	2.3	0.01	—		15.00
小麦子实	85.3	12.1	1.9	2.0	—	0.89	9.1	14.51
小麦粗粉	89.0	17.4	—	6.5	0.10	0.31	—	13.39
四号粉	—	14.7	3.2	3.1	0.08	0.96	—	13.26
小麦麸	89.5	15.6	3.8	9.2	0.14	0.81	10.0	11.92
小麦麸	—	15.4	3.9	8.5	0.09	—	—	10.77
小麦麸	89.6	16.7	3.9	10.5	—	—	13.9	10.49
黑麦子实	85.9	9.7	1.4	2.1	—	—	7.7	14.25
黑麦麸	88.0	14.1	3.7	6.3	—	—	10.2	12.17
荞麦子实	85.2	10.4	2.3	10.8	—	0.40	7.5	12.50

续附表 8

饲料名称	DM	CP	EE	CF	Ca	P	DCP	DE/(MJ/kg)
元麦子实	88.3	14.8	1.9	2.6	0.09	0.30	8.2	10.32
高粱子实	89.0	10.6	3.1	3.0	0.05	—	6.3	12.97
高粱子实	93.5	12.1	2.8	1.9	—	0.4	8.7	15.61
青稞子实	89.4	11.6	1.4	3.2	0.07	0.29	6.1	15.25
谷子子实	88.4	10.6	3.4	4.9	0.17	0.92	8.4	14.9
糜子子实	89.4	9.5	2.9	10.4	0.14	0.28	6.2	11.31
稻谷籼稻	88.6	7.7	2.2	11.4	0.14	0.31	6.4	11.65
稻谷籼稻	—	8.4	2.0	10.4	0.08	0.91	—	12.63
糙米	87.0	6.1	2.9	0.9	0.05	0.30	3.9	15.13
碎米	89.2	7.9	3.0	1.7	0.09	1.02	5.3	12.33
米糠	—	12.5	15.3	9.4	0.13	1.31	—	12.61
米糠	90.0	11.5	—	14.1	0.14	1.71	—	12.43
米糠饼	88.5	18.7	4.6	9.3	0.29	0.69	10.4	9.82
田菁子粉	—	37.4	4.0	11.1	0.14	0.63	—	13.11
葵花子	92	17.1	—	22.3	0.20	—	—	13.81
饲用甜菜	14.6	1.0	0.1	0.9	—	0.02	0.4	2.38
饲用甜菜	11.0	1.3	—	0.8	0.02	0.02	—	1.56
糖蜜甜菜蜜	78.0	8.0	—	—	0.02	0.08	—	10.77
糖蜜甜菜蜜	74.0	4.2	0.1	—	0.08	0.09	2.2	10.21
甜菜渣糖甜菜	91.9	9.7	0.5	10.3	0.09	—	4.6	12.11
甜菜渣糖甜菜	88.5	8.3	0.3	21.8	—	—	4.0	13.05
萝卜根	8.2	1.0	0.1	1.1	—	0.07	0.4	1.31
胡萝卜根	8.7	0.7	0.3	0.8	0.11	—	0.4	1.47
胡萝卜根	12.3	1.4	0.1	1.2	—	0.24	0.6	1.95
马铃薯	39.0	2.3	0.1	0.5	0.06	—	1.1	5.82
马铃薯蒸煮	25.0	2.3	0.1	0.8	—	0.20	1.1	4.10
马铃薯渣	89.1	4.3	0.7	6.5	0.2	0.05	2.3	11.51
甘薯	29.9	1.1	0.1	1.2	0.13	—	0.1	4.65
甘薯	41.9	1.8	0.3	1.0	—	—	0.8	7.00
木薯	32.0	1.2	—	1.0	—	—	—	4.55
啤酒糟	94.3	25.5	7.0	16.2	—	1.06	20.4	10.86
烧酒糟谷物酿制	93.0	27.4	—	12.8	0.16	—	—	15.06
脂肪	100.0	—	—	—	—	—	—	33.47
植物油	100.0	—	—	—	—	—	—	35.56
牛、羊脂肪	100.0	—	—	—	—		—	27.20

续附表 8

饲料名称	DM	CP	EE	CF	Ca	P	DCP	DE/(MJ/kg)
青绿饲料								
苜蓿，盛花期	26.6	4.4	0.5	8.7	1.57	0.18	2.8	1.94
苜蓿，花前期	21.5	4.5	0.9	5.3	—	—	2.8	2.79
苜蓿	17.0	3.4	1.4	4.6	—	—	2.0	1.73
红三叶	19.7	2.8	0.8	3.3	—	—	2.1	2.46
白三叶	19.0	3.8	—	3.2	0.27	0.09	—	1.83
聚合草叶子	11.0	2.2	—	1.5	—	0.06	—	0.98
鸭茅	27.0	3.8	—	6.9	0.07	0.11	—	2.15
红豆草，再生草	27.3	4.9	0.6	7.2	1.32	0.23	2.7	2.54
黑麦草营养期	22.8	4.1	0.9	4.7	0.14	0.06	2.8	1.88
野豌豆结荚期	27.4	4.3	0.7	8.6	0.23	0.18	1.8	1.69
紫云英再生草	24.2	5.0	1.3	12.3	0.34	0.13	3.9	2.72
地肤开花期	14.3	2.9	0.4	2.8	0.29	0.10	2.2	1.16
甘蓝	5.2	1.1	0.4	0.6	0.08	0.29	1.0	0.87
甘蓝	8.5	1.7	0.1	0.9	—	—	1.7	1.46
饲用甘蓝	13.6	2.2	0.5	2.1	—	—	1.5	2.10
芹菜	5.6	0.9	0.1	0.8	—	—	0.7	0.75
油菜	16.0	2.8	—	2.4	0.24	0.07	—	1.46
莴苣叶	5.0	1.2	—	0.6	0.05	0.02	—	0.50
南瓜藤	12.9	2.1	0.4	2.3	—	—	1.3	1.8
糖甜菜叶	20.4	1.8	0.5	2.5	—	—	1.5	2.41
蒲公英叶	15.0	2.8	—	1.7	0.20	0.07	—	1.19
花生叶	19.0	4.0	—	4.5	0.32	0.06	—	1.59
木薯叶	21.0	5.0	—	2.0	0.08	0.08	—	1.99
玉米茎叶	24.3	2.0	0.5	7.6	—	—	1.3	2.45
田间刺儿菜	8.8	1.2	0.3	1.2	—	—	0.9	1.20
粗饲料								
苜蓿干草粉	90.8	11.8	1.4	41.5	1.67	0.16	7.9	4.59
苜蓿干草粉	91.4	11.5	1.4	30.5	1.65	0.17	6.4	5.82
苜蓿干草粉	91.0	20.3	1.5	25.0	1.71	0.17	13.4	7.47
苜蓿花前期	90.2	16.1	2.3	25.2	—	—	10.5	8.49
红三叶结荚期	91.3	9.5	2.3	28.3	1.21	0.28	6.2	9.36
红三叶干草	86.7	13.5	3.0	24.3	—	—	7.0	8.73
白三叶干草	92.0	21.4	—	20.9	1.75	0.28	—	8.47

续附表 8

饲料名称	DM	CP	EE	CF	Ca	P	DCP	DE/(MJ/kg)
白三叶	86.6	16.0	3.8	17.2	—	—	10.9	10.84
杂三叶秸秆	93.5	10.6	1.5	26.0	1.84	0.43	6.2	3.59
红豆草结荚期	90.2	11.8	2.2	26.3	1.71	0.22	4.7	7.74
狗牙根干草	92.0	11.0	1.8	27.5	0.38	0.56	5.9	6.93
猫尾草干草	89.8	6.2	2.2	30.7	—	—	3.1	6.18
苏丹草干草	89.0	15.8	3.7	20.2	—	—	10.8	8.52
燕麦草干草	93.2	7.1	3.1	35.4	—	—	3.7	5.89
燕麦草秸秆	86.0	3.8	1.8	39.7	—	—	0.9	4.62
燕麦草秸秆	92.2	5.5	1.4	22.5	0.37	0.31	2.6	7.82
紫云英成熟期	92.4	10.8	1.2	34.0	0.71	0.2	6.5	2.05
小冠花秸秆	88.3	5.2	3.0	44.1	2.04	0.27	2.5	4.32
箭舌豌豆盛花期	94.1	19.0	2.5	12.1	0.06	0.27	11.3	7.28
箭舌豌豆秸秆	93.3	8.2	2.5	43.0	0.06	0.27	4.0	1.62
野豌豆干草	87.2	17.4	3.0	23.9	—	—	10.1	8.51
草木樨盛花期	92.1	18.5	1.7	30.0	1.30	0.19	12.2	6.64
沙打旺盛花期	90.9	16.1	1.7	22.7	1.98	0.21	8.8	6.84
野麦草秸秆	90.3	12.3	2.9	29.0	0.39	0.22	9.6	4.63
草地羊茅营养期	90.1	11.7	4.4	18.7	1.00	0.29	7.4	8.26
百麦根营养期	92.3	10.0	3.2	18.9	1.51	0.19	7.2	9.82
鸭茅秸秆	93.3	9.3	3.8	26.7	0.51	0.24	8.1	6.87
鸭茅干草	88.2	10.2	2.8	28.1	—	—	6.9	7.44
无芒雀麦子实期	91.0	5.2	3.1	13.6	0.49	0.20	3.2	7.59
无芒雀麦秸秆	90.6	10.5	3.1	28.5	0.49	0.20	4.0	4.21
胡枝子干草	92.0	12.7	—	28.1	0.2	0.23	—	5.40
青草粉	88.5	7.5	—	29.4	—	4.2	7.04	
松针粉	—	8.5	5.7	26.7	0.20	0.98	—	7.54
麦芽根	84.8	17.0	1.9	13.6	0.28	0.34	13.3	6.60
苦荬菜干草粉	86.0	17.7	5.8	11.6	1.46	0.54	8.7	10.08
大豆秸秆	87.7	4.6	2.1	40.1	0.74	0.12	2.5	8.28
玉米秸秆	66.7	6.5	1.9	18.9	0.39	0.23	5.3	8.16
马铃薯藤干草粉	88.7	19.7	3.2	13.6	2.12	0.28	15.6	8.90
南瓜粉晒干	96.5	7.8	2.9	32.9	0.19	0.19	4.4	12.83
葵花盘收子后晒干	88.5	6.7	5.6	16.2	0.83	0.12	3.5	9.31
小麦秸秆	89.0	3.0	—	42.5	—	—	1.3	3.18

续附表 8

饲料名称	DM	CP	EE	CF	Ca	P	DCP	DE/(MJ/kg)
谷糠	91.7	4.2	2.8	39.6	0.48	0.16	1.3	4.05
糜糠	90.3	6.4	4.4	46.4	0.09	0.29	3.9	3.74
稻草粉	—	5.4	1.7	32.7	0.08	0.08	—	5.52
清糠	—	3.9	0.3	47.2	0.08	0.07	—	2.77
槐树叶干树叶	89.5	18.9	4.0	18.0	1.21	0.19	6.5	7.10

(资料来源:杨正.现代养兔.北京:中国农业出版社,1999)

附表 9 家兔饲料主要氨基酸、微量元素含量(风干饲料)

饲料名称	赖氨酸/%	含硫氨基酸/%	铜/(mg/kg)	锌/(mg/kg)	锰/(mg/kg)
大豆	2.03	1.00	25.1	36.7	33.1
黑豆	1.93	0.87	24.0	52.3	38.9
豌豆	1.23	0.67	3.7	24.7	14.9
蚕豆	1.52	0.52	11.1	17.5	16.7
菜豆	1.70	0.40	—	—	—
豆饼	2.07	1.09	13.3	40.6	32.9
羽扇豆	1.90	0.75	—	—	—
菜籽饼	1.70	1.23	7.7	41.1	61.1
亚麻饼	1.22	1.22	23.9	52.3	51.0
大麻饼	1.25	1.13	18.3	90.9	98.4
荏饼	1.69	1.45	20.2	52.2	62.8
棉籽饼	1.38	0.91	10.0	46.4	12.0
花生饼	1.70	0.97	12.3	32.9	36.4
芝麻饼	0.51	1.51	37.0	94.8	51.6
豆腐渣	1.45	0.70	6.6	24.9	20.5
鱼粉	5.32	2.65	6.8	79.8	13.5
肉骨粉	2.00	0.80	—	—	—
血粉	8.08	1.74	7.4	23.4	6.1
蚕蛹粉	3.96	1.18	21.0	212.5	14.5
全脂奶粉	2.26	0.96	0.91	—	0.5
脱脂奶粉	2.48	1.35	11.7	41.0	2.2
玉米	0.22	0.20	4.7	16.5	4.9
大麦	0.33	0.25	8.7	22.7	30.7
燕麦	0.32	0.29	15.9	31.7	36.4
小麦	0.32	0.36	8.7	22.7	30.7
麦麸	0.56	0.75	17.6	60.4	107.8

续附表 9

饲料名称	赖氨酸/%	含硫氨基酸/%	铜/(mg/kg)	锌/(mg/kg)	锰/(mg/kg)
黑麦	0.42	0.36	6.8	31.8	55.0
荞麦	0.69	0.33	5.8	22.9	19.8
元麦	0.58	0.56	5.8	19.6	8.6
高粱	0.20	0.21	1.3	11.9	15.7
青稞	0.26	0.16	10.4	35.8	18.3
谷子	0.22	0.42	17.6	32.7	29.1
糜子	0.15	0.28	11.2	57.7	117.4
稻谷	0.37	0.36	3.9	19.2	42.0
碎米	0.42	0.44	4.7	15.9	22.2
米糠	0.68	0.60	8.5	40.5	57.4
米糠饼	0.98	0.78	10.7	60.8	115.0
田菁粉	1.36	0.55	13.0	34.0	21.4
苜蓿粉(优质)	0.90	0.51	10.3	21.1	32.1
苜蓿粉(差)	0.60	0.44	18.5	17.0	29.0
红三叶草	0.35	0.24	21.0	46.0	69.0
红豆草	0.45	0.23	4.0	20.0	22.5
狗芽草	0.74	0.18	—	—	—
燕麦秸	0.18	0.26	9.8	—	29.3
小冠花	0.30	0.09	4.1	4.7	162.5
箭舌豌豆	0.54	0.15	1.2	22.7	14.9
草木墀	0.54	0.25	8.8	27.5	38.5
沙打旺	0.70	0.09	6.7	14.6	66.2
无芒雀麦	0.35	0.23	4.3	12.1	131.3
青草粉	0.32	0.13	13.6	60.2	52.3
松针粉	0.39	0.16	—	—	—
麦芽根	0.71	0.43	20.0	971	256.0
大豆秸	0.33	0.13	9.6	23.4	32.5
玉米秸	0.21	0.24	8.6	20.0	33.5
南瓜粉	0.26	0.12			
葵花盘	0.27	0.18	2.5	7.3	26.3
谷糠	0.13	0.14	7.6	36.5	70.5
糜糠	0.26	0.27	3.1	14.6	23.1
蚕沙	0.36	0.19	8.6	29.7	79.1
槐树叶	0.69	0.18	9.2	15.9	65.5

(资料来源:杨正.现代养兔.北京:中国农业出版社,1999)

参考文献

[1] 谷子林,陈宝江.优质肉兔生产技术[M].北京:中国农业科学技术出版社,2015
[2] 谷子林.肉兔健康养殖 400 问[M].2 版.北京:中国农业出版社,2014
[3] 谷子林.怎样经营好中小型兔场[M].北京:金盾出版社,2014
[4] 史维军,王国华,耿光瑞,等.实用养兔技术一本通[M].北京:化学工业出版社,2013
[5] 谷子林.规模化生态养兔技术[M].北京:中国农业大学出版社,2013
[6] 常明雪,刘卫东.畜禽环境卫生[M].2 版.北京:中国农业大学出版社,2011
[7] 郑明学.兔病防控与治疗技术[M].北京:中国农业出版社,2010
[8] 王利红,张力.养殖场环境控制与污物治理技术[M].北京:中国农业出版社,2012
[9] 谷子林.獭兔高效养殖[M].北京:金盾出版社,2012
[10] 孙慈云,杨秀女.科学养兔指南[M].2 版.北京:中国农业大学出版社,2010
[11] 任文社,董仲生.家兔生产与疾病防治[M].北京:中国农业出版社,2010
[12] 谷子林.怎样提高獭兔效益[M].北京:中国农业大学出版社,2011
[13] 谷子林.肉兔无公害标准化养殖技术[M].石家庄:河北科学技术出版社,2009
[14] 赖松家.养兔关键技术[M].成都:四川科学技术出版社,2008
[15] 李福昌.兔生产学[M].北京:中国农业出版社,2009
[16] 马丽娟.特种动物生产[M].北京:中国农业出版社,2006
[17] 汪明.兽医寄生虫学[M].3 版.北京:中国农业出版社,2008
[18] 胡薛英,蔡双双.实用兔病诊疗新技术[M].北京:中国农业出版社,2006
[19] 谷子林.家兔饲料的配制与配方[M].北京:中国农业出版社,2002
[20] 单永利,张保庆.现代养兔新技术[M].北京:中国农业出版社,2004
[21] 范光勤.工厂化养兔新技术[M].北京:中国农业出版社,2001
[22] 谷子林.獭兔养殖解疑 300 问[M].北京:中国农业出版社,2006
[23] 王丽哲.兔产品加工新技术[M].北京:中国农业出版社,2002
[24] 张宝庆.养兔与兔病防治[M].2 版.北京:中国农业大学出版社,2004
[25] 鲍国连.兔病鉴别诊断与防治[M].北京:金盾出版社,2009
[26] 蔡宝祥.家畜传染病学[M].4 版.北京:中国农业出版社,2006
[27] 陆承平.兽医微生物学[M].3 版.北京:中国农业出版社,2001
[28] 谷子林,薛家宾.现代养兔实用百科全书[M].北京:中国农业出版社,2007
[29] 徐汉涛.高效益养兔法[M].3 版.北京:中国农业出版社,2005
[30] 谷子林.肉兔饲养技术[M].北京:中国农业出版社,2006
[31] 谷子林.实用家兔养殖技术[M].北京:金盾出版社,2009
[32] 谷子林.现代养兔实用百科全书[M].北京:中国农业出版社,2007

[33] 姜平.最新常用合同样本大全[M].北京:蓝天出版社,2003
[34] 谷子林.家兔养殖技术问答[M].北京:金盾出版社,2010
[35] 翟频,薛家宾.养兔生产关键技术速成查手册[M].南京:江苏科学技术出版社,2005
[36] 张振华,董亚芳.养兔手册大全[M].南京:江苏科学技术出版社,2005
[37] 杨正.现代养兔[M].北京:中国农业出版社,1999
[38] 肖丽辉,李吉华.家兔屠宰加工的兽医卫生检验[J].中国动物检疫,(6):31-32
[39] 陈代文.饲料添加剂学[M].北京:中国农业出版社,2003
[40] 杜玉川.实用养兔大全[M].北京:中国农业出版社,1993
[41] 勒胜福.畜牧业经济管理[M].北京:中国农业出版社,2001
[42] 蒋金书.兔病学[M].北京:中国农业大学出版社,1991